21世纪高等学校计算机
专业实用系列教材

软件开发环境与工具教程
（第2版）

◎ 张凯 主编

清华大学出版社

北京

内 容 简 介

本书主要介绍了软件开发环境、软件开发工具、软件开发管理工具、软件开发基础环境、CASE 环境与工具的开发与选用、典型软件开发工具与环境、初级操作实验、中级设计实验和高级开发实验。

本书可作为高职高专院校软件工程专业、普通高等学校计算机或软件工程本科、211 院校计算机或软件工程本科、普通高等学校计算机专业的专业研究生(专硕)的"软件开发环境与工具"课程的教材或教学参考书,也可作为相关领域学者和爱好者的参考书。

图书在版编目(CIP)数据

软件开发环境与工具教程/张凯主编. —2 版. —北京:清华大学出版社,2022.6
21 世纪高等学校计算机专业实用系列教材
ISBN 978-7-302-60676-5

Ⅰ. ①软…　Ⅱ. ①张…　Ⅲ. ①软件开发－高等学校－教材　Ⅳ. ①TP311.52

中国版本图书馆 CIP 数据核字(2022)第 069399 号

责任编辑:闫红梅　薛　阳
封面设计:刘　键
责任校对:焦丽丽
责任印制:宋　林

出版发行:清华大学出版社
　　　　网　　　址:http://www.tup.com.cn,http://www.wqbook.com
　　　　地　　　址:北京清华大学学研大厦 A 座　　　邮　　编:100084
　　　　社 总 机:010-83470000　　　　　　　　　邮　　购:010-62786544
　　　　投稿与读者服务:010-62776969,c-service@tup.tsinghua.edu.cn
　　　　质量反馈:010-62772015,zhiliang@tup.tsinghua.edu.cn
　　　　课件下载:http://www.tup.com.cn,010-83470236
印 装 者:三河市龙大印装有限公司
经　　销:全国新华书店
开　　本:185mm×260mm　　　印　张:17.75　　　字　数:431 千字
版　　次:2011 年 11 月第 1 版　2022 年 7 月第 2 版　　印　次:2022 年 7 月第1 次印刷
印　　数:1~1500
定　　价:59.00 元

产品编号:064519-01

出版说明

随着我国改革开放的进一步深化,高等教育也得到了快速发展,各地高校紧密结合地方经济建设发展需要,科学运用市场调节机制,加大了使用信息科学等现代科学技术提升、改造传统学科专业的投入力度,通过教育改革合理调整和配置了教育资源,优化了传统学科专业,积极为地方经济建设输送人才,为我国经济社会的快速、健康和可持续发展以及高等教育自身的改革发展做出了巨大贡献。但是,高等教育质量还需要进一步提高以适应经济社会发展的需要,不少高校的专业设置和结构不尽合理,教师队伍整体素质亟待提高,人才培养模式、教学内容和方法需要进一步转变,学生的实践能力和创新精神亟待加强。

教育部一直十分重视高等教育质量工作。2007 年 1 月,教育部下发了《关于实施高等学校本科教学质量与教学改革工程的意见》,计划实施“高等学校本科教学质量与教学改革工程(简称‘质量工程’)”,通过专业结构调整、课程教材建设、实践教学改革、教学团队建设等多项内容,进一步深化高等学校教学改革,提高人才培养的能力和水平,更好地满足经济社会发展对高素质人才的需要。在贯彻和落实教育部“质量工程”的过程中,各地高校发挥师资力量强、办学经验丰富、教学资源充裕等优势,对其特色专业及特色课程(群)加以规划、整理和总结,更新教学内容、改革课程体系,建设了一大批内容新、体系新、方法新、手段新的特色课程。在此基础上,经教育部相关教学指导委员会专家的指导和建议,清华大学出版社在多个领域精选各高校的特色课程,分别规划出版系列教材,以配合“质量工程”的实施,满足各高校教学质量和教学改革的需要。

本系列教材立足于计算机专业课程领域,以专业基础课为主、专业课为辅,横向满足高校多层次教学的需要。在规划过程中体现了如下一些基本原则和特点。

(1)反映计算机学科的最新发展,总结近年来计算机专业教学的最新成果。内容先进,充分吸收国外先进成果和理念。

(2)反映教学需要,促进教学发展。教材要适应多样化的教学需要,正确把握教学内容和课程体系的改革方向,融合先进的教学思想、方法和手段,体现科学性、先进性和系统性,强调对学生实践能力的培养,为学生知识、能力、素质协调发展创造条件。

(3)实施精品战略,突出重点,保证质量。规划教材把重点放在公共基础课和专业基础课的教材建设上;特别注意选择并安排一部分原来基础比较好的优秀教材或讲义修订再版,逐步形成精品教材;提倡并鼓励编写体现教学质量和教学改革成果的教材。

(4)主张一纲多本,合理配套。专业基础课和专业课教材配套,同一门课程有针对不同层次、面向不同应用的多本具有各自内容特点的教材。处理好教材统一性与多样化,基本教材与辅助教材、教学参考书,文字教材与软件教材的关系,实现教材系列资源配套。

(5)依靠专家,择优选用。在制定教材规划时要依靠各课程专家在调查研究本课程教材建设现状的基础上提出规划选题。在落实主编人选时,要引入竞争机制,通过申报、评审确定主题。书稿完成后要认真实行审稿程序,确保出书质量。

  繁荣教材出版事业,提高教材质量的关键是教师。建立一支高水平教材编写梯队才能保证教材的编写质量和建设力度,希望有志于教材建设的教师能够加入到我们的编写队伍中来。

21 世纪高等学校计算机专业实用系列教材

联系人:魏江江 weijj@tup.tsinghua.edu.cn

第 2 版前言

本书第 1 版于 2011 年发行后得到了广大师生的认可。为感谢读者的厚爱,早在 2015 年作者就决定对本书进行修改再版工作,而且再版初稿已基本完成。由于科研工作繁重,本书再版工作被搁置了下来。时隔多年再次启动再版工作,作者的心情是对不起读者。截至作者完稿是 2021 年,10 年已经过去,第 1 版中的技术部分已经过时。韶光飞逝,时间如梭,新的技术随时间快速发展。这也"逼迫"再版工作不能在第 1 版的基础上"小修小改"。实际上,2015 年再版初稿已对第 1 版的结构做了比较大的调整。这次的再版定稿又对 2015 年再版初稿做了更大的调整,其目的是紧跟时代,满足不同层次师生的教学需求。总之,第 2 版较第 1 版总体结构有比较大的变化,而且增加了不少新的技术,同时删改了过时的章节和内容,期末考试模拟试卷也在原基础上增加了 3 套。

与第 1 版相比,第 2 版在教学内容和教学层次方面进行了精心设计,力求满足高职高专院校的软件工程专业、普通高等学校计算机或软件工程本科、211 院校计算机或软件工程本科,以及普通高等学校计算机专业的专业研究生(专硕)的教学要求,使本教材具有一定的通用性。

针对高职高专院校软件工程专业的学生,在教学时,可以选讲第 1 章、第 2 章、第 3 章、第 4 章和第 8 章。

针对普通高等学校计算机或软件工程专业的本科学生,在教学时,可以选讲第 1 章、第 2 章、第 3 章、第 4 章、第 6 章、第 7 章、第 8 章和第 9 章。

针对 211 院校计算机或软件工程专业的本科学生,在教学时,可以选讲第 1 章、第 2 章、第 3 章、第 4 章、第 6 章、第 7 章和第 9 章。第 10 章可以作为选做的实验,但该实验的前提条件是学生熟悉 COM/DCOM 技术。

针对普通高等学校计算机专业的专业研究生(专硕),在教学时,可以选讲第 1 章、第 2 章、第 3 章、第 4 章、第 5 章、第 6 章、第 7 章和第 10 章。

带有★的为选讲内容,★的数量越多,难度越大。

本书的教学课件、教学计划、教学大纲、电子教案、期末考试模拟试卷 5 套及答案的电子文件,均可以从清华大学出版社网站下载。

这次修改再版工作由主编张凯独立完成,其中,研究生陈聪聪、徐珂、刘敬文、王婉琦等参加了资料的收集与整理工作,在此表示感谢。

编　者

2021 年 10 月

第 1 版前言

"软件开发工具"课程是计算机专业本科生的一门专业课。作为该课程多年的任教教师,编者深感市面上的教材与实际教学有一定的差距。主要表现在:第一,目前教材中软件开发环境与工具理论部分的内容介绍较少,也不够系统;第二,大部分教材将该课程变成为一门计算机语言开发应用课程进行讲授和实验;第三,软件开发环境与工具前瞻性的理论和应用介绍欠缺。

在与清华大学出版社的沟通中,编者介绍了这本书在构思方面的三大特色:第一,本书将系统介绍软件开发环境与工具理论体系;第二,在介绍软件开发过程不同阶段软件开发工具的基础上,设计一个简单软件产品线的实验,要求学生理解软件开发平台及设计思想,也会自己动手开发一个简单软件产品线;第三,增加介绍软件开发环境与工具前沿研究的内容。编者的想法得到清华大学出版社的认同。

本书的内容共分为 16 章。第 1 章软件开发环境与工具概述,第 2 章软件开发工具功能与结构,第 3 章软件开发环境与工具的选用,第 4 章需求分析与设计工具,第 5 章数据库设计工具,第 6 章程序设计工具,第 7 章用户界面设计工具,第 8 章多媒体开发工具,第 9 章测试工具,第 10 章项目管理工具,第 11 章软件配置管理工具,第 12 章 UML 与 Rational Rose 软件,第 13 章软件产品线与网构软件,第 14 章软件工具酶,第 15 章 Visual Basic 6.0,第 16 章综合实验。

本书共 16 章,计划 34～40 学时完成。其中。第 1～13 章,可以每次(2 节课)讲完一章,第 14 章为选讲内容,第 15 章和第 16 章为实验内容,可以灵活安排。

本书由中南财经政法大学张凯教授独立策划、主编、审核、修改和定稿。本课程和教案在中南财经政法大学计算机专业实施多年,中南财经政法大学三届本科生参加了本书的试读,并提出一些宝贵意见。研究生王文静、李立双、杨薇和本科生李火荣做了大量的资料整理和实验程序调试工作。在此,对所有参加本书工作的人员和关心本书的学者表示衷心的感谢。

本书在编写过程中,参考和引用了大量国内外的著作、论文、研究报告和网站文献。由于篇幅有限,本书仅列举了主要参考文献。作者向所有被参考和引用论著的作者表示由衷的感谢,他们的劳动成果为本书提供了丰富的资料。

本书是对"软件开发工具"课程和教材的一种新的探索,包括教学内容和教学法。尽管作者做出了巨大努力,因能力有限,书中难免存在一些疏漏,望读者对此提出宝贵意见。

目前,清华大学出版社的数字化教学平台已经运行,本书的课件将在出版时上传,届时读者可以从中下载。另外,如果其他院校授课教师有其他要求,包括考试题电子稿、背景资料等,请直接与作者联系,我们将尽量满足您的愿望。

编　者

2011 年 5 月

目　录

第一部分　基　础　理　论

第二部分　应 用 技 术

第三部分 工具操作与开发

第一部分

基础理论

第1章 软件开发环境与工具概述

软件工程是一门研究用工程化方法构建和维护有效的、实用的和高质量的软件的学科，它涉及程序设计语言、数据库、软件开发工具、系统平台、标准、设计模式等方面。软件工程学科的发展，将带动软件开发工具与软件开发支撑环境方面的进步，反之亦然。软件开发工具、软件开发环境和 CASE 属于软件工程学科的一个分支。在软件工程学科中，方法和工具是同一个问题的两个不同方面。方法是工具研制的先导，工具是方法的实现。软件工程方法的研究成果最终均需在软件开发工具、软件开发环境和 CASE 中实现，才能充分发挥软件工程方法在软件开发中的作用。本章将介绍软件工程学科的发展、软件开发工具、软件开发环境和 CASE 的基本概念、定义、特征、功能和发展等。

1.1 学科概述

软件按其研究内容可分为三个层次：一是研究软件的本质和模型，即软件的基本元素及其结构模型，这方面是研究软件高效运行的基础，也是软件生产自动化的前提；二是针对特定的软件模型，研究高效的软件开发技术，以提高软件系统开发的效率和质量，研究内容涉及方法论、支撑工具等；三是研制领域特定的或应用特定的软件。软件开发环境与工具属于第二层的范畴。

1.1.1 学科的演化过程

1. 学科发展的梳理

20 世纪 60 年代，软件危机出现后，在 1968 年 NATO 会议上"软件工程"的概念被提出。软件开发也开始从艺术、技巧和个体行为向工程和群体协同方向转化。这也导致了软件工业化生产模式的开启。

20 世纪 60 年代末至 20 世纪 70 年代中期，在一系列高级语言应用的基础上，出现了结构化程序设计技术，并出现了一些支持软件开发的工具。20 世纪 70 年代中期至 20 世纪 80 年代，计算机辅助软件工程（CASE）成为研究热点，并出现了一些对软件技术发展具有深远影响的软件工程环境的主流。20 世纪 80 年代中期至 20 世纪 90 年代，出现了面向对象语言和方法，并成为软件开发技术。

Internet 是 20 世纪末人类社会一次伟大的技术进展，也是全球范围的信息基础设施。作为资源丰富的计算平台，其构成了人类社会的信息化、数字化基础，也是人们生活和工作的环境。未来基于 Internet 平台的软件系统，以软件构件等技术支持的软件实体将以开放、自主的方式存在于 Internet 的各个结点之上，任何一个软件实体都可在开放的环境下通过某种方式加以发布,并以各种协同方式与其他软件实体进行跨网络的互连、互通、协作和联盟,从而形成一种与当前的信息 Web 类似的 Software Web。Software Web 不再仅仅是信息的提供者,它也是各种服务(功能)的提供者。由于网络环境的开放性与动态性,以及用户使用方式的个性化要求,从而决定了这样一种 Software Web,它应能感知外部网络环境的动态变化,并随着这种变化按照功能指标、性能指标和可信性指标等进行静态的调整和动态的演化,以使系统具有尽可能高的用户信赖度。这种软件新形态称为网构软件(Internetware)。

2. 学科发展的历史节点

1975 年,程序员工具的概念被提出。1976 年,软件工具箱的概念被提出,它相当于支撑系统,包含若干软件工具,或各类支撑系统。1978 年,工作台的概念出现,它指支撑软件开发的专用计算机"设备",而且开发的软件可以在异种目标机上运行。1979 年,出现了软件开发环境的概念。1982 年,软件开发环境系统被开发出来。早年的软件开发环境是以一些高档软件工具的(面向开发对象的)有机结合、运行的"设备"为基础,并且可以处理人的作用因素,产品生产率、标准化、质量等关系的软件开发、维护的总体。早年的软件工具是以"方法论"和"标准、规范"为基础的系统。在国内,1983 年北京大学的杨芙清院士和南京大学的徐家福教授就开始了软件工程支撑环境的研究,我国"六五计划"时,北京大学就开始了青鸟CASE 系统的研究。1984 年,武汉大学的何克清教授开始软件开发工具和软件开发环境的研究,并创建了软件工程国家重点实验室。

从软件开发工具到 CASE 环境,极大地促进了程序到软件产品的发展,促进了软件生产工程化和产业化的发展。21 世纪,随着互联网的普及,以及大数据时代的到来,软件生产的模式发生了改变,出现了开放式的集成 CASE 环境,其最大特点是互联网变成了海量信息库,无边界开放的互联网将不同的软件开发环境有机集成在了一起。从青鸟 CASE 系统到开放网构软件平台,我国软件工程人员经过了近四十年的奋斗。如表 1-1 所示为工具环境的历史节点。

表 1-1　工具环境的历史节点

序	时间	阶　　段	特　　　　点
1	1975 年	程序员工具	基于某种计算机程序语言的,方便程序员使用的小工具
2	1976 年	软件工具箱	相当于支撑系统,包含若干软件工具,或各类支撑系统
3	1978 年	工作台	支撑软件开发的专用计算机"设备"
4	1979 年	软件开发环境	辅助软件开发的环境
5	1981 年	CASE	软件工程支撑环境
6	1992 年	开放式环境	基于开放互联网和协同机制的软件开发环境

该学科的发展经历了从程序员工具(Programmer Tool)、软件工具箱(Software Tool Box),到工作台(Work Bench),到 CASE 环境(Computer-Aided Software Engineering Environment),到集成 CASE 环境(Integrated CASE Environment),再到开放式软件开发环境(Open Software Development Environment)的发展过程。

3. 学科技术的发展趋势

对软件工程方法学来说,就是能否找到一种比较好的方法能真正适合于实际应用,而且能被广泛接受。未来 CASE 环境应该是尊重自然规律的,能解决软件工程开发过程中遇到的实际问题,具体地说就是支持软件过程模型或高层抽象行为模型,使软件开发人员能真切感到 CASE 环境是其有用的助手,能助其一臂之力。进入 21 世纪,在互联网的大背景下,应用软件系统的开发,智能化、集成化、开放性和大数据等对下一代 CASE 环境提出了要求。软件重用技术、面向对象技术、领域知识表示和推理技术以及新型应用技术(多媒体、超文本、可视化等)也许是下一代 CASE 环境的核心技术。根据这些想法,下一代 CASE 环境应该是如图 1-1 所示的结构。

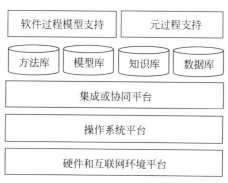

图 1-1　CASE 环境的结构

1.1.2　软件产业与软件技术

发展软件产业是全世界许多国家政府都高度重视与大力支持的方向。例如,美国总统信息技术顾问委员会提出"软件在社会中的作用非常重要,如果不能提高所开发、使用软件的质量,并改善软件开发过程,将是一件非常危险的事情,因此需要强化软件产业"。在一些软件发达国家,比如印度,软件产业已成为高技术支柱产业之一。世界软件技术正处于突飞猛进的发展时期,我国应该紧跟时代发展步伐。未来世界,谁掌握最新软件技术,谁就可以在激烈的国际竞争中掌握主动权,占据优势。我国的软件技术和软件产业经过了几十年的发展,已打下了良好基础,在此关键时刻,不进则退,稍有迟疑或决策不当,就会失去良机。

当前,我国政策层面非常支持软件产业的发展,这就要求我国的软件产业要面向经济建设的需要,选择关键技术组织攻关,以解决国民经济建设和产业建设中的重大、综合、关键、迫切的技术问题。软件产业和软件技术的发展是我国信息化进步的关键。软件产业和软件技术之间应该是相辅相成和互相促进的关系。软件产业的发展必须以软件技术为基础,另一方面,软件产业又是软件技术发展的依托。随着软件产业和软件技术的飞速发展,二者的紧密结合变得非常重要。面对竞争日益激烈的形势,要加快软件产业的发展,我国软件技术的发展应在以下方面加强。

1. 建立合理的产业结构框架,逐步形成产业规模

软件产业包括软件开发、生产、流通、维护和管理。软件产业结构框架的建立涉及基础研究与应用技术研究、模型研究与原型开发、产品开发与商品化及市场服务四个层次,这样就可以形成研究、开发、产品和市场的良性循环,统一规划、通力合作、重点建设若干软件产业基地和龙头企业,使研究开发、产品开发、质量评测三位一体。为使软件产业结构框架更合理,以形成技术和经济的良性循环,应该展开以下四个方面的工作:第一,推动软件产品发展与促使软件产品革新的理论基础的进步;第二,重点攻关关键技术问题;第三,解决软件商品化技术问题;第四,解决产品维护的技术问题。

2. 重视软件工程方法创新,加强基础技术研究

产业的发展必须以工程方法和生产技术创新为前提。先进的软件工程方法和技术是软件产业健康发展的原动力,它能为软件产业提供先进的生产手段,提供工业化生产模式和技术。谁掌握了软件方法和技术的制高点,谁就能在竞争中立于不败之地。因此,我国应该加强软件工程方法创新和软件基础技术研究。为此,第一,要重视和加强软件科学与技术的研究,使软件产业具有强有力的后盾;第二,要重视软件工程实用技术的开发,为软件生产提供先进的生产手段、生产方式和基础设施。尤其是如何以实用的软件工程技术为依托,制定软件工程的标准和开发规范,推出有特色、有自主版权的软件开发平台和软件工程开发环境。

3. 加强软件产业基础设施建设

软件构件技术和网络应用技术已日趋成熟,这为软件产业的发展奠定了坚实的基础。软件产业可以划分为软件构件工业、系统集成组装工业和信息服务业三大类。因此,要重视软件产业基础设施的建设,遵循软件产业的特点,建立国家级构件库、软件复用及软件构件技术培训。为增强软件产业的市场竞争能力和市场适应能力,提高企业的软件开发和软件产品质量,建议在软件企业逐步建设软件生产线,以形成工业化生产的基础。

1.2 软件开发工具

1.2.1 软件开发工具的定义与分类

1. 软件开发工具的定义

随着时代的发展,需要计算机解决的问题越来越多,也越来越复杂。近年,需要软件开发的任务和性质发生了较大变化,高级语言已很难承担历史重任。在大型软件系统开发过程中,除需求分析、系统设计、程序编码之外,文档编写以及项目管理任务也十分繁重,于是,软件开发工具越来越受到重视。

软件开发工具是在软件生命周期过程中,用于辅助软件开发人员进行软件开发的工具。其目的是减少软件开发过程中软件开发人员的工作负担,提升软件开发的工作效率,改变软件的生产方式,降低软件的开发成本,保证软件产品的质量。为实现这些目标,软件开发工具的开发、设计、使用和推广工作都十分重要。

软件开发工具是高级程序设计语言之后,软件开发技术进一步发展的产物。其对软件开发过程的支持,不限于编码,也包括其他方面的工作。其目的是在软件开发过程中给予软件开发人员不同方面、不同程度的支持和帮助。

应该强调一点,软件开发工具中的"工具"一词有两层含义:第一,它指软件工程中的软件开发方法,比如数据流图分析工具、数据字典分析工具、判定表(Decision Table)工具、判定树工具、状态迁移图分析工具、时序图绘制工具、Petri网分形工具、E-R图分析工具、程序流程图工具等;第二,它指工具软件,即软件程序,比如程序编辑器、程序编译器、代码生成器、程序调试器、测试案例生成器、测试执行器、测试分析工具、测试评价工具等。不过,站在软件开发工具的视角,以上软件工程中辅助分析、设计、测试和维护的方法,最好都能变成为可以方便使用的软件工具,这样才符合软件开发工具支持或服务于软件开发过程的目的。

软件开发工具包(Software Development Kit,SDK)是一些被软件工程师经常使用的配套件集合。这样的工具包通常包括用于调试的实用工具、接口程序、示例代码、具有某种功能的构件、支持性的技术注解、技术文档等。软件开发工具包通常是免费的,可以直接从互联网上下载。这样的工具包类似于电工师傅腰间的工具包、汽车修理工身边的工具箱。软件开发工具包是软件工程师经常使用的比较顺手的小工具集合。一个优秀的软件工程师往往会自己构建个性化特点较强的、自用的软件开发工具包,其常常被放置在软件工程师 PC 中某一个方便取用的子目录内。有些软件开发工具厂商已开始开发功能比较全面的软件开发工具包,以供软件工程师选购。

目前,软件开发工具的发展已呈现以下特点:第一,软件开发工具由单个工具向多个工具集成化方向发展;第二,重视易学易用,多模态操作(键盘、鼠标、语音、视频等情感计算)的用户界面设计;第三,不断采用新理论和新技术,比如人工智能技术、大数据技术、知识信息库技术等;第四,信息库的作用越来越大,并伴随着大数据化的趋势,软件开发人员需要的信息可以从互联网上自由下载和取用;第五,软件开发工具虚拟商品化的趋势,软件产业化的发展正在加速软件开发工具商品化的进程。云计算、虚拟化、按需分配等软件使用模式正在使软件开发工具的应用由购买向按需分配应用付费模式发展。

2. 软件开发工具的分类

软件开发工具可以从不同角度进行分类,有以下三种比较常见的分类方法。

1) 基于开发阶段的分类

软件开发过程有多个阶段,各个阶段对功能的需求不同,相应的软件开发工具也不相同。基于开发阶段的分类,可以分为需求分析工具、软件设计工具、软件编码工具、软件测试工具、软件配置管理工具、运行维持工具和项目管理工具。

2) 基于集成程度的分类

早年,功能相对单一的软件开发工具相对较多。集成化的软件开发工具往往是多个功能相对单一软件开发工具的集成,这已成为一种趋势。集成化的软件开发工具通常由工具核心功能、工具接口和工具用户界面三部分构成。每个单项软件开发工具通过工具接口与其他工具、操作系统或网络操作系统,以及通信接口、环境信息库接口等进行交互作用。当软件开发工具需要与用户进行交互时则通过工具的用户界面交流。软件开发工具集成化后,用户接口一致性和信息共享被提升到一个新的高度,它是单项功能软件开发工具的升级版,也是软件开发工具发展的新阶段。

3) 基于硬件、软件关系的分类

按与硬件和软件的关系,软件开发工具可分为两类:第一,其依赖于特定计算机或特定软件(如某种硬件环境、某种特点的操作系统或某种数据库管理系统);第二,它是独立于硬件与其他软件的软件开发工具。一般来说,软件设计工具多是依赖于特定软件的,因为它生成的代码或测试数据不是抽象的,而是某一种语言的代码或该语言所要求的格式的数据。例如,Oracle 的 CASE 所生成的是 Oracle 代码,HP/9000 机器上的 4GL 生成的是在 HP/9000 上可运行的代码。而分析工具与计划工具往往是独立于计算机与软件的,集成化的软件开发工具又常常是依赖于某类机器与软件的。软件开发工具是否依赖于特定的计算机硬件或软件系统,对于应用的效果与作用是有直接影响的。

1.2.2 功能与性能

1. 软件工具的功能要求

软件开发工具的功能主要包括以下五个方面。

(1) 辅助认识和描述被开发的软件系统。这一功能主要是辅助软件开发人员完成软件需求分析阶段和软件设计阶段所做的工作。由于需求分析在软件开发中的地位越来越重要,软件开发人员迫切需要了解被开发软件的需求,以便形成软件功能说明书,其工作需要得到软件开发工具的支持。同理,软件设计工作和软件设计说明书的形成,也需要软件开发工具的支持。与具体编程相比,这方面的工作不确定性较高,需要经验,难度较大,不易规范化。另外,包括对编码、测试、维护说明书的支持。因此,需要提供描述被开发软件的需求及其开发过程的概念模式,以协助软件开发人员认识软件工作的环境与要求,这是软件开发工具的任务。软件开发工具可以引导软件开发人员正确建立概念模型,以便使其从枯燥、烦琐和重复性的工作中解放出来,这是软件开发工具应该具备的功能之一。

(2) 辅助存储管理和检索服务软件开发过程中的信息。这一功能主要是构建软件开发过程中所需的信息库管理系统。在软件开发的各阶段,会产生和使用许多相关信息。当被开发软件项目规模比较大时,这些信息会非常多。当被开发软件项目持续时间较长时,信息的一致性就显得十分重要,但却又很难控制。如果再涉及软件长期维护和版本更新,则相关的信息保存与管理问题就显得更为突出。提供有关信息存储和管理的机制和手段变得十分必要。软件开发过程中会涉及很多信息,其数据结构复杂。软件开发工具要提供方便有效的手段和方法处理这些信息。由于这类信息结构复杂,且数量较大,如果仅依靠人工方式处理,显然是不可能的,所以软件开发工具要提供一种信息库管理模式和系统,使相关过程所需的信息有序、丰富,方便检索和使用。

(3) 辅助软件代码的编辑或生成。在软件开发过程中,程序编辑占据了软件开发人员相当比例的工作时间。提高代码的编写速度和效率,是软件开发工具的一项非常重要的工作。目前,已进入第4代语言的编程模式,软件程序代码自动生成和软件模块源程序重用已经成为提高软件开发效率的重要手段。软件程序代码生成即利用软件开发工具帮助软件开发人员编写程序代码,使软件开发人员尽快完成软件程序代码编写工作。软件程序代码生成的自动化,即由机器代替人工编写源代码,并辅助进行软件测试和程序修改,这是软件开发工具辅助编码的发展方向。目前,已经有部分计算机语言系统具备了自动生成软件程序代码的能力,比如数据库系统菜单生成器。当然,整个待开发的软件源代码完全由计算机系统全自动生成,目前显然是不可能的。但即使是局部的代码生成,或部分代码生成,对软件开发人员来说,也可以减轻不少的工作量。

(4) 辅助设计文档的编制或生成。设计文档的编写也是软件开发中十分繁重的一项工作,不但费时费力,而且很难保持前后版本的一致性。这方面的工作,软件开发工具有较强的辅助作用,它可以充分利用信息库中的设计文档模板和框架,借助人工智能的手段,辅助设计文档的编写工作。目前,已有不少专用软件开发工具可以提供辅助设计文档自动生成这方面的工作。它可以帮助软件开发人员编制、生成和修改各种设计文档。与辅助软件代码的编辑或生成相似,全自动生成设计文档是不可能的。而部分设计文档或框架的自动生成是可能的,它将减轻软件开发人员编写文档的工作负担。

(5)辅助软件开发过程的项目管理。这一功能可为软件开发项目管理人员提供支持。对于大型软件项目来说,软件质量难以预测,其不仅需要根据设计任务书提出测试方案,而且还需要为测试工程师提供相应的测试环境与测试相关的数据。软件开发人员特别希望软件开发工具能够提供这方面的帮助。另外,当被开发软件的规模比较大时,版本更新,各模块之间以及模块与使用说明之间的一致性,正式公布的软件设计说明书版本管理等,都是十分复杂的管理工作。如果软件开发工具能够提供这方面的支持与帮助,无疑将有利于软件开发工作的顺利进行。对历史信息进行跨生命周期的管理,即将项目运行与版本更新的有关信息联合管理,这是信息库管理的瓶颈。对于大型软件开发来说,如果能较好地完成这部分工作,将有利于信息资源的充分利用。

以上五个方面基本上包括目前软件开发工具的基本功能。完整的、一体化的开发工具应当具备上述功能。

2. 软件开发工具的性能

功能是指软件能做什么事,性能则是指事情做到什么样的程度。对于软件开发工具来说,有关功能方面的说明应该明确告诉我们它能在软件开发过程中提供哪些帮助和服务,而有关性能方面的说明则需明确说明这些支持或帮助的程度如何。对于软件开发工具来说,其性能一般应包括以下五个方面。

(1)表达能力或描述能力。软件开发工具的功能之一是辅助认识和描述被开发的软件系统,其涉及对被开发的软件系统的需求分析和软件设计。一款软件开发工具可以辅助软件开发人员做好软件需求分析工作和软件设计工作,这是其对软件开发工具性能的要求。具体地说就是软件开发工具辅助软件开发人员对软件需求分析说明书和软件设计说明书内容表达能力的度量。一般来说,质量上乘的软件开发工具,在辅助软件开发人员撰写软件需求分析说明书和软件设计说明书时,能提供表达或描述其内容的工具,在说明书生成、文字内容生成、图表生成、信息库支持、设计文档修改等方面功能强大。

(2)保持信息一致性的能力。在具体实际的工作中,软件开发工具不仅需要能存储大量的相关信息,而且要能有条不紊地管理其中的信息,要使被管理的信息和内容具有一致性,即各部分之间信息的一致性,代码与设计文档的一致性,功能与结构的一致性等。这些要求均需要软件开发工具能有效提供支持与帮助。

(3)使用的方便程度。这就要求软件开发工具的人机界面在设计方面比较人性化,即符合人体工程学的标准和要求。用户界面设计有三个原则:①简易性。用户界面的简洁是要让用户便于使用、便于了解,并能减少用户发生错误选择的可能性;在视觉效果上简单、清楚,便于理解和使用;界面排列有序,符合用户的习惯,易于使用;语言简洁,易懂。②人性化。高效率和用户满意度是人性化的体现。用户可依据自己的习惯定制界面,并能保存设置;微提示和过程提示清晰,帮助系统完善,以减少用户的记忆负担。③一致性。指整个软件的风格不变,符合软件界面的工业标准;界面的结构清晰一致,风格与内容一致;无论是控件使用,提示信息措辞,还是颜色、窗口布局风格,均遵循统一的工业标准。

(4)工具的可靠性程度。可靠性是软件质量最基本的要求,软件开发工具作为一种软件,其可靠性要求一样。软件开发工具的可靠性不仅指其软件本身的可靠性,也涉及软件开发过程中重要信息的完整性、安全性、保密性等要求。另外,也涉及软件开发工具用户角色的等级划分,这是设计文档版本管理的要求。设计文档的编写、审核、发布批准、应用范围、修改申请和级别,设计文档版本的更新等,均需用户角色管理实现。

(5)对硬件和软件环境的要求。如果某一软件开发工具对硬件、软件环境要求太高,将直接影响其使用范围,也会显得其过于"娇气",并导致其使用范围很小。因此,降低软件开发工具对硬件和软件环境的要求是一项比较重要的工作之一。一般来说,集成化的软件开发工具对环境的要求,会比单项软件开发工具的要求高。总之,软件开发工具对环境要求应尽量降低,这有利于其推广应用。

1.2.3 软件开发工具的一般结构

软件开发工具的一般结构如图 1-2 所示。总控部分及人机界面、信息库及其管理、代码生成及文档生成、项目管理及版本管理是构成软件开发工具的四大技术要素。

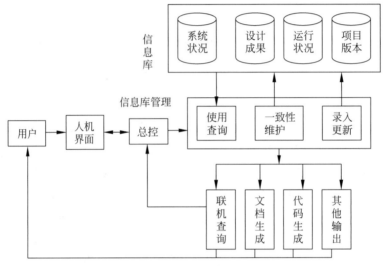

图 1-2 软件开发工具的一般结构

1. 总控部分及人机界面

总控部分及人机界面是软件开发人员和软件开发工具之间交流信息的桥梁。一个好的软件开发工具,不仅能帮助软件开发人员完成具体的软件开发任务,而且能引导软件开发人员熟悉和掌握软件开发方法。

人机界面的设计应遵循以下原则:第一是面向用户的原则。软件开发工具的用户主要是软件开发人员,必须充分考虑这些人员的使用要求和工作习惯;第二是保证各部分之间信息传递的准确性。无论是由分散的软件工具集成为一个整体系统,还是有计划统一开发的一体化软件开发工具,其各部分之间信息传递必须做到准确,这是正常工作的基础。要想实现信息的准确传递,一方面是统一规划集成化的软件开发工具;另一方面是实现信息的互联互通,这与信息库的管理密切相关;第三是保证系统的开放性和灵活性。软件开发过程的复杂性决定了软件开发工具的多样性和可变性。因此,软件开发工具常常需要变更和组合,如果系统不具备足够的灵活性和开放性,就无法进行必要的剪裁和改造,它的使用也就有很大的局限性。

2. 信息库及其管理

信息库也称为中心库、主库等。其核心是用数据库技术存储和管理软件开发过程的信息。信息库是软件开发工具的基础。信息库存储系统开发过程中涉及四类信息。第一类是关于软件应用领域与环境状况(系统状况)的信息,包括有关实体及相互关系的描述,软件要处理的信息种类、格式、数量、流向,对软件的要求,使用者的情况、背景、工作目标、工作习惯,等等。这类信息主要用于分析、设计阶段,是第二类信息的原始材料。第二类信息是设计成果,包括逻辑设计和物理设计的成果,如数据流程图、数据字典、系统结构图、模块设计要求,等等。第三类是运行状况的记录,包括运行效率、作用、用户反映、故障及其处理情况等。第四类是有关项目和版本管理的信息,这类信息是跨生命周期的,对于一次开发似乎作用不太大,但对于持续的、不断更新的系统则十分重要。

信息库的许多管理功能是一般数据库管理系统已经具备的,作为软件开发工具的基础,在以下两个方面功能应该加强:一是信息之间逻辑关系识别与记录,例如,当数据字典中某一数据项发生变化时,相应的数据流程图也必须随之发生变化,为此,必须"记住"它们之间的逻辑关系;二是定量信息与文字信息的协调一致,信息库中除了数字型信息之外,还有大量的文字信息,这些不同形式的信息之间有密切的关系,信息库需要记录这些关系。例如,某个数字通过文档生成等功能写进了某个文字材料中,当这个数字发生变化时,利用这种关系从这个文字材料中找出这个数字并进行相应的修改;除此之外,历史信息的处理也是信息库管理的另一个难点。从开发工具的需要来讲,历史信息应尽可能保留。由于这些信息数量太大,而且格式往往不一致,其处理难度较大。

3. 代码生成与文档生成

程序代码自动(或半自动)生成和设计文档自动(或半自动)生成是软件开发工具必须具备的功能之一。源代码生成器、设计文档生成器是早期软件开发工具的主体,在一体化或集成化的软件开发工具中也是不可缺少的组成部分。

图 1-3 是代码生成器的基本原理逻辑框架。代码生成的"原材料"来源于三个部分:一是信息库中的资料,如软件系统的总体框架结构、各模块间的调用关系、基础的数据结构、屏幕设计版式等;二是各种标准模块的框架和构件,如报表由表名、表头、表体、表尾、附录组成等,报表生成器就是预先设置了一个生成报表的框架;三是通过屏幕输入的信息,例如,生成一个报表,需要通过屏幕输入有关的名称、表的行数等参数。

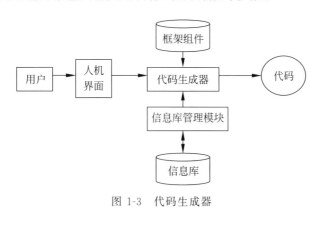

图 1-3　代码生成器

代码生成器输出的代码可以是某种高级语言的源代码或某种机器语言的可执行代码。被输出的高级语言的源代码,软件开发人员可以进一步修改加工,以便得到最终所需的软件程序。如果输出的是机器语言形式的可执行代码,则可以直接在计算机上运行,可执行代码一般不能修改。两种模式相比,高级语言的源代码应用更广,也更方便。在此需要强调的是:软件开发工具在代码生成方面只能发挥辅助或支持作用,其绝对不能全方位代替程序员的工作。反之,站在软件开发人员的视角,也不能过于依赖和过于信任软件开发工具自动生成的源代码。由软件开发工具生成的源代码,程序员必须要进行静态测试和程序走码,在软件开发工具生成的源代码基础上进行调试、修改和完善。并正常进行软件的测试工作。以上指导思想和基本价值观理念特别重要,请软件开发人员牢牢记住。

设计文档自动(或半自动)生成,较程序代码自动(或半自动)生成更为复杂。设计文档的读者是软件开发人员,其必须符合专业人员的工作习惯,否则没有实用价值。设计文档包括文字、表格、图形三大类。表格比较容易按信息库当前的内容输出。随着计算机绘图功能越来越强,绘图难度会降低。文字、专业词汇、文字段落的生成难度最大。目前的设计文档生成器,大多数只能提供设计文档框架,设计文档的细节则需软件开发人员完成。

本书作者曾经开发过设计文档自动生成的软件原型,其工作原理包括三个部分,一是设计文档框架自动生成器,其设计的原理是将软件开发的 25 套国标文档(国家标准《GB/T 8567—2006 计算机软件文档编制规范》、可行性分析(研究)报告、软件开发计划、软件测试计划、软件安装计划、软件移交计划、运行概念说明、系统/子系统需求规格说明、接口需求规格说明、系统/子系统设计(结构设计)说明、接口设计说明、软件需求规格说明、数据需求说明、软件(结构)设计说明、数据库(顶层)设计说明、软件测试说明、软件测试报告、软件配置管理计划、软件质量保证计划、开发进度月报、项目开发总结报告、软件产品规格说明、软件版本说明、软件用户手册、计算机操作手册、计算机编程手册)放置在文档框架数据库内。需要什么设计文档,则调用对应的设计文档;二是构建 10 万条目的专业词汇库,并与汉字输入法软件连接,其目的是输入软件开发词汇时,速度更快;三是完善信息库中相似或同类项目的技术资料,在进行设计文档的修改时,充分复用以前类似的设计文档内容,粘贴信息库和工具包中相关的文字、表格、图形、段落内容,并进行修改。

4. 项目管理与版本管理

项目管理与版本管理是跨生命周期的信息管理,其关键是历史信息的处理。在大型软件开发过程中,各个阶段的信息要求不同。例如,在系统分析时,其重点是梳理和分析被开发软件系统的功能需求,但容易忽视环境因素。在系统设计阶段,可能发现某个因素对设计影响很大,但信息库中的内容不能满足要求,需要补充调查,这样,不仅影响进度,还必须对文档进行修改。针对这些情况,一些学者提出了以项目数据库为中心来解决问题的思路。

一般信息库会记录软件开发项目的进展情况及各种相关信息,比如阶段的预期进度和实际进展情况。软件开发工具应该辅助项目负责人随时了解进度情况,发现问题,并组织解决。

关于设计文档的版本信息,一般会有版本的编号、功能改变、模块组成、文档状况、产生时间、用户数量、用户反映等方面的记录。

1.3 软件开发环境

1.3.1 软件开发环境概述

1. 软件开发环境的定义

软件开发环境(Software Development Environment,SDE)是指在基本硬件和宿主软件的基础上,为支持系统软件和应用软件的工程化开发和维护而使用的一组软件。它由软件工具和环境集成机制构成,前者用以支持软件开发的相关过程、活动和任务,后者为工具集成和软件的开发、维护及管理提供统一的支持。

IEEE 和 ACM 支持的国际工作小组提出:"软件开发环境是相关的一组软件工具集合,它支持一定的软件开发方法或按照一定的软件开发模型组织而成。"美国国防部在STARS 计划中定义如下:"软件工程环境是一组方法、过程及计算机程序的整体化构件,它支持从需求定义、程序生成直到维护的整个软件生存期。"软件开发环境在欧洲又叫作集成式项目支援环境(Integrated Project Support Environment,IPSE),指"可用来帮助和支持软件需求分析、软件开发、测试、维护、模拟、移植或管理而编制的计算机程序或软件"。

总之,软件开发环境是软件开发过程中所需要的基础宿主硬件环境、基础宿主软件环境、相关技术和方法、软件开发过程需要的软件工具,以及集成机制和集成界面。软件开发环境的结构层次参见表 1-2。

表 1-2　软件开发环境的结构层次

序号	层次	包括的内容
1	宿主层	指软件开发环境的寄生场所,包括基本宿主硬件和基本宿主软件。例如,软件开发环境寄生的硬件,可以是大型计算机、工作站、微机甚至手机等。软件开发环境寄生的软件,可以是 Windows 操作系统、UNIX 操作系统、麦塔金操作系统、安卓操作系统等
2	核心层	包括工具组、环境数据库和会话系统(软件界面)。例如,软件分析或设计工具、编程工具、测试工具、Oracle 数据库系统、软件开发环境的集成框架软件界面等
3	基本层	包括最少限度的一组工具,如编译工具、编辑程序、调试程序、连接程序和装配程序等。这些工具都是由核心层支持的
4	应用层	以特定的基本层为基础,但可包括一些补充工具,借以更好地支援各种应用软件的研制

2. 软件开发环境的结构

(1) 软件开发环境的软件人机界面,是与用户交互的会话系统,包括软件开发环境整体界面和由它统一控制的各个环境部件及工具的子界面。整体统一用户界面是软件开发环境操作的基本要求,也是其最基本的功能之一。界面可以发挥软件开发环境的优势,提高软件开发工具的使用效率,减轻用户负担。它是用户与软件开发环境交流、互动的"桥梁"或"通道"。

(2) 软件开发环境的信息库,是软件开发环境的核心,用以存储与系统开发有关的信息并支持信息的交流与共享。库中存储两类信息,一类是开发过程中产生的有关开发系统的信息,如软件产品或半成品(如源代码、测试数据和各种文档资料等)等;另一类是环境提供的支持信息,如文档模板、系统配置、过程模型、可复用构件等。信息库是面向软件工作者的知识型信息库,其数据对象是多元化、带有智能性质的软件。信息库主要用于支撑各种软件工具,尤其是自动设计工具、编译程序等的主动或被动的工作。初级软件开发环境信息库包括通用子程序库、可重组的程序加工信息库、模块描述与接口信息库、软件测试与纠错依据信息库等。高级软件开发环境的信息库还应包括可行性与需求信息档案、阶段设计详细档案、测试驱动数据库、软件维护档案等。信息库应该能有效支持软件规划、需求分析、系统设计、软件实现、维护的全过程,这就要求软件开发环境信息库系统有一定的智能性,可以自动进行软件编码和优化,以及软件工程项目不同角度的自我分析与总结。这种智能性还要求信息库系统能自主学习,信息库自重构,以丰富软件开发环境信息库的知识、信息和数据。其结果是能辅助软件开发环境实现软件开发过程的智能化与自动化。

(3) 软件开发环境的方法与工具。软件开发方法是软件开发工具的基础,也是其具体实施的内容。软件开发工具则是软件开发方法的具体落实和方法的软件形式。软件开发环境中的工具支持特定过程模型和开发方法,如支持不同开发模型及数据流方法的分析工具、设计工具、编码工具、测试工具、维护工具,也支持面向对象方法的 OOA 工具、OOD 工具和 OOP 工具等。另外还有一类是独立于模型和方法的工具,比如界面辅助生成工具和设计文档生成工具,其不包括具体的软件开发方法。第三类是管理类工具和针对特定领域的应用类工具,其中不涉及软件开发方法,主要是管理方法或特定领域的应用技术。计算机语言属于软件开发工具范畴。除了 C 语言、Java 语言等编程语言外,目前已经出现的算法语言、数据库语言、智能模拟语言、图形设计语言等,均对软件开发有积极有效的辅助作用。

(4) 软件开发环境的集成与控制机制。它将对工具的集成及软件开发、维护及管理过程提供支持。过程控制和消息机制是实现软件开发过程集成及控制集成的基础。过程集成是按照具体软件开发过程的要求进行工具的选择与组合,控制集成则是并行工具之间的通信和协同工作的一种机制。另外,多个信息库的交叉融合、互连互通、信息共享等,离不开软件开发环境的集成,它是软件开发环境逐渐成熟的标志。

3. 软件开发环境的特性

(1) 可用性。指用户界面的友好性、易学易用性和对软件开发人员有实质性的支持和帮助。用户在使用软件开发环境时,非常方便,没有操作障碍。

(2) 自动化。是指软件开发人员的手动工作量减少。自动化程度高,意味着软件开发过程的时间和成本较低,最终的软件产品质量较高。这是软件开发效率追求的目标。

(3) 公共性。是一种社会属性,包括对社会的开放度和包容度。即对软件开发方法、开发工具和开发人员的整合程度,并使其和谐共存,最终目的是实现开发过程的高效。在软件开发过程中,具体表现为适合各种类型的用户,同时也支持各种软件开发活动和过程。

(4) 集成化。指软件开发过程中软件开发者所需的功能、方法、工具等非常齐全,软件开发过程所需的功能均被置于某一个软件开发环境之下。其最典型的标志是用户界面的统一性,且软件开发环境被置于一个人机操作界面之下。不仅如此,其下的信息库、数据库、知识库、方法库、模型库等均能实现互联互通。

(5) 适应性。指软件开发环境对用户硬件和软件环境的要求,这种要求应该是越低越好。例如,硬件运行环境的配置可以比较低,对支撑软件的配置要求不高,对用户人群的操作水平和个性要求也有广泛的适应性。

（6）价值性。指软件开发环境投资的净收益绝对值大小，即成本与收益的比例。价值性较高的软件开发环境可以为用户带来良好的经济收益，例如，节省开发人员的时间，提高开发人员的工作效率，节约开发过程的成本等。总体上为被开发的项目节约开销，加快进度，提高软件质量，降低投资风险。

1.3.2 对软件开发环境的要求

1. 对软件开发环境的功能要求

软件开发环境的目标是提高软件开发的生产率和被开发软件产品的质量。因此，其功能主要涉及以下四个方面。

（1）保持软件开发和维护过程信息一致和完整的能力。例如，在需求分析阶段、系统设计、编码阶段、测试阶段、交付阶段、维护阶段，将会产生各种设计文档、数据和阶段性产品，软件开发环境应该有能力保证各阶段的文档版本产生和发布的一致性和完整性，也能保证半成品和成品的一致性和完整性。

（2）对软件工程方法学的支持能力。软件工程方法属于软件开发环境的重要内容。软件开发方法是软件开发过程中必需的手段和策略，其理论成果可用于指导软件开发过程。软件开发环境理应为软件开发方法提供必要的环境、依托和载体。通过软件开发环境，软件开发方法得以应用。

（3）有信息库构建、检索和更新的能力。其首先应该能进行信息分类和不同数据类型的表示，并将其写入信息库，这是信息库构建的过程；其次是能为软件开发人员提供信息检索服务；三是具有信息库自我更新能力，以及多个信息库互联互通及其信息相互转换的能力。

（4）有项目管控能力。项目管理是软件开发环境必须具备的能力，其通过软件开发过程管理工具进行项目管理。其中涉及项目的进度控制、费用控制和质量控制。软件项目的配置管理属于项目质量管理的范畴，其涉及版本控制、变更控制和过程支持三个方面的工作。

2. 对软件开发环境的性能要求

软件开发环境的性能是完成其功能的程度，具体包括以下几个方面。

（1）高度集成且一体化。与单项软件开发工具或环境相比，集成化和一体化的系统在功能方面有更多优势。

（2）有较强的通用性。也就是能适应不同硬件环境，不同软件环境和不同用户。较强的通用性使软件开发环境适用范围更广，能最大限度地满足客户的要求。

（3）有较好的适应性和灵活性。适应性意味着软件开发环境可以用于不同的软件和硬件环境，而灵活性则意味着软件开发环境能顺应客户的变化而变化。软件开发人员可以根据自己个性化的需求，定制、裁剪或扩充软件开发环境以满足用户的要求。

（4）有较好的应用性，易用性和经济效益。应用性指应用范围广，易用性指易学易操作，以适用于不同用户人群，且能为用户带来经济效益。

（5）自动化程度高。可以辅助软件开发人员实现开发过程的半自动化，最终逐步实现全自动化，其中涉及源程序的自动生成和设计文档的自动生成等。

1.3.3 软件开发环境的分类

软件开发环境与软件生存期、软件开发方法和软件开发模型紧密相关。对软件开发环境的分类方法很多,主要包括以下几种。

1. 按应用范围分类

(1) 通用型软件开发环境,属于通用性较强的软件开发环境。

(2) 专用型软件开发环境,与应用领域有关,专用性较强,也称为应用型软件开发环境。

2. 按软件开发过程分类

(1) 软件规划环境。其侧重软件规划活动服务的环境。

(2) 需求分析环境。其侧重软件需求分析活动服务的环境。

(3) 系统设计环境。其侧重软件系统设计活动服务的环境。

(4) 程序设计环境。其侧重程序设计服务的环境。

(5) 软件测试环境。其侧重测试过程支持的环境。

(6) 项目管理环境。其侧重项目管理的环境。

3. 按功能及结构特点分类

(1) 单体型软件开发环境。这样的软件开发环境属于功能相对单一的环境。

(2) 协同型软件开发环境。这样的软件开发环境,可以辅助多个功能相对单一的软件开发环境协同工作。

(3) 分散型软件开发环境。这样的软件开发环境,可以分布在不同地域的网络服务器上,属于分布式软件开发环境。

(4) 并发型软件开发环境。这样的软件开发环境,可以是一个硬件运行环境中多个软件开发环境的并发结构,即在一个时间段内可以支持多个软件开发环境同时运行。

4. 按软件开发环境演变趋势分类

(1) 以语言为中心的环境。早年的软件开发,没有系统分析和设计,也没有项目管理。计算机语言是软件开发的关键。那时的软件开发环境多以某种计算机语言为基础。

(2) 以工具箱为中心的环境。这类环境的特点是由一整套工具组成,供程序设计选择之用,如有窗口管理系统、各种编辑系统、通用绘画系统、电子邮件系统、文件传输系统、用户界面生成系统等。

(3) 基于方法的软件开发环境。20 世纪 60—70 年代,软件危机出现后,软件开发方法论的研究相对热门。随后出现了结构化分析与设计,面向对象分析与设计,基于软件复用的软件开发方法等。基于这类方法的软件开发环境,在 20 世纪 80 年代相对较多。

(4) 软件开发集成环境。集成是软件开发环境的必然趋势,其硬件基础是网络的广泛应用,辅助软件开发的程序或工具增多,辅助软件开发的数据和资料逐渐完善。20 世纪 90 年代,软件开发工具集成,更多的信息库可以实现互连互通。

(5) 开放的软件开发环境。21 世纪,计算机进入人工智能时代,与此同时,大数据得到广泛应用。这个时期,因为互联网的海量信息,软件开发环境信息库开始以互联网的开放环境为重要的信息来源,例如,某一种语言的源代码、设计方案、说明书文档等均容易在互联网上获得。

5. 按数据库和智能化程度分类

（1）第一代，这个时期的软件开发环境，没有数据库、模型库、方法库和知识库的支持，是以某种计算机语言为主要的开发环境，包括一些零星的、分散的、辅助软件开发的程序或工具，辅助软件开发的数据和资料不全。而且，数据和信息的存储以文件形式为主。

（2）第二代，这个时期的软件开发环境开始有数据库的支持，而不是文件的支持。数据库技术的发展，使信息库的内容更丰富，信息检索也更方便。

（3）第三代，这个时期的软件开发环境逐渐被建立在知识库系统上。知识工程技术有力推动了信息库的完善和发展。另外，互联网普及和分布式数据库的广泛应用使软件开发环境不得不被集成化。

（4）第四代，这个时期的软件开发环境是基于开放互联网环境下的软件系统。这时，软件开发过程的信息获取将不再局限于本地信息库的支持，互联网上的设计信息也将为软件开发过程提供所需的信息支持。

1.3.4 软件开发环境的发展

20 世纪 50—60 年代，这个阶段的软件开发环境主要是操作系统中的一些程序模块，或用于软件开发的微小程序工具，以及与软件开发相关的数据文件。

20 世纪 70 年代，软件开发与设计方法由结构化程序设计技术（SP）向结构化设计（SD）技术发展，而后又发展成为结构化分析技术（SA）的一整套的相互衔接的 SA-SD 的方法学。当时的软件开发环境就是基于这一方法的软件系统。

20 世纪 80 年代中期与后期，软件开发环境主要是实时系统设计方法，以及面向对象的分析和设计方法的发展，它克服了结构化技术的缺点。

20 世纪 90 年代，软件开发环境主要是集成方法和集成系统的研究。集成 CASE 环境可以提高开发效率，提高软件质量，降低投资成本和开发风险。

21 世纪初，软件开发环境的开放性已成为其重要的特征。在这个时期，互联网的开放性是其技术环境的前提条件。这为软件开发过程中的数据、资料和信息获取提供了极大的便利。

1.4 计算机辅助软件工程

1.4.1 CASE 的概念

1. CASE 定义

CASE（Computer-Aided Software Engineering，计算机辅助软件工程）的目标是为工程化的软件生产提供计算机方面的支持，以期提高软件生产率和软件产品质量。

在关于 CASE，不同的学者有不同的看法。I. Sommerville 认为"CASE 是一个支持软件工程过程的软件工具术语"。J. Sodi 认为"CASE 包括一些自动化工具和方法，能辅助软件开发生命周期中各阶段的软件工程活动。"R. S. Pressman 认为"用于软件工程活动的工场是一个集成化的软件开发支撑环境。其中的工具集就是 CASE"。G. Forte 和 K. McCulley 认为"CASE 是一种支持软件工程的自动工具，也是协调软件系统设计、生产和最终产品的一种方法"。K. Lyytinen认为CASE是一种助于软件开发的技术,其不仅是一种生产技术和协调技术,也是一种组织技术。杨芙清院士认为CASE应该是用计算机支持软件开发整个生命周期自动化的一整套方法、技术和工具,旨在提高软件生产率和软件产品质量,最终尽可能地实现软件生产自动化。

CASE是工具和方法集合,可以辅助软件开发生命周期各阶段的工作。使用CASE工具的目的是为了降低软件开发的成本,提高被开发软件的功能和性能,使被开发的软件易于移植,降低被开发软件的维护费用,使软件开发工作按时完成,及时交付使用。

借助于CASE,计算机可以完成与软件开发相关的大部分繁重工作,包括创建并组织所有诸如计划、合同、规约、设计、源代码和管理信息等方面的工作。另外,应用CASE还可以帮助软件工程师解决软件开发过程中的复杂问题,辅助小组成员之间的沟通。

2. CASE结构

早年的CASE,一般包括图示工具、信息库、原型设计工具、语法验证器、代码生成器、项目管理工具、信息库以及方法学支持库等七大部分,其结构如图1-4所示。

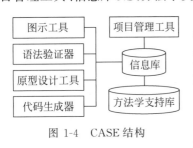

图 1-4 CASE 结构

(1) 图示工具。包括系统分析员、程序设计和用户易于理解的各种图形元素。利用这些图形元素,再选择图示工具的一些特定算法,就可以绘制出经过一定程度优化了的系统结构图、数据流程图等设计构思。

(2) 语法验证器。主要用于规格说明的检查。

(3) 原型设计工具。提供产生和编辑设计报告功能,是面向设计的工具。

(4) 代码生成器。根据规格说明生成各种软件模块代码。

(5) 项目管理工具。提供项目(进度、质量)管理功能,包括工作计划网络图的生成、各环节任务完成情况的报表生成。

(6) 信息库。是CASE的关键部分。信息库存放图形、数据和相关信息,如模块的功能定义、输入/输出、子模块、数据结构等。此外,还包括所面向系统的信息,如使用权限等。

(7) 方法学支持库。存储各种规格说明,例如,软件验收标准、各类文档编写规范等。

3. CASE分类

CASE工具分类的标准有三种:第一类,从功能视角分类;第二类,从支持过程视角分类;第三类,从支持范围视角分类。

1993年,Fuggetta根据CASE系统对软件的支持范围,提出CASE的分类:第一,支持单个过程任务的工具;第二,工作台支持某一过程所有活动或某些活动;第三,环境支持软件过程所有活动或至少大部分。

1.4.2 集成化的 CASE 环境

1. 集成CASE环境的定义

集成的概念首先用于术语IPSE(集成工程支持环境),而后用于术语ICASE(集成计算机辅助软件工程)和ISEE(集成软件工程环境)。CASE集成是指CASE工具协作的程度。集成CASE环境涉及用户界面、数据格式、功能部件组合控制和过程模型的应用。

(1) 界面集成,就是将若干CASE工具置于统一人机界面之下,界面中的菜单可以调用工具模块或相应的功能。界面集成还要求不同工具的屏幕显示与交互过程的一致性,使用户在对集成 CASE 环境操作时没有差异感。

（2）数据集成,其目的是确保 CASE 环境中的所有信息(特别是持久性信息)都必须作为一个整体数据能被各部分工具进行操作或转换。度量数据的集成性,往往从通用性、非冗余性、一致性、同步性、交换性五个方面指标进行评价。

（3）控制集成,是为了能让 CASE 工具共享功能实现。这里给出两个属性来定义两个工具之间的控制关系。①供给:一个工具的服务在多大程度上能被环境中另外的工具所使用。②使用:一个工具对环境中其他工具提供的服务能使用到什么程度。

（4）过程集成。软件开发过程,即开发软件所需要经历的阶段、所需完成的任务和活动序列。所谓过程集成,是指 CASE 工具适应不同开发过程和方法的能力。

2. 集成 CASE 环境的框架结构

这里给出的框架结构是基于美国国家标准技术局和欧洲计算机制造者协会开发的集成软件工程环境参照模型以及 Anthony Wasserman CASE 工具集成方面的工作。

1）技术框架结构

一个集成 CASE 环境必须如它所支持的企业、工程和软件开发人员一样,有可适应性和灵活性。在这种环境里,用户能连贯一致地合成和匹配那些支持所选方法的最合适的工具,然后他们可以将这些工具插入环境并开始工作。

如果采用 NIST/ECMA 参考模型来作为描述集成 CASE 环境的技术基础,那么基于服务的集成有三种方式:数据集成、控制集成和界面集成。数据集成由信息库和数据集成服务进行支持,具有共享设计信息的能力,是集成工具的关键因素。控制集成由过程管理和信息服务进行支持,包括信息传递、时间或途径触发开关、信息服务器等。工具要求信息服务器提供三种通信能力,即工具到工具的通信能力、工具到服务的通信能力和服务到服务的通信能力。界面集成由用户界面进行支持,用户界面使 CASE 用户与工具能互联互通,指令畅通,数据传递准确,且用户易学易用。

2）组织框架结构

工具只有在有组织的环境下对用户来说是最有效的。上述技术框架结构没有考虑某些特定的工具功能,工具都被嵌入一个工具层,调用框架结构用于支持某一种特殊的系统开发功能。组织框架结构的作用是能指导集成 CASE 环境的开发和使用,帮助 CASE 用户在集成 CASE 环境中选择和配置工具。组织框架结构就是把 CASE 工具放在一个开发和管理的环境中。该环境分成三个活动层次:①在企业层进行基本结构计划和设计;②在工程层进行系统工程管理和决策;③在个人和团队层进行软件开发过程管理。

3. CASE 集成的策略

CASE 集成的最终目的是支持与软件相关的所有过程和方法,使许多工具可以有机组合在一起。Susan Dart 给出了集成的四个分类:

（1）以语言为中心的集成,用一个特定的语言全面支持编程。

（2）面向结构的集成,通过提供的交互式机制全面支持编程,使用户可以独立于特定语言而直接地对结构化对象进行加工。

（3）基于方法的集成,由一组支持特定过程或方法的工具所组成。

（4）工具箱式的集成,由一套通常独立于语言的工具所组成。

这四种集成,多采用传统的基于知识的 CASE 技术,或采用一致的用户界面,或采用共同的数据交换格式,来支持软件开发的方法和过程模型。

1.4.3 CASE 发展历史梳理

CASE 技术是软件技术发展的产物,它既起源于软件工具的发展,又起源于软件开发方法学的发展,同时还受到实际应用发展的驱动。

1. CASE 应用

CASE 是用以支持软件系统开发的工具,新的应用必然驱动软件开发方法的演变。由于新的开发方法越来越复杂,因而需要强有力的软件开发工具支持;反过来,软件开发工具和新的软件开发方法的使用,使新的应用软件开发更加简便。

20 世纪 70 年代,绝大部分 CASE 工具是用第 3 代语言写成的批处理系统。随着数据库技术的成熟,更复杂的数据密集型的交互处理的 CASE 工具应运而生,同时出现了帮助用户分析数据的决策支持系统。

20 世纪 80 年代,专家系统和基于知识的应用驱使第 4 代语言(4GL)和第 4 代技术(4GT)快速发展,于是,CASE 工具被要求自动推理和自动生成功能。

20 世纪 90 年代,为了使企业适应激烈多变的市场竞争且取得成功,CASE 工具的开发必须适应企业对功能不断增加和修改的需求,甚至要建立在某一领域内覆盖所有组织层次和各种功能需求的系统。这就需要更加复杂的应用技术,如组合建模、交互图形用户界面的实现等,这也成为 CASE 技术发展的主要驱动力量。

21 世纪初,互联网成为软件开发的重要资源,于是,基于互联网的软件开发正驱使 CASE 工具不得不成为一种开放的平台。

2. CASE 方法

软件开发方法的发展,是沿着结构化方法、面向对象的方法和快速原型法这样一条轨迹进行的。

20 世纪 70 年代,结构化方法出现。由于软件开发生命周期前期错误所产生的代价太高,因而产生了需求分析和设计的结构化技术(SADT),但结构化方法描述问题不太精确并且有二义性。

在 20 世纪 80 年代中后期,面向对象的分析和设计方法的出现,弥补了结构化技术的一些缺陷。面向对象(客体)的程序设计(OOP)的基本观点就是把世界上的一切事物高度抽象为若干客体,每种客体都有自身的特性和活动,各客体因互通信息而相互作用。

快速原型法的出现缩短了软件开发周期,提高了软件开发效率。这种方法使用户在大规模的软件开发之前,能够尽快看到未来系统的全貌,了解系统功能及效果,使开发人员可以及时对模型修改、补充,为用户展开新的模型,直到用户为满意为止,形成最终用户产品。

快速原型法有很多优点,但要其快速生成原型,必须有软件开发工具的支持,这就进一步推动了 CASE 工具的发展。

20 世纪 90 年代,基于复用技术的软件产品线技术出现,并推动了软件开发的批量化和产业化,典型的代表就是北京大学的青鸟系统。

21 世纪初,基于互联网开放环境的 CASE 方法研究,涉及网构软件的开发策略、开发模式、开发方法、开发技术等方面的工作。

3. CASE 工具

20 世纪 70 年代早期,第一代 CASE 工具一般是基于文件的,如 PSL/PSA 系统分析辅助工具,其 PSL 可以描述用户需求,并存入文件。PSA 可以对该文件进行分析,自动生成需要的各种文件。PC 和工作站上的图形用户界面可以有效支持结构化方法的前端工具,但早期 CASE 工具所获取的信息,仅存于本地的 CASE 工具中,不同的 CASE 工具之间不能进行信息共享。

20 世纪 80 年代早期的第二代 CASE 工具,不但支持使用图形的结构化方法(如支持用于结构化分析的数据流图和用于结构化设计的结构图表),而且通过工程字典的方式使开发信息在不同的 CASE 工具间共享,但其局限于同一制造商的工具。

20 世纪 80 年代晚期出现的基于数据库的 CASE 产品可以提供某一业务领域和某一工程水平的信息库。在信息库中集成的工具箱,可用于规划、分析、设计、编程、测试和维护。但是,这类产品过分依赖所使用的方法,其仅支持某一特定形式的应用开发。

20 世纪 90 年代,以集成 CASE 环境为主,其内部工具的互操作性较强。CASE 集成涉及数据集成、界面集成、功能集成和过程集成等。

21 世纪初,基于互联网开放环境的 CASE,不仅集成性强,其开放性也很强,而这类 CASE 环境的信息库已经不是本地孤立的信息集合,它是整个互联网的信息资源。

思 考 题

一、名词解释
1. 软件开发工具
2. 软件开发环境
3. CASE
4. 信息库
5. 集成 CASE 环境
6. 程序自动生成
7. 设计文档自动生成

二、简答题
1. 软件开发工具有哪些功能要求?
2. 软件开发工具有哪些基本性能?
3. 软件开发环境包括哪四个层次?
4. 简述软件开发环境的特性。
5. 人机界面设计的原则是什么?
6. CASE 的作用是什么?

三、分析题
1. 比较软件开发工具、软件开发环境和 CASE 的差异。
2. 阐述软件开发工具、软件开发环境和 CASE 的演化关系。
3. 论述软件产业与软件技术的关系。

第2章 软件开发工具

本章将介绍需求分析工具、设计工具、数据库设计工具、平面与多媒体设计工具、编程工具和测试工具。通过本章的学习,可以了解这几种工具的功能、性能、特点、分类和选用方法。

2.1 需求分析工具与设计工具

2.1.1 需求分析方法

在开始介绍这部分之前请注意,工具可以是分析方法,设计方法,也可以是软件。

1. 结构化需求分析方法

软件需求分析的方法很多,主要方法有自顶向下和自底向上两种。其中,自顶向下的分析方法是最简单实用的方法。从最上层的系统组织机构入手,采用逐层分解的方式分析系统,用数据流图(Data Flow Diagram,DFD)和数据字典(Data Dictionary,DD)描述系统。数据流图和数据字典是需求分析说明书的主要内容。

1) 数据流图

使用结构化分析方法,任何一个系统都可抽象数据流图。在数据流图中,用命名的箭头表示数据流,用圆圈表示处理,用矩形或其他形状表示存储。

一个简单的系统可用一张数据流图表示。当系统比较复杂时,为了便于理解,控制其复杂性,可以采用分层描述的方法。一般用第一层描述系统的全貌,第二层分别描述各子系统的结构。如果系统结构还比较复杂,那么可以继续细化,直到表达清楚为止。在处理功能逐步分解的同时,它们所用的数据也逐级分解,形成若干层次的数据流图。数据流图表达了数据和处理过程的关系。

在结构化分析方法中,处理过程的处理逻辑常常借助判定表或判定树来描述,而系统中的数据则是借助数据字典来描述。

2) 数据字典

数据字典是对系统中数据的详细描述,是各类数据结构和属性的清单。它与数据流图互为注释。数据字典贯穿于数据库需求分析直到数据库运行的全过程,在不同的阶段其内容和用途各有区别。在需求分析阶段,它通常包含以下五部分内容:数据项、数据结构、数据流、数据存储和处理过程。

2. 面向对象的开发方法

目前,面向对象开发方法的研究已日趋成熟,国际上已有不少面向对象产品出现。面向对象分析方法有 Booch 方法、Coad 方法和 OMT 方法等。

1）Booch 方法

1980 年，Grady Booch 最先描述了面向对象的软件开发方法的基础问题，指出面向对象开发是一种根本不同于传统的功能分解的设计方法。面向对象的软件分解更接近人对客观事务的理解，而功能分解只通过问题空间的转换来获得。它是统一模型语言（UML）的最初开发者之一。Booch 方法所采用的对象模型要素是：封装、模块化、层次类型、并发。重要的概念模型是类和对象、类和对象的特征、类和对象之间的关系。使用的图形文档包括六种：类图、对象图、状态转换图、交互图、模块图和进程图。

2）Coad 方法

1989 年，Coad 和 Yourdon 提出 Coad 面向对象开发方法。该方法严格区分了面向对象分析。

在面向对象分析阶段，有五个层次的活动：①发现类及对象。描述如何发现类及对象。从应用领域开始识别类及对象，形成整个应用的基础，然后，据此分析系统的责任。②识别结构。该阶段分为两个步骤。第一，识别一般-特殊结构，该结构捕获了识别出的类的层次结构；第二，识别整体-部分结构，该结构用来表示一个对象如何成为另一个对象的一部分，以及多个对象如何组装成更大的对象。③定义主题。主题由一组类及对象组成，用于将类及对象模型划分为更大的单位，便于理解。④定义属性。其中包括定义类的实例（对象）之间的实例连接。⑤定义服务。其中包括定义对象之间的消息连接。

3）OMT 方法

1991 年，James Rumbaugh 等 5 人在《面向对象的建模与设计》一书中提出 OMT 方法。OMT 是 Object Modeling Technology 的缩写，意为对象建模技术。OMT 法是目前最为成熟和实用的方法之一。OMT 方法的 OOA 模型包括对象模型、动态模型和功能模型。

（1）对象模型表示静态的、结构化的"数据"性质，它是对模拟客观世界实体的对象及对象间的关系映射，描述了系统的静态及结构，通常用类图表示。对象模型描述系统中对象的静态结构、对象之间的关系、对象的属性、对象的操作。对象模型表示静态的、结构上的、系统的"数据"特征。对象模型为动态模型和功能模型提供了基本的框架。对象模型用包含对象和类的对象图来表示。动态模型表示瞬间的、行为化的系统控制性质，它规定了对象模型中的对象合法化变化序列。通常用状态图表示。

（2）动态模型描述与时间和操作顺序有关的系统特征与激发事件、事件序列、确定事件先后关系的状态以及事件和状态的组织。动态模型表示瞬间的、行为上的、系统的"控制"特征。动态模型用状态图来表示，每张状态图显示了系统中一个类的所有对象所允许的状态和事件的顺序。

（3）功能模型表示变化的系统的功能性质，它指明了系统应该做什么，因此直接地反映了用户对目标系统的需求，通常用数据流图表示。功能模型描述与值变换有关的系统特征——功能、映射、约束和函数依赖。

4）OOSE 方法

OOSE 方法全称是面向对象软件工程（Object Oriented Software Engineering），是 Jacobson 于 1992 年提出的一种用例驱动的面向对象开发方法。用例模型充当整个分析模型的核心。OOSE 过程可分为分析阶段、构造阶段和测试阶段。

第一阶段：分析。分析阶段产生两个模型：需求模型和分析模型。需求模型从用户的角度描述所有的功能需求和系统被最终用户使用的方式。需求模型为系统确定了边界，定义了系统的功能。需求模型由三部分构成：用例模型、问题域对象模型、接口描述（包括用户界面的描述和与其他系统的接口描述）。问题分析的主要任务是收集并确认用户的需求信息，对实际问题进行功能分析和过程分析，从中抽象出问题中的基本概念、属性和操作，然后用泛化、组成和关联结构描述概念实体间的静态关系。最后，将概念实体标识为问题域中的对象类，以及定义对象类之间的静态结构关系和信息连接关系。最终建立关于对象的分析模型。

第二阶段：构造阶段。构造阶段可分为两步：设计和实现。第一步设计由三个阶段组成：首先，确定实现环境。其次，建立设计模型。将分析对象转变为实现环境的设计对象。最后，描述每个用例中对象间的交互作用，产生对象接口。设计模型，细化分析模型，使模型适合于实现环境。该阶段要定义对象的接口和操作的语义，决定采用何种数据库管理系统和编程语言等。设计模型由时序图、协作图、状态图组成。第二步是实现，用编程语言实现每个对象，可以在设计模型部分完成的情况下就开始实现系统。

第三阶段：测试。主要是验证系统的正确性，测试步骤包括：制定测试计划，制定测试规范，测试与报告，失败原因分析。

2.1.2 设计方法

1. 结构设计方法

1) 结构化设计方法简介

软件设计的方法是指开发阶段设计软件时所使用的方法。结构化分析方法是定义阶段需求分析过程中所使用的方法。结构化设计方法是基于模块化、自顶向下细化、结构化程序设计等程序设计技术基础发展起来的。结构化设计的基本思想是将软件设计成由相对独立、单一化功能的模块组成的结构。软件结构设计的一个目标就是得出一个系统化的程序结构。得出的这个结果为更进一步的详细设计活动设定了框架，并明确各个模块之间的控制关系。此外，还要通过定义界面，说明程序的输入/输出数据流，进一步协调程序结构和数据结构。其基本思想是将软件设计成由相对独立且具有单一功能的模块组成的结构，分为概要设计和详细设计两个阶段。

（1）概要设计也称为结构设计或总体设计，主要任务是把系统的功能需求分配给软件结构，形成软件的模块结构图。

（2）结构化设计的目的与任务。①结构化设计的目的：使程序的结构尽可能反映要解决的问题的结构；②结构化设计的任务：把需求分析得到的数据流图等变换为系统结构图。

（3）概要设计的基本任务。①设计软件系统结构：划分功能模块，确定模块间调用关系；②数据结构及数据库设计：实现需求定义和规格说明过程中提出的数据对象的逻辑表示；③编写概要设计文档：包括概要设计说明书、数据库设计说明书、集成测试计划等；④概要设计文档评审：对设计方案是否完整实现需求分析中规定的功能、性能的要求，设计方案的可行性等进行评审。

（4）结构化设计的步骤：①评审和细化数据流图；②确定数据流图的类型；③把数

据流图映射到软件模块结构,设计出模块结构的上层;④基于数据流图逐步分解高层模块,设计中下层模块;⑤对模块结构进行优化,得到更为合理的软件结构;⑥描述模块接口。

2)概要设计工具——结构图

结构图(Structure Chart,SC)是概要设计阶段的描述工具。

(1)作用。软件结构概要设计阶段的工具。反映系统的功能实现以及模块与模块之间的联系与通信,即反映了系统的总体结构。数据流图(DFD)是软件生命周期定义阶段中的需求分析方法中结构化分析方法的一种,此外,还有数据字典(DD)、判定树和判定表,而 SC 是开发阶段中概要设计使用的方法。

(2)结构图基本组成成分。模块、数据和调用。

(3)结构图基本图符。

(4)结构图的基本术语。深度、宽度、扇出、扇入等。

3)概要设计任务的实现——数据流图到结构图的变换

在需求分析阶段,信息流通常用数据流图描绘信息在系统中加工和流动的情况,面向数据流的设计方法把信息流映射成软件结构,信息流的类型决定了映射的方法。典型的信息流类型有变换型和事务型。

(1)变换型。信息沿输入通路进入系统,同时由外部形式变换成内部形式,进入系统的信息通过变换中心,经加工处理以后再沿输出通路变换成外部形式离开软件系统,当数据流具有这些特征时,这种信息流就叫变换流。

(2)事务型。数据沿输入通路到达一个处理,这个处理根据输入数据的类型在若干个动作序列中选出一个来执行,当数据流图具有这些特征时,这种信息流称为事务流。

4)详细设计方法

为软件结构图(SC)中的每一个模块确定采用的算法,模块内数据结构用某种选定的表达工具(如 N-S 图等)给出清晰的描述。常见的详细设计方法如下。

(1)流程图(Program Flow Diagram,PFD)。用一些图框表示各种操作,直观形象,易于理解。其特点是直观、清晰、易于掌握。

(2)盒图(N-S 图)。为避免流程图在描述程序逻辑时的随意性与灵活性,1973 年提出了用方框代替传统的程序流程图,通常也把这种图称为 N-S 图,有 5 种控制结构。盒图的特点是过程的作用域明确;盒图没有箭头,不能随意转移控制;容易表示嵌套关系和层次关系;具有强烈的结构化特征。

(3)问题分析图(Problem Analysis Diagram,PAD)。是继流程图和方框图之后,又一种描述详细设计的工具,有 5 种结构。

(4)过程设计语言(PDL)。也称结构化的英语或伪码语言,是一种混合语言,采用英语的词汇和结构化程序设计语言的语法,描述处理过程怎么做,类似编程语言。

2. 面向对象设计方法

与面向对象分析方法一样,面向对象设计方法自 20 世纪 70 年代发展至今已有几十年的历史,并已发展成多种不同方法,它与面向对象分析方法一样,常用的方法有以下五种。

1) Booch 设计方法

Booch 方法的 OOD 过程的简单描述如下。

(1) 体系结构设计。把相似对象聚集在单独的体系结构部分;由抽象级别对对象分层;标识相关情景;建立设计原型。

(2) 策略设计。定义域独立政策;为内存管理、错误处理和其他基础功能定义特定域政策;开发描述策略语义的情景;为每个策略建立原型;装备和细化原型;审核每个策略以保证它广泛适用于它的结构范围。

(3) 发布设计。优先组织在 OOA 期间开发的情景;把相应结构发布分配给情景;逐渐地设计和构造每个结构发布;随需要不断调整发布的目标和进度。

2) Coad/Yourdon 设计方法

Coad 和 Yourdon 方法的 OOD 过程的简单描述如下。

(1) 问题域部件。对确定类的所有域分组;为应用类设计一个适当的类层次;适当地工作以简化继承;细化设计以提高性能;与数据管理部件一起开发接口;细化和增加所需的低级别对象;审查设计并提出分析面向外部的其他问题。

(2) 人员活动部件。定义人员参与者;开发任务情景;定义用户命令层次;细化用户活动顺序;设计相关类和类层次;适当集成 GUI 类。

(3) 任务管理部件。标识任务类型;建立优先级别;标识作为其他任务协调者的任务;为每个任务设计适当的对象。

(4) 数据管理部件。设计数据结构和分布;设计管理数据结构所需的服务;标识可辅助实现数据管理的工具;设计适当的类和类层次。

3) Jacobson 设计方法

Jacobson 方法的 OOD 过程的简单描述如下。

(1) 考虑适当的配合以使理想的分析模型适合现实世界环境。

(2) 建立块作为主要设计对象;定义块以实现相关分析对象;标识接口块、实体块和控制块;描述在执行时块如何进行通信;标识在块之间传送的消息和通信顺序。

(3) 建立显示消息如何在块之间传送的交互作用图。

(4) 把块组织成子系统。

(5) 审核设计工作。

4) Rambaugh 设计方法

Rambaugh 方法的 OOD 过程的简单描述如下。

(1) 进行系统设计:把分析模型分成子系统;标识由问题指示的并发,把子系统分配给处理器和任务;选择一个基本策略以实现数据管理;标识全局资源和存取它们所需的控制机制;为系统设计一个适当的控制机制;考虑边界条件如何处理;审核并考虑折中方案。

(2) 进行对象设计:从分析模型中选择操作;为每个操作定义算法;选择算法的适当数据结构;定义内部类;审核类组织以优化数据存取,提高计算效率;数据类属性的定义。

(3) 实现在系统设计中定义的控制机制。

(4) 调整类结构以加强继承。

(5) 设计消息机制以实现对象联系。

(6) 把类和联系打包成模块。

5）Wirfs-Brock 设计

Wirfs-Brock 方法的 OOD 简单描述如下。

（1）为每个类构造协议：把对象之间的约定细化成明确的协议；定义每个操作和协议。

（2）为每个类建立一个设计说明：详细描述每个约定；定义私有职责；为每个操作说明算法；注意特殊考虑和约束。在面向对象设计方法中必须将系统的有关平台、环境作为统一的内容予以考虑。

2.1.3 需求与设计工具

1. 需求工具与设计工具的概念

在软件工程中，因为需求分析阶段的结果（规格说明书）需要能被平滑地过渡到设计阶段，因此，业界往往将需求分析工具与设计工具置于一个软件开发工具中。所以，在此将这两个部分放在一起介绍。

1）需求分析工具

需求分析工具，是用于软件生命周期需求分析阶段，辅助系统分析人员对用户的需求进行提取、整理、分析并最终得到完整而正确的软件需求分析规格说明书，以满足描述被开发软件各种功能和性能需求的方法和软件。它可以是符号、图形体系、需求分析方法或某个具体的软件。需求分析阶段对整个软件生命周期的作用至关重要，同样，需求分析工作完成的好坏将直接影响到下一个阶段的设计工作。

2）设计工具

概要设计工具，用于软件生命周期概要设计阶段，辅助系统设计人员根据需求分析的规格说明，按功能进行模块划分，建立模块的层次结构及调用关系，确定模块间的接口及人机界面等，并得到设计规格说明书，以满足描述设计阶段需求的方法和软件。它也可以是符号、图形体系、设计方法或某个具体的软件。设计阶段是需求分析阶段的后续工作，也是实现（编码）阶段的前提，设计工具将直接影响到下一阶段工具的工作。

详细设计工具，用于软件生命周期详细设计阶段，辅助详细设计人员根据概要设计的规格说明，设计每个模块的实现算法、所需的局部数据结构等，并得到详细设计规格说明书，以满足描述详细设计阶段需求的方法和软件。

2. 需求工具与设计工具分类

需求分析工具与设计工具可以从不同的角度来进行分类，下面是常见的几种分类方式。

1）从自动化程度来看，其工具可以分为两类

（1）以人工方式为主的需求分析工具与设计工具。以人工方式为主的工具为系统分析师和设计师提供了一种意义明确的技术（通常附有某种图形、符号的表示方式），该技术使得需求分析和设计工作能够系统和顺利地进行。虽然该技术可以由一个或多个自动工具来协助实施，但是分析和规格说明却仍然要求人工实现。在这类工具中，结构化分析和设计技术是一种有代表性的工具。

（2）以自动化方式为主的需求分析工具与设计工具。20 世纪 90 年代，需求规格说明和设计说明已经有了一些自动生成工具。为解决人工描述系统的一致性和完善性的过程中所遇到的困难，软件开发人员在这方面做了一些努力。另外，有些工具还构建了用户的用语信息库或流程信息库，日本的 Xupper 便是这类工具中的佼佼者。

2) 从支持分析设计技术的角度,其工具分为下面几类

(1) 结构化方法的工具。这类工具的共同特点是支持数据流程图的生成和分解,支持对数据流程图的索引,同时支持数据字典的生成和管理。不少工具还支持程序结构图的生成和分解。此外,还有很多的此类软件支持美国军方的 IDEF(Integration Definition)系列的软件开发规范,典型代表如 CA 公司的 BPwin。

(2) 面向对象分析的工具。这类工具支持 OMT、OOSE、Booch 等面向对象的方法。不少已经面世的面向对象分析的需求工具均支持 UML 全部或是一部分(主要针对基于用例的面向对象方法),从内容上讲,这类工具至少支持用例分解和描述、用例索引的生成等。典型的面向对象分析与设计工具如 Rational Rose 家族。

(3) 原型化分析的工具。该类工具支持画面的快速生成,能够较快地生成用户界面,不少工具自身构建了标准的代码模板,经过简单修改后能够生成系统的大致框架以供用户和系统分析师参考。原型化的分析与设计工具特别适合于 RAD 开发。这类工具在日本市场比较受软件开发厂商的欢迎,典型代表有富士通的 Proness、QuiqPro for Web/VB 等。

(4) 基于其他方法的工具。这类工具往往针对特定的领域,因为在这些领域需要专有化的方法来进行需求分析。例如,实时系统一般采用的 Petri 网技术就属于该类型。

3) 根据工具和客户的业务领域的关系,其工具划分为多类

例如,ERP 领域的工具、实时领域的分析与设计工具和其他业务领域的工具等。

软件需求分析工具和设计工具非常多,而且大多与代码生成工具组合在一起,从而使得软件开发人员使用时可以非常方便地从需求分析阶段,到概要设计阶段,再到详细设计阶段,最后平滑地过渡到代码编写或生成阶段。

3. 功能特性和衡量标准

需求分析工具与设计工具应当尽可能满足下列特性。

1) 针对结构化方法

采用多种分析与设计方法(如 SA、SADT、面向数据结构等);作为采用结构化方法的需求分析工具应当支持 DFD(数据流程图)的编辑功能,包括图形、文字的添加、删除、修改、块搬移、块复制等;数据字典自动生成与管理功能,即根据用户对数据及其相互关系的描述,自动生成数据字典,并最终生成数据关系图以及数据流程图;一致性检查功能,即对涉及的所有数据项进行检查,防止产生数据项命名、重名、数据流向等错误。

2) 针对面向对象方法

支持多种面向对象方法(如 OMT、Booch、OOSE、UML 等);支持类定义和类关系描述;支持对象复用;支持对象交互描述;一致性检查,检查对象关系的逻辑一致性,防止产生对象重名、消息流向和关系标识误用等错误。

3) 一些共性的功能特征

支持信息仓库,信息库对在开发人员间共享需求分析和设计阶段资料是必要的。两个以上的开发人员可以通过共享来进行需求分析和设计的协同;支持业务反向工程;支持版本控制。工具应允许存储各种版本,以便后续迭代开始时,以前的版本仍然可以得到,并用于重建或保持基于该版本的原有资料;脚本支持,用脚本编程是需求建模工具应该支持的另一个强大特性。有了脚本功能,用户可以定制和添加其他功能;支持生成需求分析规格说明书和设计规格说明书;能够改进用户和分析人员以及相关开发人员之间的通信状况;

方便、灵活、易于掌握的图形化界面；需求分析工具与设计工具产生的图形应易于理解并尽量符合有关业务领域的业界标准；支持扩展标记语言（XML）；支持多种文件格式的导出和导入；有形式化的语法域表，能够供计算机进行处理；必须提供分析（测试、检查）规格说明书的不一致性和冗余性的手段，并且应该能够产生一组报告指明对完整性分析的结果。

4. 衡量工具功能强弱的主要依据

（1）所支持的需求分析方法和设计方法的类型与数量的多少。优秀的需求分析工具与设计工具应支持尽可能多的分析方法和符号体系。

（2）使用的方便程度。优秀的需求分析工具与设计工具应支持图形用户界面（GUI），并提供详细的帮助文档和示例，使用户易学易用。

（3）与设计工具衔接的程度。优秀的结构化需求分析工具与设计工具所产生的数据流程图和数据字典，优秀的面向对象的需求分析工具与设计工具产生的用例图、对象交互图、类图等可以无任何阻碍地为后继的编码工具所使用。

（4）所占资源，即系统开销的多少以及对硬件环境的需求程度。优秀的需求分析工具与设计工具应当占用尽可能少的资源，并且对硬件环境的需求很低。

（5）是否提供错误检测机制。比较好的需求分析工具与设计工具应当提供不一致性和冗余性方面的校验甚至纠错的功能。

（6）用户领域知识提示功能。针对专门领域建模的需求分析工具与设计工具应当提供该领域的知识提示，并通过相应的用语信息库和流程信息库来帮助分析人员快速掌握客户领域的知识。

5. 常用的工具

常用的需求分析和设计工具有：UML（Unified Modeling Language），数据流图（Data Flow Diagram，DFD），数据词典（Data-Dictionary，DD），判定表（Decision Table），判定树（Decision Tree），结构化高级分析语言，层次图（Hierarchy Chart，HC）；输入处理输出图（Input/Processing/Output，IPO），Warnier 图，结构化分析与设计技术（Structure Analysis & Design Technique，SADT），软件需求工程方法（Software Requirement Engineering Methodology，SREM），问题描述语言与问题描述分析器（Problem Statement and Problem Analyzer，PSL/PSA）等。支持这些图形绘制的软件最常见的有 Microsoft Visio、CA 公司的 BPwin，Sybase 公司的 Power Designer、IBM 公司的 Rational Rose 系列、Borland 公司的 Together 和开源的 Argo UML 等。

6. 工具的选择

选择适合个人或者公司的需求分析工具与设计工具，应该遵循因地制宜的原则。首先从所从事的行业入手，分析该行业信息建模方面的关键所在，目前哪些方面极其需要用工具代替人工，这些工具应该支持哪些方面的业务（活动），支持的程度应该达到多少，有针对性地进行购买，切忌盲目听信媒体宣传；其次，价格也是一个比较重要的因素，如果是一次性的项目，采用价格高昂的需求分析工具与设计工具会得不偿失，建议从该工具的复用度入手，分析需求分析工具与设计工具在功能满足度、价格、在其他项目中的复用程度以及与现有工具间的可集成度等方面从而进行权衡。

2.2 数据库设计工具

数据库设计工具,就是协助数据库开发人员在一个给定的应用环境中,通过合理的逻辑设计和有效的物理设计,构造较优的数据库模式,建立数据库及其应用系统,满足用户的各种信息需求的辅助手段、方法和支撑软件。讨论数据库设计工具是指为了提高数据库设计的质量和效率,从需求分析、概念设计、物理设计、数据库实施等各个阶段对数据库设计工作提供支持的软件系统(即工具)。

2.2.1 数据库设计工具的功能和性能

数据库设计工具的目的是为数据库设计工作提供便利、快捷的帮助,所以数据库设计具有的功能、性能和信息需求是由数据库设计的过程决定的。下面首先来回顾一下数据库设计的过程。

1. 需求分析阶段的功能和性能

1) 需求分析阶段

由于大多数用户对于计算机所能提供的功能并不熟悉,所以,在大多数情况下,用户提出的初始需求是无法直接作为数据库概念设计的依据的。需求分析人员必须在用户需求的初始描述的基础上进行整理、归类和进一步的调研,然后才能够抽象出数据库的数据需求、完整性约束条件和安全性等方面的要求。在需求分析阶段,在与客户沟通的过程中通常会使用组织机构图、数据流图和业务流程图等工具作为与用户进行沟通的手段。需求分析可以分为以下 3 个步骤。

(1) 收集需求。需求收集也就是通常所说的需求调研。做好需求调研的要点是在调研前进行充分的准备,明确调研的目的、调研的内容和调研的方式。

(2) 需求的分析和整理。由于客户通常不具备计算机方面的专业知识,所以,第一步所收集到的需求往往不能作为数据库工程师开发的依据。为了让这些信息能够作为概念设计的依据,必须首先对这些需求进行归类和整理。需求的分析和整理工作通常包含业务流程分析和编写需求说明书两项工作。

(3) 评审分析结果。这项工作的目的是确认需求分析阶段的工作已经保质保量地完成了。在实际工作中,许多软件公司常会省略这个步骤,这种做法是不对的。因为需求分析是信息系统设计的基础,为了保证能够生成符合用户需要的系统,必须对需求分析阶段的成果进行严格评审。

2) 概念设计阶段

在这个阶段,设计人员从用户的角度来看待系统的处理要求和数据要求,并产生一个反映用户观点的概念模型。概念模型的设计结果通常使用 E-R 图来表示。概念模型的设计过程是,首先对系统中的信息进行抽象,然后设计局部概念模式,最后将局部概念模式,整合成为整体概念模式。

3) 逻辑结构设计阶段

这个阶段的目的是把概念模型中的 E-R 图转换成为 RDBMS 所支持的关系模型。

4）物理设计阶段

这个环节的工作是为逻辑设计阶段设计的逻辑模型选择符合应用要求的存储结构和存取方法。一个数据库系统的物理模型和具体的计算机软硬件系统是密切相关的。这个阶段工作的目标有：提高系统的存储效率、提高系统的安全性、加快系统的存取速度和加强系统的安全性等。

5）数据库实施阶段

根据逻辑设计和物理设计的结果，生成可以为目标数据库接受的脚本，进而产生目标数据库。在数据库实施的 3 个环节中，需要注意的是，在数据装载的过程中，必须注意数据库的转储和恢复工作，因为系统刚刚建立，很多环节都可能引起数据库的毁坏。

6）数据库的运行和维护阶段

数据库投入运行，并不意味着数据库设计工作的结束。数据库维护不仅要维持系统的正常运行，而且是对原有设计结果的改进。这个阶段的主要工作有：维持数据库的安全性和完整性、改善系统性能、增加新的功能、修改错误等。

2. 设计阶段的功能和性能要求

1）数据库设计过程中的困难

软件开发工作是一项充满挑战的工作。对于个体的软件开发工作而言，他们所面临的困难主要是用户和软件技术人员之间理解的鸿沟。对于生活中同一个单词、同一句话，不同行业的人会有截然不同的理解。正是这些生活背景和理解方式的差异造成了软件开发工作的巨大困难。解决这个问题的办法是使用标准的方法和直观的图形化工具来描述目标系统。但是对于一个数据库设计团队而言，他们遇到的问题比个体开发时更多也更加复杂，比较常见的有以下几种。

（1）无法保证不同的模型之间，一个模型的不同子模型之间信息的一致性。造成这种情况的原因是多方面的。有团队成员不同生活背景、经验和习惯的问题，有数据库设计过程中不同阶段间反复、迭代所造成的版本控制困难，也有用户需求随环境的变化而变化的原因。

（2）对于大型系统而言测试更加困难，通常的情况是牵一发而动全身。

（3）工作进度难于控制。造成这种困难的原因有两个方面：一是对于软件开发这种智力活动而言，不易准确估计工作量；二是团队设计的过程中协调和沟通困难。

（4）文档编制困难。软件开发过程中需要将不同的文档交给不同的用户审阅。要保证不同文档间信息的一致性，以及文档和代码之间的信息的一致性就变得非常困难。

（5）版本控制困难。数据库设计过程本身的复杂性和多变性，造成了版本的控制极其困难。

2）数据库设计工具的功能需求

通过以上对数据库设计的过程以及难点的分析，可以发现在这个阶段的功能要求如下。

（1）认识和描述客观世界的能力。由于需求分析在软件开发中的地位至关重要，是数据库设计的依据，所以，数据库设计工具对客观世界的描述能力是评价其优劣的重要标准。

（2）管理和存储数据库设计过程中产生的各类信息。如成员沟通的信息、需求变更的信息等。

（3）根据用户的物理设计，自动生成创建数据库的脚本和测试数据。

（4）根据用户的需要，将数据库设计过程中产生的各类信息自动组织成文档，从而最大程度地减少数据库设计人员花在编写文档方面的时间和成本，并保证文档之间信息的一致性。

（5）为数据库设计的过程提供团队协同工作的帮助。为团队成员之间提供信息共享和信息沟通的机制；为项目经理提供对项目进度、成本和质量进行监控的手段。

3) 数据库设计的性能需求

功能指能做什么，性能指做得怎么样。对数据库设计工具而言，以下几个方面的性能是需要特别注意的。

（1）工具的表达能力和保持信息一致性的能力。目前软件的规模越来越大，仅靠人的大脑是无法有效控制数据库信息一致性的。数据库设计工具在这个方面可以帮助用户的程度是选择数据库设计工具的重要依据之一。

（2）使用可靠程度。由于在数据库设计工具中保存的都是软件设计过程中最重要的信息，设计工具如果崩溃将会对整个软件开发工作造成致命的影响，所以设计工具的可靠程度是至关重要的。

（3）对软硬件环境的要求。如果一个数据库设计工具对于软硬件的运行环境要求过高，就会影响到这种工具的使用成本。一般来说，数据库设计工具对软硬件环境的要求应该略低于实际的应用系统所运行的系统平台。

4) 数据库设计的信息需求

数据库设计工具是用来向用户提供信息管理和信息处理支持的软件系统，在数据库设计过程中会用到的信息可以分为以下几类。

（1）用户需求方面的信息。这类信息由用户提出，并由需求分析人员归类整理以后作为数据库概念设计的依据。

（2）有关数据库概念设计、逻辑设计和物理设计的信息。它们是由需求分析人员根据需求分析的结果形成的。一般来说，也都存放在数据库中。

（3）数据库实施和维护期间由维护人员收集和整理的信息。包括用户的需求，概念模型、逻辑模型和物理模型方面的变更记录。

对于以上信息的管理工作通常有以下两个方面。一是对于需要长期保存、反复使用的信息提供方便的维护和查询功能，并维持各类信息之间的一致性和完整性。二是为人与人之间的信息交流提供渠道，并保存交流的内容以便以后使用。

2.2.2　数据库设计工具分类

1. 数据库设计工具

数据库设计工具可以从不同的角度进行分类，下面是常见的几种分类方式。

1) 从工具所支持的设计阶段分类

（1）需求分析工具。主要用来帮助数据库设计人员进行需求调研和需求分析的工作。

（2）概念设计工具。协助设计人员从用户的角度来看待系统的处理要求和数据要求，并产生一个能够反映用户观点的概念模型(一般采用 E-R 图)。

（3）逻辑设计工具。把概念模型中的 E-R 图转换成为具体的 DBMS 产品所支持的数据模型。

（4）物理设计工具。主要用来帮助数据库开发人员根据 DBMS 特点和处理的需要，进行物理存储安排，建立索引，实施具体的代码开发、测试工作（例如：PL/SQL Developer、Object Browser for Oracle 等）。

2）从工具的集成程度分类

如早期专门用于数据流图绘制的流程图和面向数据库设计整个过程的数据库设计工具，随后广泛使用的 Power Designer、ERwin 数据库设计工具集。

3）根据工具和软硬件的关系分类

一般来说，需求分析和概念设计工具通常是独立于硬件和软件的，但是物理设计工具通常是依赖于特定的硬件和软件的，这是因为物理设计工具通常具有自动生成代码的功能，而这些程序的代码是需要特定的软件和硬件环境支持的。

2. 典型数据库设计工具

1）数据建模工具

数据建模的方法很多，早年比较流行的 IEEE 认证 ANSUIEEE 1320.2.1 标准和概念数据建模语言标准 IDEFIX（Object97），已经成为业界公认的数据建模标准。在 IDEFIX 方法中用不同层次描述系统数据模型，主要包括两个层次：逻辑模型和物理模型。逻辑模型面向业务，描述信息（即数据）的结构和业务规则，不考虑物理实现的问题；物理模型从数据库设计和物理实现的角度描述数据结构，并针对特定的 DBMS 进行优化。

应用 IDEFIX 方法构造系统数据模型，其步骤如下所述。

（1）构造实体关系图（Entity Relationship Diagram，ERD），概要显示系统中的主要实体和关系，不定义详细的属性和码。

（2）创建基于码的模型（Key-Based Model），构造所有实体和主键以及一些非码属性。KB 模型与 ERD 范围相同，但提供了更多的细节。

（3）创建完整属性模型（Fully-Attributed Model），指定了所有属性，构造满足第三范式的数据模型。

（4）创建转换模型（Transformation Model），为数据库管理员创建物理数据库提供了足够的信息，并按特定数据库对模型进行优化，标识数据库限制条件。

（5）生成数据库管理系统模型（DBMS Model），为最终建立物理数据库做好准备。

采用规范、标准的 IDEFIX 方法构造数据模型，可以方便地生成数据库设计文档，极大地帮助了开发人员在此基础上进行软件开发。一个 IDEFIX 模型由一个或多个视图以及视图中的实体和域的定义组成。IDEFIX 模型需要对为什么建立模型提供目标说明，对模型的内容提供范围说明，并对设计者在构造模型的过程中使用的所有假定提供假设说明。

2）数据库设计工具

Power Designer 是最具集成特性的设计工具集，用于创建高度优化和功能强大的数据库、数据仓库和数据敏感的组件。Power Designer 系列产品提供了一个完整的建模解决方案，业务或系统分析人员、设计人员、数据库管理员（DBA）和开发人员可以对其裁剪以满足他们的特定需要；而其模块化的结构为购买和扩展提供了极大的灵活性，从而使开发单位可以根据其项目的规模和范围来使用他们所需的工具。Power Designer 灵活的分析和设计特性允许使用一种结构化的方法有效地创建数据库或数据仓库，而不要求严格遵循一个特定的方法学。Power Designer 提供了直观的符号表示使数据库的创建更加容易，并使项目组内的交流和通信标准化,同时能更加简单地向非技术人员展示数据库和应用的设计。

Power Designer 不仅加速了开发的过程,也向最终用户提供了管理和访问项目的信息的一个有效的结构。它允许设计人员不仅创建和管理数据的结构,而且开发和利用数据的结构针对领先的开发工具环境快速地生成应用对象和数据敏感的组件。开发人员可以使用同样的物理数据模型查看数据库的结构和整理文档,以及生成应用对象和在开发过程中使用的组件。应用对象生成有助于在整个开发生命周期中提供更多的控制和更高的生产率。

Power Designer 是一个功能强大,而且使用简单的工具集,提供了一个复杂的交互环境,支持开发生命周期的所有阶段,从处理流程建模到对象和组件的生成。Power Designer 产生的模型和应用可以不断地增长,适应并随着组织的变化而变化。

Power Designer 包含六个紧密集成的模块,允许个人和开发组的成员以合算的方式最好地满足他们的需要。这六个模块是:①Power Designer Process Analyst,用于数据发现;②Power Designer Data Architect,用于双层、交互式的数据库设计和构造;③Power Designer App Modeler,用于物理建模和应用对象及数据敏感组件的生成;④Power Designer Meta Works,用于高级的团队开发,信息的共享和模型的管理;⑤Power Designer Warehouse Architect,用于数据仓库的设计和实现;⑥Power Designer Viewer,用于以只读的、图形化方式访问整个企业的模型信息。

2.3 平面与多媒体设计工具

软件界面设计是概要设计规则说明书中必不可少的一个部分。本节将介绍软件界面设计的方法和规则、平面设计工具和多媒体设计工具。

2.3.1 软件界面设计

1. 概述

软件界面设计是软件概要设计阶段非常重要的一项工作。软件界面中的主要部分为 UI(User Interface,用户界面),也称人机接口,是指用户和某些系统进行交互方法的集合,这些系统不仅指程序,还包括某种特定的机器、设备、复杂的工具等。用户界面也可以称为用户接口,是系统和用户之间进行交互和信息交换的媒介,实现信息的内部形式与人们可以接受形式之间的转换。它是介于使用者与硬件而设计彼此之间互动沟通的相关软件,目的是使用户能够方便有效率地去操作硬件以达成双向互动,完成所希望借助硬件完成工作。用户接口定义广泛,包含人机交互与图形使用者接口,凡参与人类与机械的信息交流的领域都存在着用户接口。

2. 软件界面设计的关键部分

界面设计包括软件启动封面设计、软件框架设计、按钮设计、面板设计、菜单设计、标签设计、图标设计、滚动条及状态栏设计。

1) 软件启动封面设计

软件启动封面大小多为主流显示器分辨率的 1/6,颜色不能太多,应该有公司标志、产品商标、软件名称、版本号、网址、版权声明、序列号等信息,以方便用户了解。

2）软件框架设计

软件框架设计应该简洁明快，尽量少用无谓的装饰，应该考虑节省屏幕空间、各种分辨率的大小、缩放时的状态和原则，并且为将来设计的按钮、菜单、标签、滚动条及状态栏预留位置。设计中将整体色彩组合进行合理搭配，将软件商标放在显著位置，主菜单应放在左边或上边，滚动条放在右边，状态栏放在下边，以符合视觉流程和用户使用心理。

3）软件按钮设计

软件按钮设计应该具有交互性，即应该有 3～6 种状态效果：单击时状态，鼠标放在上面但未单击的状态，单击前鼠标未放在上面时的状态，单击后鼠标未放在上面时的状态，不能单击时状态，独立自动变化的状态。按钮应具备简洁的图示效果，应能够让使用者产生功能关联反应，群组内按钮应该风格统一，功能差异大的按钮应该有所区别。

4）软件面板设计

软件面板设计应该具有缩放功能，面板应该对功能区间划分清晰，应该和对话框、弹出框等风格匹配，尽量节省空间，方便切换。

5）菜单设计

菜单设计一般有选中状态和未选中状态，左边应为名称，右边应为快捷键。如果有下级菜单应该有下级箭头符号，不同功能区间应该用线条分隔。

6）标签设计

标签设计应该注意转角部分的变化，状态可参考按钮。

7）图标设计

图标设计色彩不宜太多，大小为 16×16、32×32 两种，图标设计需要在很小的范围表现出软件的内涵。

8）滚动条及状态栏设计

滚动条主要是为了对区域性空间的固定大小中内容量的变换进行设计，应该有上下箭头、滚动标等，有些还有翻页标。状态栏是为了对软件当前状态的显示和提示。

3. 设计规范

1）一致性

其一致性主要包括：保持字体及颜色一致；保持页面内元素对齐方式的一致；表单录入方式一致；可单击的按钮、链接需要切换鼠标手势一致；保持功能及内容描述一致；保持专业语言词汇的一致性，如"确定"对应"取消"，"是"对应"否"。

2）布局

在进行 UI 设计时需要充分考虑布局的合理化问题，遵循用户从上而下、自左向右的浏览、操作习惯，避免常用业务功能按键排列过于分散，以造成用户鼠标移动距离过长的弊端。多做"减法"运算，将不常用的功能区块隐藏，以保持界面的简洁，使用户专注于主要业务操作流程，有利于提高软件的易用性及可用性。

（1）菜单。保持菜单简洁性及分类的准确性，避免菜单深度超过 3 层。

（2）按钮。确认操作按钮放置在左边，取消或关闭按钮放置在右边。

（3）功能。未完成功能必须隐藏处理，不要置于页面内容中，以免引起误会。

（4）排版。所有文字内容排版避免贴边显示（页面边缘），尽量保持 10～20px 的间距并在垂直方向上居中对齐；各控件元素间也保持 10px 以上的间距，并确保控件元素不紧贴于页面边沿。

(5) 表格数据列表。字符型数据保持左对齐,数值型右对齐(方便阅读对比),并根据字段要求,统一显示小数位位数。

(6) 滚动条。页面布局设计时应避免出现横向滚动条。

(7) 页面导航(面包屑导航,其作用是告诉用户他们目前在网站或软件中的位置,以及如何返回)。在页面显眼位置应该出现面包屑导航栏,让用户知道当前所在页面的位置,并明确导航结构。

(8) 信息提示窗口。信息提示窗口应位于当前页面的居中位置,并适当弱化背景层以减少信息干扰,让用户把注意力集中在当前的信息提示窗口。一般做法是在信息提示窗口的背面加一个半透明颜色填充的遮罩层。

3) 系统操作

(1) 尽量确保用户在不使用鼠标(只使用键盘)的情况下也可以流畅地完成一些常用的业务操作,各控件间可以通过 Tab 键进行切换,并将可编辑的文本全选处理。

(2) 查询检索类页面,在查询条件输入框内按 Enter 键应该自动触发查询操作。

(3) 在进行一些不可逆或者删除操作时应该有信息提示用户,并让用户确认是否继续操作,必要时应该把操作造成的后果也告诉用户。

(4) 信息提示窗口的"确认"及"取消"按钮需要分别映射键盘按键 Enter 和 Esc。

(5) 避免使用鼠标双击动作,不仅会增加用户操作难度,还可能会引起用户误会,认为功能单击无效。

(6) 表单录入页面,需要把输入焦点定位到第一个输入项。用户通过按 Tab 键可以在输入框或操作按钮间切换,并注意 Tab 键的操作应该遵循从左向右、从上而下的顺序。

4) 系统响应

系统响应时间应该非常快速。响应时间过长,用户就会感到不舒服。系统响应时间设计的原则为:①1s 以内系统响应,为用户最舒服的状态;②1~3s 内系统响应,为用户比较舒服的状态;③3~10s 内系统响应,屏幕上应该出现沙漏斗提示;④10s 以上系统响应,屏幕上应该出现运行状态进度提示条,或圆形饼状百分比进度提示;⑤如果运行时间比较长,则需要有时间预估提示框。

2.3.2　平面设计工具

随着人们的需求越来越多和技术的发展,市场上出现了众多的平面设计软件。这些平面设计软件基本可以分为以下三类。

1. 第一类图像处理

第一类以图像处理为主的,最流行的就要数 Adobe 的 Photoshop,6.0 版为其划时代的版本。2014 年 6 月 18 日,Adobe 发行 Photoshop CC 2014。市面上,PS6、PS7、PSCS1 三个版本都比较通用。

2. 第二类图形绘制

第二类则是以图形绘制为主,这类软件比较多,基本上是 Corel 公司的 CorelDRAW、Acro Media 公司的 Freehand 和 Adobe 公司的 Illustrator 三足鼎立局面。其主要功能基本一致,在效果处理上,CorelDRAW 比较突出,所以广告公司采用得较多。Ilustrator 在印前制版领域使用的较多，主要是它保存格式支持 EPS 的缘故，且稳定性较好，缺点就是不支持多页编排。Freehand 则重点突出基本的绘图能力，效果功能不突出，在多页编排方面操作简练。

3. 第三类排版软件

第三类则是排版软件。目前主要有 PageMaker、InDesign、QuarkXPress、方正飞腾等几个。InDesign 也是一个 Adobe 出品的软件，它是 PageMaker 下一代升级软件，PageMaker 在 7.0 版本之后已经不再推出新版本，Adobe 今后排版软件方向已转向 InDesign 软件，这一点从 Adobe 的 CS 软件包里就可以看出，它里面已经不再包括 PageMaker。严格地说，PageMaker 只能算是一个商用排版软件，而不是专业排版方向。关于商用与专业的区别，在排版效果上并不明显，但在输出方面有严格的定义，商用的主要输出设备为打印机，而专业的排版软件则应该兼备打印和 RIP 的输出功能。这一点，PageMaker 单独是无法完成的，需要借助 Acrobat 来完成，而 InDesign 则可以直接保存为 RIP 支持的 EPS 格式或 PDF 格式。

在平面设计领域，图像、图形、文字是三种基本元素，对三种元素的操作方面，不同的软件各有千秋，不过对于任何一位设计人员，熟练掌握一个图像处理软件（Photoshop 是不二的选择）和一个图形绘制软件（一般的排版软件都兼备绘图及文字排版的基本功能，广告设计人员可选 CorelDRAW，制版人员可选 Illustrator）是必需的，当然也要对排版软件和输出格式等有比较深入的了解。

2.3.3 多媒体开发工具

目前，多媒体应用系统丰富多彩、层出不穷，已经深入到人们学习、工作和生活的各个方面。其应用领域从教育、培训、商业展示、信息咨询、电子出版、科学研究到家庭娱乐，特别是多媒体技术与通信、网络相结合的远程教育、远程医疗、视频会议系统等新的应用领域给人们带来了巨大的变革。

与此同时，多媒体制作的开发工具也得到快速发展。多媒体开发工具是基于多媒体操作系统基础上的多媒体软件开发平台，可以帮助开发人员组织编排各种多媒体数据及创作多媒体应用软件。这些多媒体开发工具综合了计算机信息处理的各种最新技术，如数据采集技术、音频视频数据压缩技术、三维动画技术、虚拟现实技术、超文本和超媒体技术等，并且能够灵活地处理、调度和使用这些多媒体数据，使其能和谐工作，形象逼真地传播和描述要表达的信息，真正成为多媒体技术的灵魂。

1. 多媒体开发工具的类型

基于多媒体创作工具的创作方法和结构特点的不同，可将其划分为如下几类。

1）基于时基的多媒体创作工具

基于时基的多媒体创作工具所制作出来的节目，是以可视的时间轴来决定事件的顺序和对象上演的时间。这种时间轴包括许多行道或频道，以使安排多种对象同时展现。它还可以用来编程控制转向一个序列中的任何位置的节目，从而增加了导航功能和交互控制。通常基于时基的多媒体创作工具中都具有一个控制播放的面板，它与一般录音机的控制面板类似。在这些创作系统中，各种成分和事件按时间路线组织。

优点：操作简便，形象直观，在一时间段内，可任意调整多媒体素材的属性，如位置、转向等。

缺点：要对每一素材的展现时间做出精确安排，调试工作量大。

典型代表：Director 和 Action。

2）基于图标或流程线的多媒体创作工具

在这类创作工具中，多媒体成分和交互队列(事件)按结构化框架或过程组织为对象。它使项目的组织方式简化而且多数情况下是显示沿各分支路径上各种活动的流程图。创作多媒体作品时，创作工具提供一条流程线，供放置不同类型的图标使用。多媒体素材的展现是以流程为依据的，在流程图上可以对任一图标进行编辑。

优点：调试方便，在复杂的过程导航中，流程图有利于开发过程。

缺点：当多媒体应用软件规模很大时，图标及分支增多，进而复杂度增大。

典型代表：Authorware 和 IconAuthor。

3）基于页面或卡片的多媒体创作工具

基于页面或卡片的多媒体创作工具提供一种可以将对象连接于页面或卡片的工作环境。一页或一张卡片便是数据结构中的一个结点，它类似于教科书中的一页或数据袋内的一张卡片。只是这种页面或卡片的结构比教科书上的一页或数据袋内的一张卡片的数据类型更为多样化。在基于页面或卡片的多媒体创作工具中，可以将这些页面或卡片连接成有序的序列。这类多媒体创作工具以面向对象的方式来处理多媒体元素，这些元素用属性来定义，用剧本来规范，允许播放声音元素及动画和数字化视频节目。在结构化的导航模型中，可以根据命令跳至所需的任何一页，形成多媒体作品。

优点：组织和管理多媒体素材方便。

缺点：在要处理的内容非常多时，由于卡片或页面数量过大，不利于维护与修改。

典型代表：ToolBook 和 HyperCard。

4）以传统程序语言为基础的多媒体创作工具

需要用户编程量较大，而且重用性差，不便于组织和管理多媒体素材，调试困难，例如，VB、VC、Delphi 等。

2. 多媒体开发工具的功能

基于应用目标和使用对象的不同，多媒体创作工具的功能将会有较大的差别。归纳起来，多媒体创作工具的功能如下。

1）面向对象的编辑环境

多媒体创作工具能够向用户提供编排各种媒体数据的环境，也就是说，能够对媒体元素进行基本的信息和信息流控制操作，包括条件转移、循环、算术运算、逻辑运算、数据管理和计算机管理等。多媒体创作工具还应具有将不同媒体信息输入程序的能力、时间控制能力、调试能力、动态文件输入与输出能力等。编程方法主要有：①流程结构式，先设计流程结构图，再组织素材，如 Authorware；②卡片组织式，如 ToolBook。

2）具有较强的多媒体数据 I/O 能力

媒体数据制作由多媒体素材编辑工具完成，在制作过程中经常使用原有的媒体素材或加入新的媒体素材，因此要求多媒体创作工具应具备数据输入/输出能力和处理能力。另外，对于参与创作的各种媒体数据，可以进行即时展现和播放，以便能够对媒体数据进行检查和确认。其主要能力表现在：能输入/输出多种图像文件，如 BMP、PCX、TIF、GIF、TAG

等；能输入/输出多种动态图像及动画文件，如 AVS、AVI、MPG 等，同时把图像文件互换；能输入/输出多种音频文件，如 Waveform、CD-Audio、MIDI；具有 ODBC 数据库文件功能。

3）动画处理能力

为了制作和播放简单动画，利用多媒体创作工具可以通过程序控制实现显示区的位块移动和媒体元素的移动。多媒体创作工具也能播放由其他动画软件生成动画的能力，以及通过程序控制动画中的物体的运动方向和速度，制作各种过渡等，如移动位图、控制动画的可见性、速度和方向；其特技功能指淡入/淡出、抹去、旋转、控制透明及层次效果等。

4）超级链接能力

超级链接能力是指从一个对象跳到另一个对象、程序跳转、触发、连接的能力。从一个静态对象跳到另一个静态对象，允许用户指定跳转链接的位置，允许从一个静态对象跳到另一个基于时间的数据对象。

5）应用程序的连接能力

多媒体创作工具能将外界的应用控制程序与所创作的多媒体应用系统连接。也就是一个多媒体应用程序可激发另一个多媒体应用程序并加载数据，然后返回运行的多媒体应用程序。多媒体应用程序能够调用另一个函数处理的程序。

（1）可建立程序级通信：DDE（Dynamic Data Exchange）

（2）对象的链接和嵌入：OLE（Object Linking and Embedding）。

6）模块化和面向对象

多媒体创作工具应能让开发者编成模块化程序，使其能"封装"和"继承"，让用户能在需要时使用。通常的开发平台都提供一个面向对象的编辑界面，使用时只需根据系统设计方案就可以方便地进行制作。所有的多媒体信息均可直接定义到系统中，并根据需要设置其属性。总之，应具有能形成安装文件或可执行文件的功能，并且在脱离开发平台后能运行。

7）友好的界面，易学易用

多媒体创作工具应具有友好的人机交互界面。屏幕展现的信息要多而不乱，即多窗口、多进程管理。应具备必要的联机检索帮助和导航功能，使用户在上机时尽可能不凭借印刷文档就可以掌握基本使用方法。多媒体创作工具应该操作简便，易于修改，菜单与工具布局合理，且具有强大的技术支持。

3. 多媒体开发工具的特征

多媒体开发工具具有如下特征。

1）编辑特性

在多媒体创作系统中，常包括一些编辑正文和静态图像的编辑器。

2）组织特性

多媒体的组织、设计与制作过程涉及编写脚本及流程图。某些创作工具提供可视的流程图系统，或者在宏观上用图表示项目结构的工具。

3）编程特性

多媒体创作系统通常提供下述方法：提示和图符的可视编程；脚本语言编程；传统的工具，如 BASIC 语言或 C 语言编程；文档开发工具。

借助图符进行可视编程大多数是最简单和最容易的创作过程。如果用户打算播放音频或者把一个图片放入项目中，只要把这些元素的图符"拖进"播放清单中即可，或者把它拖出来以删除它。像 Action、Authorware、IconAuthor 这样一些可视创作工具对放幻灯片和展示特别有用。创作工具提供脚本语言供导向控制之用,并使用户的输入功能更强,如 Hyper Card、Super Card、Macromedia、Director 及 Tool。脚本语言提供的命令和功能越多,创作系统的功能越强。Hyper Card 是一种基本的脚本创作语言。

功能很强的文档参照与提交系统是某些项目的关键部分。某些创作系统提供预格式化的正文输入、索引功能、复杂正文查找机构,以及超文本链接工具。

4)交互式特性

交互式特性使项目的最终用户能够控制内容和信息流。创作工具应提供一个或多个层次的交互特性。

(1)简单转移。通过按键、鼠标或定时器超时等,提供转移到多媒体产品中另外一部分的能力。

(2)条件转移。根据 IF-THEN 的判定或事件的结果转移,支持 GOTO 语句。

(3)结构化语言。支持复杂的程序设计逻辑,比如嵌套的 IF-THEN,子程序、事件跟踪,以及在对象和元素中传递信息的能力。

5)性能精确特性

复杂的多媒体应用常常要求事件精确同步。因为用于多媒体项目开发和提交的各种计算机性能差别很大,要实现同步是有难度的。某些创作工具允许用户把产品播放的速度锁死到某一个特定的计算机上,但其他什么功能也不提供。在很多情况下,需要使用自己创作的脚本语言和传统的编程工具,再由处理器构成的系统定时和定序。

6)播放特性

在制作多媒体项目的时候,要不断地装配各种多媒体元素并不断测试它,以便检查装配的效果和性能。

创作系统应具有建立项目的一个段落或一部分并快速测试的能力。测试时就好像用户在实际使用它一样,一般需要花大量的时间在建立和测试间反复进行。

7)提交特性

提交项目的时候,可能要求使用多媒体创作工具建立一个运行版本。

运行版本允许播放用户的项目,不需要提供全部创作软件及其所有的工具和编辑器。通常,运行版本不允许用户访问或改变项目的内容、结构和程序。出售的项目就应是运行版本的形式。

2.4 编 程 工 具

2.4.1 计算机语言的种类

计算机语言(Computer Language),狭义是指计算机可以执行的机器语言,广义是指一切用于人与计算机通信的语言,包括程序设计语言、各种专用的或通用的或命令语言、查询语言、定义语言等。

1. 编程视角的计算机语言分类

(1)过程性语言。过程性语言是指在编程时必须给出获得结果的操作步骤,即"干什么"和"怎么干",如 Pascal 和 C 语言等。过程性语言是构建在动词上的语言。例如,C 语言中打印一条语句的语法是 printf(),这个方法的名字本身就是一个动词,这个动词强调了一个动作的过程,适合于描述顺序执行的算法。

(2) 说明性语言。只需程序员说明问题的规则并定义条件,不同于过程性程序,只需告诉计算机"做什么"而不必设计"如何做",着重描述要处理什么。这使程序设计语言易学易用,这是计算机语言的又一次飞跃,适合于思想观念清晰但数学概念复杂的编程。

(3) 脚本语言。以脚本的形式定义任务,使用起来比其他计算机语言简单。用来控制软件应用程序,脚本通常以文本(如 ASCII)保存,只在被调用时进行解释或编译。

(4) 面向对象的语言。是一种以对象作为基本程序结构单位的程序设计语言,语言中提供了类、继承等成分,有识认性、多态性、类别性和继承性四个主要特点。

2. 演化视角的计算机语言分类

演化视角的计算机语言的种类分为机器语言、汇编语言、高级语言三大类。

1) 机器语言

机器语言是用二进制代码表示的计算机能直接识别和执行的一种机器指令的集合。它是计算机的设计者通过计算机的硬件结构赋予计算机的操作功能。机器语言具有灵活、直接执行和速度快等特点。

用机器语言编写程序,编程人员要首先熟记所用计算机的全部指令代码和代码的含义。手工编程时,程序员要自己处理每条指令和每一数据的存储分配和输入/输出,还要记住编程过程中每步所使用的工作单元处在何种状态。这是一件十分烦琐的工作,编写程序花费的时间往往是实际运行时间的几十倍或几百倍。而且,编出的程序全是些 0 和 1 的指令代码,直观性差,还容易出错。现在,除了计算机生产厂家的专业人员外,绝大多数程序员已经不再去学习机器语言了。

2) 汇编语言

为了克服机器语言难读、难编、难记和易出错的缺点,人们就用与代码指令实际含义相近的英文缩写词、字母和数字等符号来取代指令代码(如用 ADD 表示运算符号"+"的机器代码),于是就产生了汇编语言。所以说,汇编语言是一种用助记符表示的仍然面向机器的计算机语言。汇编语言也称为符号语言。由于汇编语言采用了助记符号来编写程序,比用机器语言的二进制代码编程要方便些,在一定程度上简化了编程过程。汇编语言的特点是用符号代替了机器指令代码,而且助记符与指令代码一一对应,基本保留了机器语言的灵活性。使用汇编语言能面向机器并较好地发挥机器的特性,得到质量较高的程序。

由于汇编语言中使用了助记符号,用汇编语言编制的程序送入计算机,计算机不能像用机器语言编写的程序一样直接识别和执行,必须通过预先放入计算机的"汇编程序"的加工和翻译,才能变成能够被计算机识别和处理的二进制代码程序。用汇编语言等非机器语言书写好的符号程序称为源程序,运行时汇编程序要将源程序翻译成目标程序。目标程序是机器语言程序,它一经被安置在内存的预定位置上,就能被计算机的 CPU 处理和执行。

汇编语言像机器指令一样,是硬件操作的控制信息,因而仍然是面向机器的语言,使用起来还是比较烦琐费时,通用性也差。汇编语言是低级语言,但是,用汇编语言编制系统软件和过程控制软件,其目标程序占用内存空间少,运行速度快,有着高级语言不可替代的用途。因此,针对一些与硬件关联较高、速度要求较高的软件系统开发时,汇编语言依然是非常不错的语言工具,而且是不二选择。这就是为什么至今计算机相关专业本科生需要开设汇编语言课程的原因。基于以上原因,在对汇编语言进行评价时,不能认为汇编语言比高级语言"差",正确的理解应该是汇编语言和高级语言各有优缺点,不同的场景,不同的选择和用法。

3) 高级语言

不论是机器语言还是汇编语言,都是面向硬件的具体操作的,语言对机器的过分依赖,要求使用者必须对硬件结构及其工作原理都十分熟悉,这对非计算机专业人员是难以做到的,对于计算机的推广应用是不利的。计算机事业的发展,促使人们去寻求一些与人类自然语言相接近且能为计算机所接受的语意确定、规则明确、自然直观和通用易学的计算机语言。这种与自然语言相近并为计算机所接受和执行的计算机语言称为高级语言。高级语言是面向用户的语言。无论何种机型的计算机,只要配备上相应的高级语言的编译或解释程序,则用该高级语言编写的程序就可以通用。

高级语言主要是相对于汇编语言而言,它并不是特指某一种具体的语言,而是包括很多编程语言,如目前流行的 VB、VC、FoxPro、Delphi 等,这些语言的语法、命令格式都各不相同。

高级语言所编制的程序不能直接被计算机识别,必须经过转换才能被执行,按转换方式可将它们分为以下两类。

(1) 解释类。执行方式类似于人们日常生活中的"同声翻译",应用程序源代码一边由相应语言的解释器"翻译"成目标代码(机器语言),一边执行,因此效率比较低,而且不能生成可独立执行的可执行文件,应用程序不能脱离其解释器,但这种方式比较灵活,可以动态地调整、修改应用程序。

(2) 编译类。编译是指在应用源程序执行之前,就将程序源代码"翻译"成目标代码(机器语言),因此其目标程序可以脱离其语言环境独立执行,使用比较方便,效率较高。但应用程序一旦需要修改,必须先修改源代码,再重新编译生成新的目标文件(＊.OBJ)才能执行,只有目标文件而没有源代码,修改很不方便。现在大多数编程语言都是编译型的,例如,Visual C++、Visual FoxPro、Delphi 等。

2.4.2 第4代语言

1. 程序设计语言的划代观点

程序设计语言阶段的划代远比计算机发展阶段的划代复杂和困难。目前,对程序设计语言阶段的划代有多种观点,有代表性的是将其划分为 4 个阶段:①第 1 代语言(1GL),机器语言;②第 2 代语言(2GL),编程语言;③第 3 代语言(3GL),高级程序设计语言,如FORTRAN,ALGOL,Pascal,BASIC,Lisp,C,C++,Java 等;④第 4 代语言(4GL),更接近人类自然语言的高级程序设计语言,如 ADA,MODULA-2,SMALLTALK-80 等。

2. 4GL 简介

1) 背景

由于近代软件工程实践所提出的大部分技术和方法并未受到普遍的欢迎和采用,软件供求矛盾进一步恶化,软件的开发成本日益增长,导致了所谓的"新软件危机"。这既暴露了传统开发模型的不足,又说明了单纯以劳动力密集的形式来支持软件生产,已不再适应社会信息化的要求,必须寻求更高效、自动化程度更高的软件开发工具来支持软件生产。4GL 就是在这种背景下应运而生并发展壮大的。

第 4 代语言(The Fourth Generation Language,4GL)的出现是出于商业需要。4GL 这个词最早是在 20 世纪 80 年代初期出现在软件厂商的广告和产品介绍中的。因此,这些厂商的 4GL 产品不论从形式上看还是从功能上看,差别都很大。但是人们很快发现这一类语言由于具有“面向问题”“非过程化程度高”等特点,可以成倍提高软件生产率,缩短软件开发周期,因此赢得了很多用户。1985 年,美国召开了全国性的 4GL 研讨会,也正是在这前后,许多计算机科学家对 4GL 展开了全面研究,从而使 4GL 进入了计算机科学的研究范畴。

进入 20 世 90 年代,随着计算机软硬件技术的发展和应用水平的提高,大量基于数据库管理系统的 4GL 商品化软件已在计算机应用开发领域中获得广泛应用,成为面向数据库应用开发的主流工具,如 Oracle 应用开发环境、Informix-4GL、SQL Windows、Power Builder 等。它们为缩短软件开发周期,提高软件质量发挥了巨大的作用,为软件开发注入了新的生机和活力。

2) 定义

4GL 是以数据库管理系统所提供的功能为核心,可以为用户提供开发高层软件系统的开发环境,其具有报表生成、多窗口表格设计、菜单生成系统、图形图像处理系统和决策支持系统等功能。它可提供功能强大的非过程化问题定义手段,用户只需告知系统做什么,而无须说明怎么做,因此可大大提高软件生产率。

4GL 具有简单易学、用户界面良好、非过程化程度高、面向问题的特点。4GL 编程代码量少,可成倍提高软件生产率。4GL 为了提高对问题的表达能力和语言的使用效率,引入了过程化的语言成分,出现了过程化的语句与非过程化的语句交织并存的局面。

3) 比较

4GL 是在 3GL 基础上发展的,且概括和表达能力更强。3GL 的自然语言和块结构特点改善了软件开发过程。然而 3GL 的开发速度较慢,且易出错。4GL 是面向问题和系统工程的。所有的 4GL 设计都是为了减少开发软件的时间和费用。4GL 常被与专门领域软件比较,因此,有些研究者认为 4GL 是专门领域软件的子集。

4) 不足

4GL 已成为目前软件开发的主流工具,但也存在着以下不足:①4GL 抽象级别提高以后,丧失了 3GL 的一些功能,许多 4GL 只面向专项应用;②4GL 抽象级别提高后不可避免地带来系统开销加大,对软硬件资源提出了较高要求;③4GL 产品花样繁多,缺乏统一的工业标准,可移植性较差;④4GL 主要面向基于数据库应用的领域,不宜于科学计算、高速的实时系统和系统软件开发。

3. 选择 4GL 的标准

确定一个语言是否是一个 4GL,主要应从以下标准来进行考察。

(1) 生产率标准。4GL 的出现,大幅提高了软件生产率。4GL 比 3GL 提高生产率一个数量级以上。

(2) 非过程化标准。4GL 是面向问题的,即只需告知计算机“做什么”,而不必告知计算机“怎么做”。当然 4GL 是为了适应复杂的应用,而这些应用是无法“非过程化”的,就允许保留过程化的语言成分,但非过程化应是 4GL 的主要特色。

（3）用户界面标准。4GL 应具有良好的用户界面，应该简单、易学、易掌握，使用方便、灵活。

（4）功能标准。4GL 不能适用范围太窄，在某一范围应具有一定的通用性。

4．4GL 的功能特点分类

按照 4GL 的功能可以将其划分为以下几类。

1）查询语言和报表生成器

查询语言是数据库管理系统的主要工具，它提供用户对数据库进行查询的功能。报表生成器为用户提供自动产生报表的工具，它提供非过程化的描述手段让用户很方便地根据数据库中的信息来生成报表。

2）图形语言

图形信息较之一维的字符串、二维的表格信息更为直观、鲜明。在软件开发过程中所使用的数据流图、结构图、框图等均是图形。那么，是否可以用图形方式进行软件开发呢？Gupta 公司开发的 SQL Windows 系统具有一定的代表性。它以 SQL 为引擎，让用户在屏幕上用图形方式定义用户需求，系统自动生成相应的源程序（还具有面向对象的功能），用户可修改或增加这些源程序，从而完成应用开发。

3）应用生成器

应用生成器是一类综合 4GL 工具，用来生成完整的应用系统。应用生成器按其使用对象可以分为交互式和编程式两类。

（1）交互式应用生成器，比如 FOCUS、RAMIS、MAPPER、UFO、NOMAD、SAS 等，其允许用户以可见的交互方式在终端上创建文件和报表。另外，Oracle 提供的 SQL FORMS、SQL MENU、SQL REPORTWRITER 等工具建立在 SQL 基础上，借助数据库管理系统强大的功能，让用户可以交互式地定义需求，系统生成相应的屏幕格式、菜单和打印报表。

（2）编程式应用生成器，如 NATURAL、FoxPro、MANTIS、IDEAL、CSP、DMS、INFO、LINC、FORMAL、APPLICATION FACTORY、OO-HLL 等均属于这一类。这一类 4GL 中有程序生成器，可以生成 COBOL 程序，FORMAL 可以生成 Pascal 程序等。为了帮助专业人员建造复杂的应用系统，有的语言具有很强的过程化描述能力。虽然语句的形式有差异，其实质与 3GL 的过程化语句相同，如 Informix-4GL 和 Oracle 的 Pro C。

4）形式规格说明语言

为避免将自然语言的歧义性、不精确性引入软件规格说明中，形式规格说明语言能较好地解决上述问题，且是软件自动化的基础。从形式需求规格说明和功能规格说明出发，可以自动或半自动地转换成某种可执行的语言。这一类语言有 Z、NPL、SPECINT 和 JavaSpec。

5．4GL 的应用前景

目前 4GL 仍然是应用开发的主流工具，但其功能、表现形式、用户界面、所支持的开发方法发生了一些变化，主要表现在以下几个方面。

1）4GL 与面向对象技术将进一步结合

面向对象技术所追求的目标和 4GL 所追求的目标实际上是一致的。目前有代表性的 4GL 普遍具有面向对象的特征，随着面向对象数据库管理系统研究的深入，建立在其上的 4GL 将会以崭新的面貌出现在应用开发者面前。

2）4GL 将全面支持以 Internet 为代表的网络分布式应用开发

随着以 Internet 为代表的网络技术的广泛应用,4GL 又有了新的活动空间,出现了类似于 Java,但比 Java 抽象级更高的 4GL 不仅是可能的,而且是完全必要的。

3）4GL 将出现事实上的工业标准

目前 4GL 产品很不统一,给软件的可移植性和应用范围带来了极大的影响。但基于 SQL 的 4GL 已成为主流产品。随着竞争和发展,有可能出现以 SQL 为引擎的事实上的工业标准。

4）4GL 将以受限的自然语言加图形作为用户界面

目前 4GL 基本上还是以传统的程序设计语言或交互方式为用户界面的。前者表达能力强,但难于学习使用;后者易于学习使用,但表达能力弱。在自然语言理解未能彻底解决之前,4GL 将以受限的自然语言加图形作为用户界面,以大大提高用户界面的友好性。

5）4GL 将进一步与人工智能相结合

目前 4GL 主流产品基本上与人工智能技术无关。随着 4GL 非过程化程度和语言抽象级的不断提高,将出现功能级的 4GL,必然要求人工智能技术的支持才能很好地实现,使 4GL 与人工智能广泛结合。

6）4GL 继续需要数据库管理系统的支持

4GL 的主要应用领域是商务。商务处理领域中需要大量的数据,没有数据库管理系统的支持是很难想象的。事实上,大多数 4GL 是数据库管理系统功能的扩展,它们建立在某种数据库管理系统的基础之上。

7）4GL 要求软件开发方法发生变革

由于传统的结构化方法已无法适应 4GL 的软件开发,工业界客观上又需要支持 4GL 的软件开发方法来指导他们的开发活动。预计面向对象的开发方法将居主导地位,再配之以一些辅助性的方法,如快速原型方法、并行式软件开发、协同式软件开发等,以加快软件的开发速度,提高软件的质量。

2.4.3 脚本语言

脚本技术得益于计算机硬件的加速发展。计算机性能快速提高,使计算机程序越来越复杂,而开发时间紧迫。这时,脚本语言成为系统程序设计语言的补充,开始被主要的计算机平台所同时提供。编程语言由性能低的硬件与执行效率之间的矛盾,转变为快速变化的市场需要与低效的开发工具之间的矛盾,所以脚本语言的发展在软件开发中成为必然的趋势。

1. 定义

脚本语言是为了缩短传统的编写-编译-链接-运行过程而创建的计算机编程语言。脚本语言又被称为扩建的语言,或者动态语言,是一种编程语言,用来控制软件应用程序。脚本通常以文本(如 ASCII)保存,只在被调用时进行解释或编译。虽然许多脚本语言都超越了计算机简单任务自动化的领域,成熟到可以编写精巧的程序,但仍然还是被称为脚本。几乎所有计算机系统的各个层次都有一种脚本语言,包括操作系统层,如计算机游戏、网络应用程序、文字处理文档、网络软件等。在许多方面,高级编程语言和脚本语言之间已互相交叉,二者之间已经没有明确的界限。一个脚本可以使得本来要用键盘进行的交互式操作自动化。一个 Shell 脚本主要由原本需要在命令行输入的命令组成,或在一个文本编辑器中,用户可以使用脚本来把一些常用的操作组合成一组序列。主要用来书写这种脚本的语言叫作脚本语言。很多脚本语言实际上已经超过简单的用户命令序列的指令,还可以编写更复杂的程序。脚本语言的命名起源于一个脚本"Screenplay",每次运行都会使对话框逐字重复。早期的脚本语言经常被称为批量处理语言或工作控制语言。

一个脚本通常是解释执行而非编译。脚本语言通常很简单且易学易用,目的就是希望能让程序员快速完成程序的编写工作。而宏语言则可视为脚本语言的分支,两者也有实质上的相同之处。

2. 特点

(1) 脚本语言(JavaScript,VBScript 等)是介于 HTML 和 C、C++、Java、C♯ 等编程语言之间的语言。HTML 通常用于格式化和链接文本,而编程语言通常用于向机器发出一系列复杂的指令。

(2) 脚本语言与编程语言也有很多相似地方,其函数与编程语言比较相似,其也涉及变量。与编程语言之间最大的区别是编程语言的语法和规则更为严格和复杂一些。

(3) 脚本也是一种由程序代码组成的语言。脚本语言的代码能够被实时生成和执行。脚本语言通常都有简单、易学、易用的特性,程序员能快速完成程序的编写工作。

(4) 它是一种解释性的语言,例如 Python、VBScript、JavaScript、InstallShield Script、Action Script 等、它不像 C 或 C++ 等可以编译成二进制代码、以可执行文件的形式存在,脚本语言不需要编译,可以直接用,由解释器来负责解释。

(5) 脚本语言一般都是以文本形式存在,类似于一种命令。

(6) 用脚本语言开发的程序在执行时,由其所对应的解释器(或称虚拟机)解释执行。程序设计语言是被预先编译成机器语言而执行的。脚本语言的主要特征是:程序代码即是脚本程序,也是最终可执行文件。脚本语言可分为独立型和嵌入型,独立型脚本语言在其执行时完全依赖于解释器,而嵌入型脚本语言通常在编程语言中(如 C、C++、VB、Java 等)被嵌入使用。

3. 优缺点

1) 优点

(1) 快速开发。脚本语言极大地简化了"开发、测试、调试、部署"的软件生命周期过程。

(2) 容易部署。大多数脚本语言都能够随时部署,而不需要编译/打包过程。

(3) 同已有技术的集成。脚本语言已经可以与 Java 或 COM 这样的组件混合编程,这样可以有效利用已有的代码。

(4) 易学易用。脚本语言技术通常要求较低一些,这将降低技术人员代码编写难度。

(5) 动态代码。脚本语言的代码能够被实时生成和执行,这是一种非常实用的特性。

2) 缺点

脚本语言的功能不够全面,它会要求一种"真正的"计算机语言配合,例如,将某种驱动程序内置于脚本语言中。脚本语言在针对大型软件工程项目和构建代码结构,面向对象设计和组件开发时却显得能力不足。脚本语言不是"真正的"计算机语言,其只能用于某些特定的应用。

4. 应用

（1）作为批处理语言或工作控制语言。很多脚本语言用来执行一次性任务，尤其是系统管理方面。DOS、Windows 的批处理文件和 UNIX 的 Shell 脚本都属于这种应用。

（2）作为通用的编程语言存在，如 Perl、Python、Ruby 等。由于"解释执行，内存管理，动态"等特性，其仍被称为脚本语言，可用于应用程序编写。

（3）很多大型的应用程序都包括根据用户需求而定制的惯用脚本语言。同样，很多游戏系统在使用一种自定义脚本语言来表现 NPC（Non-Player Character，Non-Playable Character，Non-Player Class）和游戏环境的预编程动作。此类语言通常是为一个单独的应用程序所设计，类似于通用语言（如 Quake C，Modeled After C）。

（4）网页中的嵌入式脚本语言。HTML 也是一种脚本语言，它的解释器就是浏览器。JavaScript 是网页浏览器内的主要编程语言，ECMAScript 标准化保证了其通用嵌入式脚本语言。随着动态网页技术发展，ASP、JSP、PHP 等嵌入网页的脚本语言被广泛使用，不过这些脚本要通过 Web Server 解释执行，而 HTML 则被浏览器执行。

（5）脚本语言在系统应用程序中嵌入使用，作为用户与系统的接口方式。例如，在工业控制领域，PLC 编程、组态软件的脚本语言是扩充组态系统功能的重要手段；在通信平台领域，IVR（自动语音应答）流程编程；Office 办公软件提供的宏和 VBA；其他应用软件如 ER Studio 提供的 Basic MacroEditor，用户可以编写 Sax Basic 脚本操作 E-R 图，生成 Access 库、导出 Word 文档等扩展功能。

5. 脚本语言分类

1）工作控制语言和 Shell

主要用于自动化工作控制，即启动和控制系统程序的行为。很多脚本语言解释器也同时是命令行界面，如 UNIX Shell 和 MS-DOS Command。其他如 AppleScript，可以为系统增加脚本环境，但没有命令行界面。这类语言有：4NT，AppleScript，ARexx（Amiga Rexx），Bash，Csh，DCL，JCL，Ksh，Cmd. exe batch（Windows，OS/2），command batch（DOS），REXX，Tcsh，Sh，Winbatch，Windows PowerShell，Windows Script Host，zsh 等。

2）GUI 脚本

GUI 脚本语言主要用于用户和图形界面、菜单、按钮等之间的互动。它经常用来自动化重复性动作，或设置一个标准状态。理论上可以用来控制运行于基于 GUI 的计算机上的所有应用程序，但实际上这些语言是否被支持还要看应用程序和操作系统本身。当通过键盘进行互动时，这些语言也被称为宏语言。这类语言有 AutoHotkey、AutoIt、Expect 等。

3）应用程序定制的脚本语言

很多大型的应用程序都包括根据用户需求而定制的惯用脚本语言。例如，游戏系统中使用这种脚本语言来表现 NPC 和游戏环境的预编程动作。这类语言有 Action Code Script，ActionScript，AutoLISP，BlobbieScript，Emacs Lisp，Game Maker Language，HyperTalk，IPTSCRAE，IRC script，Lingo，Matlab Embedded Language，Maya Embedded Language，mIRC script，NWscript，QuakeC，UnrealScript，Visual Basic for Applications，VBScript，ZZT-oop 等。

4）Web 编程脚本

应用程序定制的脚本语言中有一种重要的类别，主要用于 Web 页面的自定义功能，如处理互联网通信,使用网页浏览器作为用户界面。很多 Web 编程语言都比较强大。这类语言有 ColdFusion(Application Server),Lasso,Miva,SMX 等。

5) 文本处理语言

基于文本的脚本语言。例如,UNIX 的 Awk 是早年处理文本文件的脚本语言,可以帮助系统管理员处理调用 UNIX 基于文本的配置和 LOG 文件。Perl 语言早年是用来产生报告的。这类语言有 Awk,Perl,Sed,XSLT 等。

6) 通用动态语言

有一些语言,如 Perl 脚本语言,已经从一门脚本语言发展成了更通用的编程语言。可以用于应用程序编写。这类语言有 APL,Dao,Dylan,Groovy,Lua,MUMPS(M),newLISP,Nuva,Perl,PHP,Python,Ruby,Scheme,Smalltalk,SuperCard,Tcl(Tool command language)等。

7) 扩展/可嵌入语言

少数语言被设计为通过嵌入应用程序来取代应用程序定制的脚本语言。开发者可以使用脚本语言控制应用程序。Tcl 作为一种扩展性语言而创建,目前已被作为通用性语言使用。这类语言有 Ch(C/C++ interpreter),Dao,ECMAScript(也称为 DMD Script,JavaScript,JScript),Game Monkey Script,Guile,ICI,Lua,RBScript(REALbasic Script),Squirrel,Tcl,Z-Script 等。

8) 其他脚本语言

这类语言有 Bean Shell(scripting for Java),Cobol Script,Escapade (server side scripting),Euphoria,F-Script,Ferite,Groovy,Gui4Cli,Io,KiXtart,Mondrian,Object REXX,Pike,Pliant,REBOL,Script Basic,Shorthand Language,Simkin,Sleep,Step Talk,Visual Dialog Script 等。

2.5 测 试 工 具

2.5.1 测试工具的分类

软件测试工具就是通过一些工具使软件的一些简单问题直观地显示在用户的面前,这样能使测试人员更好地找出软件错误所在。软件测试工具存在的价值是为了提高测试效率,用软件来代替人工操作。

其测试工具的发展和应用已相对"成熟"。标准化和流程化的系统可以采用现有的工具,而最好的测试工具就是自己编写的工具,针对性强,效率高,又体现了自我价值和能力,只是认可度和回报率很难得到验证。随着技术的发展,相信会有更多的测试工具应运而生。现在当务之急是如何选择对企业或是项目最有效、切实可行、针对性强的测试工具。

测试工具可以从两个不同的方面去分类:①根据测试方法不同,分为白盒测试工具和黑盒测试工具;②根据测试的对象和目的,分为单元测试工具、功能测试工具、负载测试工具、性能测试工具和测试管理工具。一般地,可将软件测试工具分为白盒测试工具、黑盒测试工具、功能测试工具、性能测试工具、测试管理工具等几大类。

1. 白盒测试工具

白盒测试工具一般是针对代码进行的测试,测试中发现的缺陷可以定位到代码级,根据测试工具原理的不同,又可以分为静态测试工具和动态测试工具。

1）静态测试工具

静态测试工具直接对代码进行分析,不需要运行代码,也不需要对代码编译链接,生成可执行文件。静态测试工具一般是对代码进行语法扫描,找出不符合编码规范的地方,根据某种质量模型评价代码的质量,生成系统的调用关系图等。静态测试工具的代表有Telelogic公司的Logiscope软件、PR公司的PRQA软件。

2）动态测试工具

动态测试工具与静态测试工具不同,动态测试工具一般采用"插桩"的方式,向代码生成的可执行文件中插入一些监测代码,用来统计程序运行时的数据。其与静态测试工具最大的不同就是动态测试工具要求被测系统实际运行。动态测试工具分为结构测试与功能测试。在结构测试中常采用语言测试、分支测试和路径测试。作为动态测试工具,它应该能使所测试程序在受控的情况下运行,自动地监视、记录、统计程序的运行情况。其方法是在所测试的程序中插入检测各远距的执行次数、各分支点、各路径的探针,以便统计各种覆盖情况。动态测试工具的代表有Compuware公司的DevPartner软件、Rational公司的Purify系列。

2. 黑盒测试工具

黑盒测试工具适用于黑盒测试的场合,包括功能测试工具和性能测试工具。黑盒测试工具的一般原理是利用脚本的录制（Record）/回放（Playback）,模拟用户的操作,然后将被测系统的输出记录下来同预先给定的标准结果比较。黑盒测试工具可以大大减轻黑盒测试的工作量,在迭代开发的过程中,能够很好地进行回归测试。

黑盒测试工具的代表有Rational公司的TeamTest、Robot,Compuware公司的QACenter,另外,专用于性能测试的工具包括Radview公司的WebLoad、Microsoft公司的WebStress等。

3. 功能测试工具

（1）Rational Robot。IBM Rational Robot是业界最顶尖的功能测试工具,它甚至可以在测试人员学习高级脚本技术之前帮助其进行成功的测试。它集成在测试人员的桌面IBM Rational TestManager上,在这里测试人员可以计划、组织、执行、管理和报告所有测试活动,包括手动测试报告。这种测试和管理的双重功能是自动化测试的理想开始。

（2）SilkTest。是Borland公司所提出软件质量管理解决方案的套件之一。这个工具采用精灵设定与自动化执行测试,无论是程序设计新手或资深的专家都能快速建立功能测试,并分析功能错误。

（3）JMeter。是Apache组织的开放源代码项目,它是功能和性能测试的工具,100%用Java实现。

（4）E-Test。功能强大,由于不是采用POST URL方式回放脚本,所以可以支持多内码的测试数据（当然要程序支持）,基本上可以应付大部分的Website。

（5）另外还有一些功能测试工具,如MI公司的WinRunner,Compuware的QARun、Rational的SQA Robot等。

4. 性能测试工具

（1）Load Runner。工业标准级负载测试工具,也是现在做性能测试不可或缺的必备工具。通过以模拟上千万用户实施并发负载及实时性能监测的方式来确认和查找问题,Load Runner 能够对整个企业架构进行测试。通过使用 Load Runner,企业能最大限度地缩短测试时间,优化性能和加速应用系统的发布周期。

(2) WebLoad。是 Rad View 公司推出的一个性能测试和分析工具,它让 Web 应用程序开发者自动执行压力测试。WebLoad 通过模拟真实用户的操作,生成压力负载来测试 Web 的性能。

5. 测试管理工具

测试管理工具用于对测试进行管理。一般而言,测试管理工具对测试计划、测试用例、测试实施进行管理,并且,测试管理工具还包括对缺陷的跟踪管理。测试管理工具的代表有 Rational Test Manager、Test Director、Silk Central Test Manager、QA Director 等。

(1) Rational Test Manager。是一个开放的可扩展的构架,其统一了所有的工具、制造(Artifacts)。而数据是由测试工作产生并与测试工作(Effort)关联的。在这个唯一的保护伞下,测试工作中的所有负责人(Stakeholder)和参与者能够定义和提炼他们将要达到的质量目标。项目组定义计划用来实施以符合那些质量目标。而且最重要的是,它提供给了整个项目组一个及时地在任何过程点上去判断系统状态的地方。专家可以使用 Test Manager 去协调和跟踪他们的测试活动。测试人员使用 Test Manager 去了解需要的工作是什么,以及这些工作需要的人和数据。测试人员也可以了解到,他们工作的范围是要受到开发过程中全局变化的影响的。Test Manager 是这样一个地方,它会提供与系统质量相关联的所有问题的答案。测试是软件开发中的反馈过程。它告诉你在一个开发过程中任意给定迭代的规定过程,哪里需要做修改。同时,也告诉你关于你将开发的系统的现存质量。

(2) Test Director。是一个测试管理系统。Test Director 是业界第一个基于 Web 的测试管理系统,一个用于规范和管理日常测试项目工作的平台。它将管理不同开发人员、测试人员和管理人员之间的沟通调度,项目内容管理和进度追踪。而且,Test Director 是一个集中实施、分布式使用的专业的测试项目管理平台软件。

(3) Silk Central Test Manager(Silk Plan Pro)。是一个测试管理软件,用于测试计划、文档和各种测试行为的管理。它提供对人工测试和自动测试的基于过程的分析、设计和管理功能,此外,还提供了基于 Web 的自动测试功能。这使得 Silk Plan Pro 成为 Segue Silk 测试家族中的重要成员和用于监测的解决方案。在软件开发的过程中,Silk Plan Pro 可以使测试过程自动化,节省时间,同时帮助你回答重要的业务应用面临的关键问题。

(4) QA Director。是一个分布式支持平台,能够使开发和测试团队跨越多个环境控制测试活动。QA Director 允许开发人员、测试人员和 QA 管理人员共享测试资产、测试过程和测试结果、当前的和历史的信息,从而为客户提供最完全彻底的、一致的测试。

6. 其他测试工具

除了上述测试工具外,还有如下一些专用的测试工具。

(1) 压力测试。MI 公司的 WinLoad,Compuware 的 QALoad、Rational 的 SQA Load 等。

(2) 负载测试。Load Runner,Rational Visual Quantify 等。

(3) Web 测试工具。MI 公司的 ASTRA 系列,RSW 公司的 E-Test Suite 等。

(4) Web 系统测试工具。Workbench,Web Application Stress Tool(WAS)。

（5）数据库测试工具。Testbytes。

（6）回归测试工具。Rational Team Test，WinRunner。

（7）嵌入式测试工具。ATTOLTESTWARE 是自动生成测试代码的软件测试工具,特别适用于嵌入式实时应用软件单元和通信系统测试。CodeTest 是 Applied Microsystems 公司的产品,是广泛应用的嵌入式软件在线测试工具。GammaRay 系列产品主要包括软件逻辑分析仪 Gamma Profiler、可靠性评测工具 GammaRET 等。LogiScope 是 TeleLogic 公司的工具套件,用于代码分析、软件测试、覆盖测试。LynxInsure＋＋ 是 LynxREAL-TIMESYSTEMS 公司的产品,基于 LynxOS 的应用代码检测与分析测试工具。Message Master 是 ElviorLtd 公司的产品,测试嵌入式软件系统工具,向环境提供基于消息的接口。Vector Cast 是 Vector Software 公司的产品,由 6 个集成部件组成,自动生成测试代码,为主机和嵌入式环境构造可执行的测试架构。

（8）系统性能测试工具。Rational Performance。

（9）页面链接测试。Link Sleuth。

（10）测试流程管理工具。Test Plan Control。

（11）缺陷跟踪工具。Track Record 等。

（12）其他测试工具包。Test Vector Generation System 是 T-VEC Technologies 公司的产品,提供自动模型分析、测试生成、测试覆盖分析和测试执行的完整工具包,具有方便的用户接口和完备的文档支持。Test Quest Pro 是 Test Quest 公司的非插入码式的自动操作测试工具,提供一种高效的自动检测目标系统,获取其输出性能的测试方法。Test Works 是 Software Research 公司的一整套软件测试工具,既可单独使用,也可捆绑销售使用。

2.5.2　测试工具的选择

面对如此多的测试工具,对工具的选择就成了一个比较重要的问题,是白盒测试工具还是黑盒测试工具,是功能测试工具还是负载测试工具。即使在特定的一类工具中,也需要从众多的不同产品中做出选择。

1. 选择因素

在考虑选用工具的时候,建议从以下几个方面来权衡和选择。

1）功能

功能是主要关注的内容,选择一个测试工具首先就是看它提供的功能。当然,这并不是说测试工具提供的功能越多就越好,在实际选择过程中,适用才是根本。"钱要花在刀刃上",为不需要的功能花费金钱实在不是明智的行为。事实上,目前市面上同类的软件测试工具之间的基本功能都大同小异,各种软件提供的功能也大致相同,只不过有不同的侧重点。例如,同为白盒测试工具的 LogiScope 和 PRQA 软件,提供的基本功能大致相同,只是在编码规则、编码规则的定制、采用的代码质量标准方面有不同。

除了基本功能之外,以下功能需求也可以作为选择测试工具的参考。

（1）报表功能。测试工具生成的结果最终要由人进行解释,而且,查看最终报告的人员不一定对测试很熟悉,因此,测试工具能否生成结果报表,能够以什么形式提供报表是需要考虑的因素。

（2）测试工具的集成能力。测试工具的引入是一个长期的过程,应该是伴随着测试过程改进而进行的一个持续的过程。因此,测试工具的集成能力也是必须考虑的因素,这里的集成包括两个方面的意思。首先,测试工具能否和开发工具进行良好的集成;其次,测试工具能够和其他测试工具进行良好的集成。

（3）操作系统和开发工具的兼容性。测试工具可否跨平台,是否适用于公司目前使用的开发工具,这些问题也是在选择一个测试工具时必须考虑的问题。

2）价格

除了功能之外,价格就应该是最重要的因素了。测试工具的价格并不是真的昂贵到不能承受的程度,例如,Numega 的 DevPartner 一个固定许可证是两万多元人民币,对一个中型的公司来说完全可以承受。

3）测试自动化

引入测试工具的目的是测试自动化,引入工具需要考虑工具引入的连续性和一致性。测试工具是测试自动化的一个重要步骤之一,在引入/选择测试工具时,必须考虑测试工具引入的连续性。也就是说,对测试工具的选择必须有一个全盘的考虑,分阶段、逐步地引入测试工具。

4）选择适合于软件生命周期各阶段的工具

测试的种类随着测试所处的生命周期阶段的不同而不同,因此为软件生命周期选择其所使用的恰当工具就非常必要。例如,程序编码阶段可选择 Telelogic 公司的 LogiScope 软件、Rational 公司的 Purify 系列等;测试和维护阶段可选择 Compuware 的 Dev2 Partner 和 Telelogic 的 LogiScope 等。

使用了测试工具,并不是说已经进行了有效测试,测试工具通常只支持某些应用的测试自动化,因此在进行软件测试时常用的做法是,使用一种主要的自动化测试工具,然后用传统的编程语言如 Java、C++、Visual Basic 等编写自动化测试脚本以弥补测试工具的不足。

2. 选择步骤

对测试工具的选择必须有一个全盘的考虑,分阶段、逐步地引入测试工具。一般来说,对软件测试工具的选择主要包括以下几个步骤(见图 2-1)。

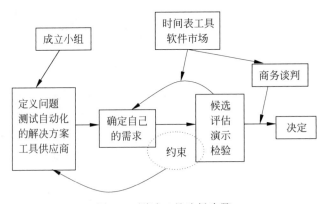

图 2-1 测试工具选择步骤

（1）成立小组负责测试工具的选择和决策,制定时间表。

（2）确定自己的需求,研究可能存在的不同解决方案,并进行利弊分析。

（3）了解市场上满足自己需求的产品，包括基本功能、限制、价格和服务等。

（4）根据市场上产品的功能、限制和价格，结合自己的开发能力、预算、项目周期等因素决定是自己开发还是购买。

（5）对市场上的产品进行对比分析，确定 2～3 种产品作为候选产品。

（6）请候选产品的厂商来介绍、演示，并解决几个实例。

（7）初步确定。

（8）商务谈判。

（9）最后决定。

思 考 题

一、名词解释

1. 需求分析工具

2. 设计工具

3. 数据库设计工具

4. 平面设计工具

5. 多媒体设计工具

6. 测试工具

7. 汇编语言

8. 第 4 代语言

9. 脚本语言

10. 软件界面

二、简答题

1. 需求分析工具有几种分类方法？

2. 需求分析阶段包括哪些步骤？

3. 根据支持的设计阶段，数据库设计可分为哪几类？

4. 平面设计包括哪些内容？

5. 多媒体设计有哪几类工具？

6. 对软件测试工具进行简单的分类。

7. 软件界面设计包括哪几个方面的设计？

三、分析题

1. 简单分析数据库设计的过程。

2. 分析数据库设计过程中所面临的困难。

3. 分析数据库设计过程中对数据库设计工具有哪些需求。

4. 如何根据需求选用适当的网页设计工具？

5. 如何选择软件测试工具？

第 3 章　软件开发管理工具

本章将介绍软件配置管理工具、软件项目开发管理工具和软件开发项目管理工具。通过本章的学习,学生需要了解这几种工具的功能、性能、特点和选用方法。

3.1　配置管理工具

3.1.1　软件配置管理

1. 软件配置管理概述

软件配置管理(Software Configuration Management,SCM),又称软件形态管理或软件建构管理。SCM 界定软件的组成项目,对每个项目的变更进行管控(版本控制),并维护不同项目之间的版本关联,以使软件在开发过程中任一时间的内容都可以被追溯。

软件配置管理贯穿于整个软件生命周期,它为软件研发提供了一套管理办法和活动原则。软件配置管理无论是对于软件企业管理人员还是研发人员都着重要的意义。软件配置管理可以提炼为以下三个方面的内容。

1) 版本控制

版本控制(Version Control)是全面实行软件配置管理的基础,可以保证软件技术状态的一致性。我们在平时的日常工作中都在或多或少地进行版本管理的工作。比如有时为了防止文件丢失,而复制一个后缀为 bak 或日期的备份文件,当文件丢失或被修改后可以通过该备份文件恢复。版本控制是对系统不同版本进行标识和跟踪的过程。版本标识的目的是便于对版本加以区分、检索和跟踪,以表明各个版本之间的关系。一个版本是软件系统的一个实例,在功能上和性能上与其他版本有所不同,或是修正、补充了前一版本的某些不足。实际上,对版本的控制就是对版本的各种操作控制,包括检入/检出控制、版本的分支和合并、版本的历史记录和版本的发行。

2) 变更控制

变更控制(Change Control)是至关重要的。但是要实行变更控制也是一件令人头疼的事情。担忧变更的发生是因为对代码的一点儿小小的干扰都有可能导致一个巨大的错误,但是它也许能够修补一个巨大的漏洞或者增加一些很有用的功能。担忧变更也因为有些程序员可能会破坏整个项目,虽然智慧思想有不少来自于这些程序员的头脑。过于严格的控制也有可能挫伤他们进行创造性工作的积极性。

3) 过程支持

很多人已渐渐意识到了软件工程过程概念的重要性,而且也逐渐了解了这些概念和软件工程支持技术结合的重要性,尤其是软件过程概念与 CM(Change Management,变更管理)有着密切的联系,因为 CM 理所当然地可以作为一个管理变更的规则(或过程)。例如,IEEE 软件配置管理计划的标准就列举了建立一个有效的 CM 规则所必需的许多关键过程概念。但是,传统意义上的软件配置管理主要着重于软件的版本管理,缺乏软件过程支持(Process Support)的概念。在大多数有关软件配置管理的定义中,并没有明确提出配置管理需要对过程进行支持的概念。因此,不管软件的版本管理得多好,组织之间没有连接关系,组织所拥有的是相互独立的信息资源,从而形成了信息的"孤岛"。在 CM 提供了过程支持后,CM 与 CASE 环境进行了集成,组织之间通过过程驱动建立一种单向或双向的连接。开发员或测试员则不必去熟悉整个过程,也不必知道整个团队的开发模式。其只需集中精力关心自己所需要进行的工作。在这种情况下,可以延续其一贯的工作程序和处理办法。

2. 软件配置管理模式

软件配置管理中所使用的模式主要有以下四种。

(1) 恢复提交模式。这种模式是软件配置管理中最基本的模式。它是一种面向文件单一版本的软件配置模式。这种模式中典型的软件配置管理工具有 SCCS 工具、RCS 工具以及基于它们的各种软件配置管理工具。

(2) 面向改变模式。在这种模式中,主要考虑的不是软件产品的各单一版本,而是各组成单元的改变。在这种模式下,版本是通过对基线实施某改变请求的结构。这种模式对于将用户及结点间的改变进行广播和结合是十分有效的。

(3) 合成模式。这一模式是在基于恢复提交模式的基础上,引入系统模型这一概念用以描述整个软件产品的系统结构,从而将软件配置管理从软件产品的单元这一级扩展到系统这一级。这种模式对于软件产品的构建非常有用。

(4) 长事务模式。这一模式也是基于恢复提交模式的,它引入了工作空间的概念,各个开发人员在各自的工作空间下与其他用户相互隔离,独立地对软件进行修改。

3. 软件配置管理作用

随着软件系统的日益复杂化和用户需求、软件更新的频繁化,配置管理逐渐成为软件生命周期中的重要控制过程,在软件开发过程中扮演着越来越重要的角色。一个好的配置管理过程能覆盖软件开发和维护的各个方面,同时对软件开发过程的宏观管理,即项目管理,也有重要的支持作用。良好的配置管理能使软件开发过程有更好的可预测性,使软件系统具有可重复性,使用户和主管部门对软件质量和开发小组有更强的信心。

软件配置管理的最终目标是管理软件产品。由于软件产品是在用户不断变化的需求驱动下不断变化,为了保证对产品有效地进行控制和追踪,配置管理过程不能仅仅对静态的、成形的产品进行管理,而必须对动态的、成长的产品进行管理。由此可见,配置管理同软件开发过程紧密相关。配置管理必须紧扣软件开发过程的各个环节:管理用户所提出的需求,监控其实施,确保用户需求最终落实到产品的各个版本中去,并在产品发行和用户支持等方面提供帮助,响应用户新的需求,推动新的开发周期。通过配置管理过的控制,用户对软件产品的需求如同普通产品的订单一样,遵循一个严格的流程,经过一条受控的生产流水线,最后形成产品,发售给相应用户。从另一个角度看,在产品开发的不同阶段通常有不同的任务,由不同的角色担当,各个角色职责明确,泾渭分明,但同时又前后衔接,相互协调。

好的配置管理过程有助于规范各个角色的行为,同时又为角色之间的任务传递提供无缝的接合,使整个开发团队像一个交响乐队一样和谐而又错杂地进行。正因为配置管理过程直接连接产品开发过程、开发人员和最终产品,这些都是项目主管人员所关注的重点,因此配置管理系统在软件项目管理中也起着重要作用。配置管理过程演化出的控制、报告功能可帮助项目经理更好地了解项目的进度、开发人员的负荷、工作效率和产品质量状况、交付日期等信息。同时,配置管理过程所规范的工作流程和明确的分工有利于管理者应付开发人员流动的困境,使新的成员可以快速实现任务交接,尽量减少因人员流动而造成的损失。

总之,软件配置管理作为软件开发过程的必要环节和软件开发管理的基础,支持和控制着整个软件生存周期,同时对软件开发过程的项目管理也有重要的支持作用。

4. 软件配置管理过程

在软件配置管理过程中,需要考虑下列这些问题:①采用什么方式来标识和管理已存在程序的各种版本?②在软件交付用户之前和之后如何控制变更?③谁有权批准和对变更安排优先级?④利用什么办法来估计变更可能引起的其他问题?这些问题可归结到软件配置管理过程的以下6个活动中。

1) 配置项(Software Configuration Item,SCI)识别

Pressman 对于 SCI 给出了一个比较简单的定义:"软件过程的输出信息可以分为三个主要类别:计算机程序(源代码和可执行程序),描述计算机程序的文档(针对技术开发者和用户),数据(包含在程序内部或外部)。这些项包含所有在软件过程中产生的信息,总称为软件配置项。"

由此可见,配置项的识别是配置管理活动的基础,也是制定配置管理计划的重要内容。

软件配置项分类软件的开发过程是一个不断变化着的过程,为了在不严重阻碍合理变化的情况下来控制变化,软件配置管理引入了"基线(Base Line)"这一概念。IEEE 对基线的定义是这样的:"已经正式通过复审和批准的某规约或产品,它因此可作为进一步开发的基础,并且只能通过正式的变化控制过程改变。"

所以,根据这个定义,在软件的开发流程中把所有需加以控制的配置项分为基线配置项和非基线配置项两类。例如,基线配置项可能包括所有设计文档和源程序等,非基线配置项可能包括项目的各类计划和报告等。

所有配置项都应按照相关规定统一编号,按照相应的模板生成,并在文档中的规定章节(部分)记录对象的标识信息。在引入软件配置管理工具进行管理后,这些配置项都应以一定的目录结构保存在配置库中。

所有配置项的操作权限应由 CMO(Configuration Management Officer,配置管理员)严格管理,基本原则是:基线配置项向软件开发人员开放读取权限;非基线配置项向 PM(Project Manager,项目经理)、CCB(Change Control Board,变更控制委员会)及相关人员开放。

2) 工作空间管理

在引入了软件配置管理工具之后,所有开发人员都会被要求把工作成果存放到由软件配置管理工具所管理的配置库中去,或是直接工作在软件配置管理工具提供的环境之下。所以为了让每个开发人员和各个开发团队能更好地分工合作,同时又互不干扰,对工作空间的管理和维护也成为软件配置管理的一个重要活动。

一般来说,比较理想的情况是把整个配置库视为一个统一的工作空间,然后再根据需要把它划分为个人(私有)、团队(集成)和全组(公共)这三类工作空间(分支),从而更好地支持将来可能出现地并行开发的需求。

每个开发人员按照任务的要求,在不同的开发阶段,工作在不同的工作空间上,例如,对于私有开发空间而言,开发人员根据任务分工获得对相应配置项的操作许可之后,他即在自己的私有开发分支上工作,他的所有工作成果体现为在该配置项的私有分支上的版本的推进,除该开发人员外,其他人员均无权操作该私有空间中的元素;而集成分支对应的是开发团队的公共空间,该开发团队拥有对该集成分支的读写权限,而其他成员只有只读权限,它的管理工作由 SIO(System Integration Officer,系统集成员)负责;至于公共工作空间,则是用于统一存放各个开发团队的阶段性工作成果,它提供全组统一的标准版本,并作为整个组织的 Knowledge Base(知识库)。

当然,由于选用的软件配置管理工具不同,在对于工作空间的配置和维护的实现上有比较大的差异,但对于 CMO 来说,这些工作是他的重要职责,他必须根据各开发阶段的实际情况来配置工作空间并定制相应的版本选取规则,来保证开发活动的正常运作。在变更发生时,应及时做好基线的推进。

3)版本控制

版本控制是软件配置管理的核心功能。所有置于配置库中的元素都应自动予以版本的标识,并保证版本命名的唯一性。版本在生成过程中,依照设定的使用模型自动分支、演进。除了系统自动记录的版本信息以外,为了配合软件开发流程的各个阶段,还需要定义、收集一些元数据(Metadata)来记录版本的辅助信息和规范开发流程,并为今后对软件过程的度量做好准备。当然如果选用的工具支持的话,这些辅助数据将能直接统计出过程数据,从而方便软件过程改进(Software Process Improvement,SPI)活动的进行。

对于配置库中的各个基线控制项,应该根据其基线的位置和状态来设置相应的访问权限。一般来说,对于基线版本之前的各个版本都应处于被锁定的状态,如需要对它们进行变更,则应按照变更控制的流程来进行操作。

4)变更控制

在对 SCI 的描述中,可引入基线的概念。从 IEEE 对于基线的定义中可以发现,基线是和变更控制紧密相连的。也就是说,在对各个 SCI 做出了识别,并且利用工具对它们进行了版本管理之后,如何保证它们在复杂多变的开发过程中真正地处于受控的状态,并在任何情况下都能迅速地恢复到任一历史状态就成为软件配置管理的另一重要任务。因此,变更控制就是通过结合人的规程和自动化工具,以提供一个变化控制的机制。

变更管理的一般流程是:①(获得)提出变更请求;②由 CCB(变更控制委员会)审核并决定是否批准;③(被接受)修改请求分配人员,提取 SCI(配置项),进行修改;④复审变化;⑤提交修改后的 SCI(配置项);⑥建立测试基线并测试;⑦重建软件的适当版本;⑧复审(审计)所有 SCI(配置项)的变化;⑨发布新版本。

在这样的流程中,CMO 通过软件配置管理工具来进行访问控制和同步控制,而这两种控制则是建立在前文所描述的版本控制和分支策略的基础上的。

5)状态报告

配置状态报告就是根据配置项操作数据库中的记录来向管理者报告软件开发活动的进

展情况。这样的报告应该定期进行,并尽量通过 CASE 工具自动生成,用数据库中的客观数据来真实地反映各配置项的情况。

配置状态报告根据报告着重反映当前基线配置项的状态,以作为对开发进度报告的参照。同时也能从中根据开发人员对配置项的操作记录来对开发团队的工作关系做出一定的分析。

配置状态报告应该包括下列主要内容:①配置库结构和相关说明;②开发起始基线的构成;③当前基线位置及状态;④各基线配置项集成分支的情况;⑤各私有开发分支类型的分布情况;⑥关键元素的版本演进记录;⑦其他应予以报告的事项。

6) 配置审计

配置审计的主要作用是作为变更控制的补充手段,来确保某一变更需求已被切实实现。在某些情况下,它被作为正式的技术复审的一部分,但当软件配置管理是一个正式的活动时,该活动由 SQA(Software Quality Assurance,软件质量保证)人员单独执行。

总之,软件配置管理的对象是软件研发活动中的全部开发资产。所有这一切都应作为配置项纳入管理计划统一进行管理,从而能够保证及时地对所有软件开发资源进行维护和集成。因此,软件配置管理的主要任务也就归结为以下几条:①制定项目的配置计划;②对配置项进行标识;③对配置项进行版本控制;④对配置项进行变更控制;⑤定期进行配置审计;⑥向相关人员报告配置的状态。

3.1.2 软件配置管理工具的功能

软件配置管理(Software Configuration Management,SCM)为软件开发提供了一套管理办法和活动原则,成为贯穿软件开发始终的重要质量保证活动。

软件配置管理作为软件开发过程中的必要环节和软件开发管理的基础,支持和控制着整个软件生存周期。若要有效地实施软件配置管理,除了培养软件开发者的管理意识之外,更重要的是使用优秀的软件配置管理工具。

软件配置管理工具支持用户对源代码清单的更新管理,以及对重新编译与连接的代码的自动组织,支持用户在不同文档相关内容之间进行相互检索,并确定同一文档某一内容在本文档中的涉及范围,同时还应支持软件配置管理小组对软件配置更改进行科学的管理。下面讨论 SCM 工具的功能。

需要说明的是,从学术上讲,软件配置管理(SCM)只是变更管理(Change Management,CM)的一个方面;但从 SCM 工具的发展来看,越来越多的 SCM 工具开始集成变更管理(CM)的功能,甚至问题跟踪(Defect Tracking)的功能。

1. 权限控制

权限控制(Access Control)对 SCM 工具来说至关重要。一方面,既然是团队开发,就可能需要限制某些成员的权限;特别是大项目往往牵扯到子项目外包,到最后联调阶段会涉及很多不同的单位,更需要权限管理。另一方面,权限控制也减小了误操作的可能性,间接提高了 SCM 工具的可用性(Usability)。

现有的 SCM 工具在权限控制方面差异很大,但通过不同权限控制方法的差异,不难看到其共性:其核心概念是行为(Action)、行为主体、行为客体。

(1) 行为主体。即用户(User)。用户组(User Group)并不是行为主体,但它的引入大大方便了权限管理。

（2）行为客体。即项目和项目成员（Member）。不管从 SCM 工具的开发者还是使用者的角度，项目和项目成员都是不同的行为客体。

（3）行为。即由主体施加在客体之上的特定操作，检入和检出是再典型不过的例子。

三个核心概念搞清之后，就可以讨论权限的概念了。

权限是一个四元向量：（主体，客体，行为，布尔值），即"主体在客体上施加某种行为是否被获准"。

由此看来，权限控制的基本工作就是负责维护主体集合、客体集合、行为集合、权限向量集合。其中，行为集合是固定不变的（在 SCM 工具开发之时已确定），其他三种集合都是动态变化的。

2．版本控制

版本控制（Version Control）是软件配置管理的基本要求，它可以保证在任何时刻恢复任何一个版本，是支持并行开发的基础。

SCM 工具记录项目和文件的修改轨迹，跟踪修改信息，使软件开发工作以基线（Baseline）渐进方式完成，从而避免了软件开发不受控制的局面，使开发状态变得有序。

SCM 工具可以对同一文件的不同版本进行差异比较，可以恢复个别文件或整个项目的早期版本，使用户方便地得到升级和维护必需的程序和文档。

SCM 工具内部对版本的标识，采用了版本号（Version Number）方式，但对用户提供了多种途径来标识版本，被广泛应用的有版本号、标签（Label）和时间戳（Time Stamp）。多样灵活的标识手段，为用户提供了方便。

3．增强的版本控制

快照（Snapshot）和分支（Branch）以基本的版本控制功能为基础，使版本控制的功能又更进一步增强。

快照是比版本高一级的概念，它是项目中多个文件各自的当前版本的集合。快照使恢复项目的早期版本变得方便，它还支持批量检入（Check in）、批量检出（Check out）和批量加标签（Label）等操作。总之，快照是版本控制的一种增强，使版本控制更加方便高效。

分支允许用户创建独立的开发路径，其典型用途有二。第一，分支和合并（Merge）一起，是对并行开发（Concurrent Development）的有力支持。第二，分支支持多版本开发，这对发布后的维护尤其有用。例如，客户报告有打印 bug，小组可能从某个还未引入打印 bug 的项目版本引出一个分支，最终发布一个 bug 修订版。分支是版本控制的另一种增强。

版本控制和增强的版本控制是 SCM 工具其他功能的基础。

4．变更管理

变更管理（Change Management）是指在整个软件生命周期中对软件变更的控制。SCM 工具提供有效的问题跟踪（Defect Tracking）和系统变更请求（System Change Requests，SCRs）管理。通过对软件生命周期各阶段所有的问题和变更请求进行跟踪记录，来支持团队成员报告（Report）、抓取（Capture）和跟踪（Track）与软件变更相关的问题，以此了解谁改变了什么，为什么改变。变更管理有效地支持了不同开发人员之间，以及客户和开发人员之间的交流，避免了无序和各自为政的状态。

5. 独立的工作空间

开发团队成员需要在开发项目上协同、并发地工作,这样可以大大提高软件开发的效率。沙箱(Sandbox)为并行开发提供了独立的工作空间,在有的 SCM 工具中也称为工作目录(Working Folder)。

使用沙箱,开发人员能够将所有必要的项目文件复制到私有的一个树型目录,在这些副本上进行修改。一旦对修改感到满意,就可以将修改合并(Merge)到开发主线(Main Line)上去;当然,如果该文件只有该成员一人修改,只需将修改过的文件检入(Check In)到主项目中即可。

并发和共享是同一事物的不同方面,并发的私有工作空间共享同一套主项目(Master Project)文件,因此有必要让所有团队成员拥有得知项目当前状态的能力。SCM 工具提供刷新(Refresh)操作,某位团队成员可以使其他团队成员在主项目文件上所做的变更,在自己沙箱的图形用户界面上反映出来。

6. 报告

为保证项目按时完成,项目经理必须监控开发进程并对发生的问题迅速做出反应。报告功能使项目经理能够随时了解项目进展情况;通过图形化的报告,开发的瓶颈可以一目了然地被发现;标准的报告提供常用的项目信息,定制报告功能保证了拥有适合自己需求的信息。软件配置管理可以向用户提供配置库的各种查询信息。实际上,许多软件配置管理工具的此项功能是分散在各种相应的功能中的。

7. 过程自动化

过程详细描述了各种人员在整个软件生存周期中如何使用整个系统,过程控制可以保证每一步都按照正确的顺序由合适的人员实施。

SCM 工具使用事件触发机制(Event Trigger),即让一个事件触发另一个事件产生行为,来实现过程自动化。例如,让"增加项目成员"操作自动触发"产生功能描述表(Form)"操作,开发人员填制该文件的功能描述表,规范开发过程。

过程自动化不仅可以缩短复杂任务的时间,提高生产率,而且还规范了团队开发的过程,减少了混乱。

8. 管理项目的整个生命周期

从开发、测试、发布到发布后的维护,SCM 工具的使命"始于项目开发之初,终于产品淘汰之时"。SCM 工具应预先提供典型的开发模式的模板,以减少用户的劳动;另一方面,也应支持用户自定义生命周期模式,以适应特殊开发需要。

9. 与主流开发环境的集成

将版本控制功能与主流集成开发环境(IDE)集成,极大地方便了软件开发过程。从集成开发环境的角度看,版本控制是其一项新功能;从 SCM 工具的角度看,集成开发环境充当了沙箱的角色。

3.1.3 成熟软件配置管理工具的特征

1. 软件配置管理工具的发展

软件配置管理最早是使用人工的方法,以类似档案管理的方式管理软件配置管理项。这种管理方式烦琐,特别是当软件较大时,对大量的文档进行更动控制、配置审计等工作,容易出错,工作效率极低。随着管理水平的提高,出现了用计算机进行管理的软件配置管理工具。相对于其他 CASE 工具,配置管理工具应该是最必不可少的,它可以帮助开发人员管理软件开发时烦琐的工作。从早期的基于文件的版本控制工具,如 RCS,到今天现代的软件配置管理工具,如 Harvest、CleasrCase、Star Team 和 Firefly 等,软件配置管理工具已经有了长足的发展,并且依然在快速地发展着。

软件配置管理工具发展过程中的关键特征如下。

（1）第 1 代：基于文件,以版本控制、支持 Check out/Check in 模型和简单分支为主要特征。第 1 代软件配置管理工具只是处理文件版本控制的工具。它们是基于单一文件的工具,将各独立文件的改变存储在特殊的文档文件之中,一般支持恢复提交模式,并提供分支,这类工具最早的是 SCCS 和 RCS。

（2）第 2 代：基于项目库,支持并行开发团队协作以及过程管理。这一代工具的最显著特征是软件开发项目的源代码与它们的文档分离,而存储在一个数据库中,该数据库称为项目数据库或软件库。这种结构将重点从文件一级移到了项目一级,并对整个项目信息有一个统一的观点。这一代配置管理工具有基于变动请求的 IBM 的 CMVC,面向操作的 Platium 公司的 CCC 以及 SQL 公司的 PCMS 等。

（3）第 3 代：全面结合 CM 管理等各个软件开发环节的软件配置管理整体解决方案。它在保持了第 2 代软件配置管理工具的优点的基础上加入了"文件透明性"这一特性。最具有代表性的产品是 Rational ClearCase,它是通过一个独占的文件系统 MVPS 来实现文件透明性的。

总之,在其发展的几十年间,软件配置管理的任务和作用始终没有改变过。唯一改变的是那些以软件配置管理为核心的配置管理工具及操作系统。这些工具已经从简单的版本控制和半自动构造系统进行到现在复杂的软件配置管理,通过这些工具,用户实现了以前无法实现的功能,真正实现自动软件配置管理。

2. 成熟软件配置管理工具的特征

企业要实施软件配置管理面临的第一步就是要选择合适的工具,在此列出一个成熟的软件配置管理工具应该具备的特征。

（1）配置项（对象）管理。版本控制,配置管理,并行开发支持和基线支持。

（2）构建与发布管理。能利用流行的构建工具 ANT/MAKE,支持多平台构建,支持并行构建,能自动处理构建依赖关系,以及能收集和维护重新产生之前构建所需要的信息。

（3）工作空间管理。能自动跟踪工作空间中所有类型的变更,能应用不同配置填充工作空间,以及工作空间既允许隔离又允许更新。

（4）流程管理。不同类型的对象都应具备流程定制能力,流程的范围可定制,以及支持测试与发布流程。

（5）分布式开发的支持。负载均衡。

（6）与其他工具的集成能力。变更请求工具,开发工具,其他 CASE 工具,以及命令行 SDK。

（7）易用性、易管理性。报告能力和架构的弹性。

3.2 项目管理工具

项目管理一般包括项目进度管理、质量保证和成本控制。本节将从这几方面展开介绍。

3.2.1 项目进度管理

本节重点介绍项目进度概述,进度控制的四个过程,如何实施进度控制。

1. 项目进度概述

1)概念

项目进度计划(Plan)是指对一个工程项目按一定的方式进行分解,并对分解后的工作单元(Activity)规定相互之间的顺序关系以及工期。

进度(Schedule)是指作业在时间上的排列,强调的是作业进展(Progress)以及对作业的协调和控制(Coordination & Control),在规定工期(Duration)内完成规定任务的情况。

工期是由从开始到竣工的一系列施工活动所需的时间构成的。工期目标包括:总进度计划实现的总工期目标;各分进度计划(采购、设计、施工等)或子项进度计划实现的工期目标;各阶段进度计划实现的里程碑目标。通过计划进度目标与实际进度完成目标值的比较,找出偏差及其原因,采取措施调整纠正,从而实现对项目进度的控制。

进度控制是指在限定的工期内,以事先拟定的合理且经济的工程进度计划为依据,对整个建设过程进行监督、检查、指导和纠正的行为过程。进度控制是反复循环的过程,体现运用进度控制系统控制工程建设进展的动态过程。进度控制在某一界限范围内(最低费用相对应的最优工期)加快施工进度能达到使费用降低的目的。而超越这一界限,施工进度的加快反而将会导致投入费用的增大。因此,对建设项目进行三大目标(质量、投资、进度)控制的实施过程中应互相兼顾,单纯地追求某一目标的实现,均会适得其反。因而对建设项目进度计划目标实施的全面控制,是投资目标和质量目标实施的根本保证,也是履行工程承包合同的重要工作内容。

2)进度控制全过程

工程项目进度计划的实施中,控制循环过程包括:

(1)执行计划的事前进度控制,体现对计划、规划和执行进行预测的作用。

(2)执行计划的过程进度控制,体现对进度计划执行的控制作用,以及在执行中及时采取措施纠正偏差的能力。

(3)执行计划的事后进度控制,体现对进度控制每一循环过程总结整理的作用和调整计划的能力。

建设项目实施全过程的三项控制各有各的实用环境、控制工作内容和时间。能实现对施工进度事先进行全面控制最好,但是,工程进度计划的编制者很难事先对项目的实施过程可能出现的问题进行全面估计,因此,进度控制工作大量的是在过程控制和事后控制中完成的。

3)进度控制的措施

进度控制是一项全面的、复杂的、综合性的工作,原因是工程实施的各个环节都影响工程进度计划。因此要从各方面采取措施,促进进度控制工作。采用系统工程管理方法,编制网络计划只是第一道工序,最关键的是如何按时间主线进行控制,保证计划的实现。为此,采取进度控制的措施包括：

（1）加强组织管理。网络计划在时间安排上是紧凑的，要求参加施工的不同管理部门及管理人员协调配合努力工作。因此，应从全局出发合理组织，统一安排劳力、材料、设备等，在组织上使网络计划成为人人必须遵守的技术文件，为网络计划的实施创造条件。

（2）为保证总体目标实现，对工期应着重强调工程项目各分级网络计划控制。严格界定责任，依照管理责任层层制定总体目标、阶段目标、结点目标的综合控制措施，全方位寻找技术与组织、目标与资源、时间与效果的最佳结合点。

（3）网络计划的实施效果应与经济责任制挂钩。把网络计划内容、结点时间要求具体落实，实行逐级负责制，对实际网络计划目标的执行有责任感和积极性。同时规定网络计划实施效果的考核评定指标，使各分部、分项工程完成日期、形象进度要求、质量、安全、文明施工均达到规定要求。

（4）网络计划的编制修改和调整应充分利用计算机，以利于网络计划在执行过程中的动态管理。

2. 进度控制的四个过程

1）进度控制过程的四个阶段

进度控制的四个步骤（PDCA）是：计划（Plan）、执行（Do）、检查（Check）、行动（Action）。进度控制过程是一个周期性的循环过程。进度控制过程有四个阶段（见图3-1）：①编制进度计划；②实施进度计划；③检查与调整进度计划；④分析与总结进度计划。

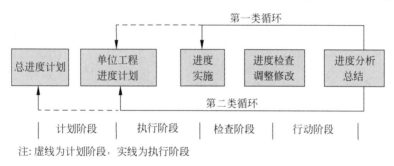

图 3-1　进度控制过程的四个阶段

2）进度计划的编制

进度计划是表示各项工程的实施顺序、开始和结束时间以及相互衔接关系的计划。进度计划是现场实施管理的核心指导文件，是进度控制的依据和工具。进度计划是按工程对象编制，重点是安排工程实施的连续性。

（1）进度计划编制的目的。具体目的包括：保证按时获利以补偿已经发生的费用支出；协调资源；使资源需要时可以利用；预测在不同时间上所需资金和资源的级别以便赋予项目不同的优先级；保证项目正常完成。

（2）进度计划编制的要求。具体要求包括：保证项目在合同规定的时间内完成，实现项目目标要求；实施进度安排必须满足连续性和均衡性要求；实施顺序的安排应进行优化，以便提高经济效益；应选择适当的计划图形，满足使用进度计划的要求；讲究编制程序，提高进度计划的编制质量。

（3）进度计划编制的原则。具体原则包括：应对所有大事及其期限要求进行说明；确切的工作程序能够通过工作网络得以说明;进度应该与工作分解结构(WBS)有直接关系。采用 WBS 中的系统数字来说明工作进度,应该表明项目开始和结束时间;全部进度必须体现时间的紧迫性。可能的话应详细说明每件大事需要配置的资源;项目越复杂,专业分工就越细,就越需要综合管理,需要一个主体的、协调的工作进度计划。

(4) 进度计划的内容。具体内容包括:项目综合进度计划;设备(材料)采购工作进度计划;项目实施(开发)进度计划;项目验收和投入使用进度计划。

3) 进度计划的实施

(1) 做好准备工作。具体工作包括:将进度计划具体化为实施作业计划和实施任务书;分析计划执行中可能遇到的阻力、计划执行的重点和难点,提出保证计划成功实施的措施;将计划交给执行者;可以开会进行,也可结合下达实施任务书进行。管理者和作业者均应提出计划实现的技术和组织措施。

(2) 做好实施记录。在计划实施过程中,应进行跟踪记录,以便为检查计划、分析实施状况、计划执行状况、调整计划、总结等提供原始资料;记录工作最好在计划图表上进行,以便检查计划时分析和对比;记录必须实事求是,不得造假;流水计划:在计划流水之下绘制实际进度线条;网络计划:记录实际持续时间;在计划图上用彩色标明已完成部分;用切割线记录;等等。

(3) 做好调度工作。调度工作的任务是掌握计划实施情况,协调关系,排除矛盾,克服薄弱环节,保证作业计划和进度控制目标的实现。调度工作的内容:检查计划执行中的问题,找出原因,提出解决措施;督促供应商按进度计划要求供应资源;控制施工现场临时设施正常使用,搞好平面管理,发布调度令,检查决议执行情况;调度工作应以作业计划和现场实际需要为依据,加强预测,信息灵通,准确、灵活、果断,确保工作效率;在接受监理的工程中,调度工作应与监理单位的协调工作密切结合,调度会应请监理人员参与,监理协调会应视为调度会的一种形式。

4) 进度计划的检查与调整

(1) 进度计划的检查。①检查时间分类:日常检查、定期检查;②检查内容:进度计划中的开始时间、完成时间、持续时间、逻辑关系、实物工程量和工作量、关键线路、总工期、时差利用等;③检查方法:对比法,即计划内容和记录的实际状况进行对比;④检查的结果应写入进度报告,承建单位的进度报告应提交给监理工作师,作为其进度控制、核发进度款的依据。

(2) 进度计划的调整。具体方法包括:通过检查分析,若进度偏离计划不严重,可以通过协调矛盾、解决障碍来继续执行原进度计划;当项目确实不能按原计划实现时,则应对计划进行必要的调整,适当延长工期或改进实施速度;新的"调整计划"应作为进度控制的新依据。

5) 进度计划的分析与总结

(1) 进度计划的分析与总结。其目的是为了发现问题、总结经验、寻找更好的控制措施,进一步提高控制水平;通过定量分析和定性分析,归纳出卓有成效的控制及原因,为以后的进度控制提供借鉴。

(2) 项目进度控制的数据收集。①实际数据:采集内容包括活动的开始和结束的实际时间;实际投入的人力;使用或投入的实际成本;影响进度的重要原因及分析;进度管理情况；②有关项目范围、进度计划和预算变更的信息：变更可能由建设单位或承建单位引起，也可能是由某种不可预见的事情发生引起；一旦变更被列入计划并取得建设单位同意，就必须建立一个新的基准计划，整个计划的范围、进度和预算可能与最初的基准计划不同。

3. 如何实施进度控制

1）进度控制的目标与范围

（1）进度控制的意义：有利于尽快发挥投资效益；有利于维护良好的管理秩序；有利于提高企业经济效益；有利于降低信息系统工程的投资风险。

（2）进度控制的目标：①总目标：通过各种有效措施保障工程项目在规定的时间内完成，即信息系统达到竣工验收、试运行及投入使用的计划时间；②总目标分解，按单项工程分解，按专业分解，按工程阶段分解，按年、季、月分解。

（3）进度控制的范围：①纵向：在工程建设的各个阶段，对项目建设的全过程控制；②横向：在工程建设的各个组成部分，对分项目、子系统的控制。

（4）影响进度控制的因素。总体包括：工程质量的影响，设计变更的影响，资源投入的影响，资金的影响，相关单位的影响，可见或不可见风险因素的影响，承建单位管理水平的影响。

2）进度控制的任务、程序与方法措施

（1）计划阶段。项目经理应该参与招标前的准备工作，编制本项目的工作计划，内容包括项目主要内容、组织管理、实施阶段计划、实施进程等；分析项目的内容及项目周期，提出安排工程进度的合理建议；对建设合同中所涉及的产品和服务的供应周期做出详细说明，并建议建设单位做出合理安排；对工程实施计划及其保障措施提出建议，并在招标书中明确；在评标时，应对项目进度安排及进度控制措施进行审查，提出审核意见。

（2）设计阶段。根据工程总工期要求，确定合理的设计时限要求；根据设计阶段性输出，由粗而细地制定项目进度计划；协调各方进行整体性设计；提供设计所需的基础资料和数据；协调有关部门，保证设计工作顺利进行。

（3）实施阶段。根据工程招标和施工准备阶段的工程信息，进一步完善项目进度计划，并据此进行实施阶段进度控制；审查施工进度计划，确认其可行性并满足项目控制进度计划要求；审查进度控制报告，对施工进度进行跟踪，掌握施工动态；在施工过程中，做好对人力、物力、资金的投入控制工作及转换工作，做好信息反馈、对比和纠正工作，使进度控制定期连续进行；开好进度协调会，及时协调各方关系，使工程施工顺利进行；及时处理工程延期问题。

（4）验收阶段。项目验收，并提交验收报告。

4. 进度控制方法

1）甘特图

甘特图（Gantt Chart），又叫横道图、条状图（Bar Chart）。甘特图的思想比较简单，即以图示的方式通过活动列表和时间刻度形象地表示出任何特定项目的活动顺序与持续时间。基本是一条线条图，横轴表示时间，纵轴表示活动（项目），线条表示在整个期间上计划和实际的活动完成情况。它直观地表明任务计划在什么时候进行，及实际进展与计划要求的对比。管理者由此可便利地弄清一项任务（项目）还剩下哪些工作要做，并可评估工作进度，见图 3-2。

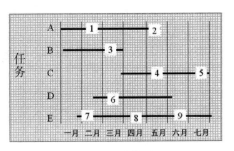

图 3-2　甘特图

2）工程进度曲线（"香蕉"曲线图）

"香蕉"型曲线是两条 S 形曲线组合成的闭合曲线，从 S 形曲线比较法中得知，按某一时间开始的施工项目的进度计划，其计划实施过程中进行时间与累计完成任务量的关系都可以用一条 S 形曲线表示。对于一个施工项目的网络计划，在理论上总是分为最早和最迟两种开始与完成时间的。因此，一般情况下，任何一个施工项目的网络计划，都可以绘制出两条曲线：其一是计划以各项工作的最早开始时间安排进度而绘制的 S 形曲线，称为 ES 曲线。其二是计划以各项工作的最迟开始时间安排进度而绘制的 S 形曲线，称为 LS 曲线。两条 S 形曲线都是从计划的开始时刻开始和完成时刻结束，因此两条曲线是闭合的。一般情况下，其余时刻 ES 曲线上的各点均落在 LS 曲线相应点的左侧，形成一个形如"香蕉"的曲线，故此其为"香蕉"型曲线。在项目的实施中，进度控制的理想状况是任一时刻按实际进度描绘的点，应落在该"香蕉"型曲线的区域内，见图 3-3。

"香蕉"型曲线比较法的作用：利用"香蕉"型曲线进行进度的合理安排；进行施工实际进度与计划进度比较；确定在检查状态下，后期工程的 ES 曲线和 LS 曲线的发展趋势。

3）网络图计划法

（1）单代号网络图。用一个圆圈代表一项活动，并将活动名称写在圆圈中。箭线符号仅用来表示相关活动之间的顺序，因其活动只用一个符号就可代表，故称为单代号网络图，见图 3-4。

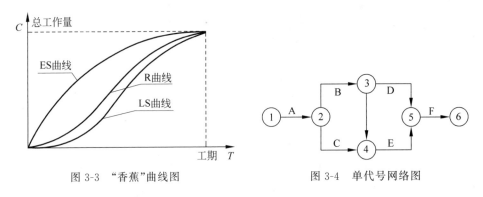

图 3-3　"香蕉"曲线图　　　　　　图 3-4　单代号网络图

（2）双代号网络图。双代号网络图是应用较为广泛的一种网络计划形式。它是以箭线及其两端结点的编号表示工作的网络图。双代号网络图中，每一条箭线应表示一项工作。箭线的箭尾结点表示该工作的开始，箭线的箭头结点表示该工作的结束。见图 3-5。

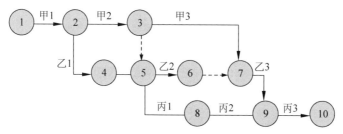

图 3-5 双代号网络图

① 箭线：在双代号网络中，工作一般使用箭线表示，任意一条箭线都需要占用时间，消耗资源，工作名称写在箭线的上方，而消耗的时间则写在箭线的下方。

② 虚箭线：是实际工作中不存在的一项虚设工作，因此一般不占用资源，消耗时间，虚箭线一般用于正确表达工作之间的逻辑关系。

③ 结点：反映的是前后工作的交接点，接点中的编号可以任意编写，但应保证后续工作的结点比前面结点的编号大，即图中的 $i<j$，且不得有重复。

④ 起始结点：即第一个结点，它只有外向箭线（即箭头离向结点）。

⑤ 终点结点：即最后一个结点，它只有内向箭线（即箭头指向结点）。

⑥ 中间结点：既有内向箭线又有外向箭线的结点。

⑦ 线路：即网络图中从起始结点开始，沿箭头方向通过一系列箭线与结点，最后达到终点结点的通路。一个网络图中一般有多条线路，线路可以用结点的代号来表示。

3.2.2 质量保证

1. 质量保证概述

软件质量保证（SQA）是建立一套有计划、有系统的方法，来向管理层保证拟定出的标准、步骤、实践和方法能够正确地被所有项目所采用。软件质量保证的目的是使软件过程对于管理人员来说是可见的。它通过对软件产品和活动进行评审和审计来验证软件是合乎标准的。软件质量保证组在项目开始时就一起参与建立计划、标准和过程。这些将使软件项目满足机构方针的要求。

软件质量保证的目标：使工作有计划进行；客观地验证软件项目产品和工作是否遵循恰当的标准、步骤和需求；将软件质量保证工作及结果通知给相关组别和个人；高级管理层接触到在项目内部不能解决的不符合类问题。

2. SQA 的工作内容和工作方法

1）计划

针对具体项目制定 SQA 计划，确保项目组正确执行过程。制定 SQA 计划应当注意如下几点。

有重点：依据企业目标以及项目情况确定审计的重点。

明确审计内容：明确审计哪些活动，哪些产品。

明确审计方式：确定怎样进行审计。

明确审计结果报告的规则：审计的结果报告给谁。

软件开发管理工具

2）审计/证实

依据 SQA 计划进行 SQA 审计工作,按照规则发布审计结果报告。

注意审计一定要有项目组人员陪同,不能搞突然袭击。双方要开诚布公,坦诚相对。

审计内容是否按照过程要求执行了相应活动,是否按照过程要求产生了相应产品。

3）问题跟踪

对审计中发现的问题,要求项目组改进,并跟进直到解决。

3. SQA 的素质

过程为中心:应当站在过程的角度来考虑问题,只要保证了过程,QA 就尽到了责任。

服务精神:为项目组服务,帮助项目组确保正确执行过程。

了解过程:深刻了解企业的工程,并具有一定的过程管理理论知识。

了解开发:对开发工作的基本情况了解,能够理解项目的活动。

沟通技巧:善于沟通,能够营造良好的气氛,避免审计活动成为一种找茬活动。

4. SQA 活动

SQA 是一种应用于整个软件过程的活动,它包含:一种质量管理方法;有效的软件工程技术(方法和工具);在整个软件过程中采用的正式技术评审;一种多层次的测试策略;对软件文档及其修改的控制;保证软件遵从软件开发标准;度量和报告机制。

SQA 与两种不同的参与者相关——做技术工作的软件工程师和负责质量保证的计划、监督、记录、分析及报告工作的 SQA 小组。

软件工程师通过采用可靠的技术方法和措施,进行正式的技术评审,执行计划周密的软件测试来考虑质量问题,并完成软件质量保证和质量控制活动。

SQA 小组的职责是辅助软件工程小组得到高质量的最终产品。SQA 小组完成以下工作。

(1)为项目准备 SQA 计划。涉及的内容包括:需要进行的审计和评审;项目可采用的标准;错误报告和跟踪的规程;由 SQA 小组产生的文档;向软件项目组提供的反馈数量。

(2)参与开发项目的软件过程描述。评审过程描述以保证该过程与组织政策、内部软件标准、外界标准以及项目计划的其他部分相符。

(3)评审各项软件工程活动,对其是否符合定义好的软件过程进行核实。记录、跟踪与过程的偏差。

(4)审计指定的软件工作产品,对其是否符合事先定义好的需求进行核实。对产品进行评审,识别、记录和跟踪出现的偏差;对是否已经改正进行核实;定期将工作结果向项目管理者报告。

(5)确保软件工作及产品中的偏差已记录在案,并根据预定的规程进行处理。

(6)记录所有不符合的部分并报告给高级领导者。

5. 正式技术评审

正式技术评审是一种由软件工程师和其他人进行的软件质量保障活动。

1）目标

(1)发现功能、逻辑或实现的错误。

(2)证实经过评审的软件的确满足需求。

(3)保证软件的表示符合预定义的标准。

（4）得到一种用一致的方式开发的软件。

（5）使项目更易管理。

2）评审会议

3～5人参加，不超过2h，由评审主席、评审者和生产者参加，必须做出下列决定中的一个：工作产品可不可以不经修改而被接受；由于严重错误而否决工作产品；暂时接受工作产品。

3）评审总结报告、回答

评审总结报告是项目历史记录的一部分，标识产品中存在问题的区域，作为行政条目检查表以指导生产者进行改正。

4）评审指导原则

（1）评审产品，而不是评审生产者。注意客气地指出错误，气氛轻松。

（2）不要离题，限制争论。有异议的问题不要争论但要记录在案。

（3）对各个问题都发表见解。问题解决应该放到评审会议之后进行。

（4）为每个要评审的工作产品建立一个检查表。应为分析、设计、编码、测试文档都建立检查表。

（5）分配资源和时间。应该将评审作为软件工程任务加以调度。

（6）评审以前所做的评审。

6. 检验项目内容

项目的检验涉及以下四个方面的内容。

1）需求分析

检验的步骤：需求分析→功能设计→实施计划。

检验过程需要检查的内容包括：开发目的，目标的具体数值或参数，开发的工作量，开发所需要的资源，各阶段的产品作业内容及开发体制的合理性。

2）设计

检验的步骤：结构设计→数据设计→过程设计。

检验过程需要检查的内容包括：产品的计划量与实际量，评审工作量，差错数，评审方法，出错原因及处理情况，阶段结束的判断标准。

3）实现

检验的步骤：程序编制→单元测试→集成测试→确认测试。

检验过程需要检查的内容包括：程序编制，单元测试，集成测试，确认测试，测试环境，测试用例设计，以上过程的具体方法。

4）验收

检验过程需要检查的内容包括：说明书检查，程序检查。

3.2.3　成本控制

1. 成本管理

1）成本管理概述

成本管理是在项目具体实施过程中，为了确保完成项目所花费的实际成本不超过预算成本而展开的项目成本估算、项目预算、项目成本控制等方面的管理活动。

成本管理主要包括资源计划编制、成本估算、成本预算和成本控制等过程。其中,资源计划编制是确定项目需要的物资资源的种类和数量;成本估算是编制一个为完成项目各活动所需要的资源成本的近似估算;成本预算是将总成本估算分配到各单项工作活动上;成本控制是控制项目预算的变更。资源规划是成本估算的基础和前提,有了成本估算,才可以进行成本预算,将成本分配到各个单项任务中。然后在项目实施过程中通过成本控制保证项目的成本不超预算。所以,软件的成本估算是成本管理的中心环节。

2)成本管理的基本原则

(1)合理化原则。成本管理的根本目的,在于通过成本管理的各种手段,促进不断降低项目成本,以达到可能实现最低目标成本的要求。但是,项目的成本并非越低越好,应研究成本降低的可能性和合理的成本最低化。一方面应挖掘各种成本降低的潜力,使可能性变为现实;另一方面应从实际出发,制定通过主观努力可能达到的合理的费用水平。

(2)全面管理的原则。成本管理应是全面、全过程、全员参加的管理,而不仅仅是局部的、某些阶段、某些人员参加的管理。

(3)责任制原则。为实行全面成本管理应对成本费用进行层层分解,层层落实,明确各相关者的责任。

(4)管理有效原则。应对成本费用进行层层分解。成本管理的有效化,就是促使项目以最小的投入,获取最大的产出;以最少的人力和财力,完成较多的管理工作,提高管理效率。

(5)管理科学化原则。成本管理是一种科学管理,应按信息化项目的客观规律,采用科学的方法合理确定项目的成本目标,动态管理费用发生的过程,有效降低成本的支出,最优实现项目的成本目标。

(6)管理动态性原则。信息化项目成本管理具有动态特性,所以项目的成本管理应考虑动态性原则。即项目在进行过程中,成本可能会发生变更。无论是项目供方还是需方都应充分考虑项目成本的可变性。

2. 成本控制

项目成本控制是指项目组织为保证在变化的条件下实现其预算成本,按照事先拟订的计划和标准,通过采用各种方法,对项目实施过程中发生的各种实际成本与计划成本进行对比、检查、监督、引导和纠正,尽量使项目的实际成本控制在计划和预算范围内的管理过程。随着项目的进展,根据项目实际发生的成本项,不断修正原先的成本估算和预算安排,并对项目的最终成本进行预测的工作也属于项目成本控制的范畴。项目成本控制工作的主要内容包括以下几个方面。

(1)识别可能引起项目成本基准计划发生变动的因素,并对这些因素施加影响,以保证该变化朝着有利的方向发展。

(2)以工作包为单位,监督成本的实施情况,发现实际成本与预算成本之间的偏差,查找出产生偏差的原因,做好实际成本的分析评估工作。

(3)对发生成本偏差的工作包实施管理,有针对性地采取纠正措施,必要时可以根据实际情况对项目成本基准计划进行适当的调整和修改,同时要确保所有的有关变更都准确地记录在成本基准计划中。

(4)将核准的成本变更和调整后的成本基准计划通知项目的相关人员。

（5）防止不正确的、不合适的或未授权的项目变动所发生的费用被列入项目成本预算。

（6）在进行成本控制的同时，应该与项目范围变更、进度计划变更、质量控制等紧密结合，防止因单纯控制成本而引起项目范围、进度和质量方面的问题，甚至出现无法接受的风险。

有效成本控制的关键是经常及时地分析成本绩效，尽早发现成本差异和成本执行的无效率，以便在情况变坏之前能够及时采取纠正措施。一旦项目成本失控，在预算内完成项目是非常困难的，如果项目没有额外的资金支持，那么成本超支的后果就是要么推迟项目工期，要么降低项目的质量标准，要么缩小项目的工作范围，这三种情况是各方都不愿意看到的。

3．项目成本控制的依据

1）项目各项工作或活动的成本预算

项目各项工作或活动的成本预算是根据项目的工作分解结构图，为每个工作包进行的预算成本分配，在项目的实施过程中，通常以此为标准对各项工作的实际成本发生额进行监控，是进行成本控制的基础性文件。

2）成本基准计划

成本基准计划是按时间分段的费用预算计划，可用来测量和监督项目成本的实际发生情况，并能够将支出与工期进度联系起来，时间是对项目支出进行控制的重要依据。

3）成本绩效报告

成本绩效报告是记载项目预算的实际执行情况的资料，它的主要内容包括项目各个阶段或各项工作的成本完成情况，是否超出了预先分配的预算，存在一些问题等。通常用以下6个基本指标来分析项目的成本绩效。

（1）项目计划作业的预算成本，是按预算价格和预算工作量分配给每项作业活动的预算成本。

（2）累积预算成本，将每一个工作包的总预算成本分摊到项目工期的各个区间，这样计算出截止到某期的每期预算成本汇总的合计数，成为该时点的累积预算成本。

（3）累积实际成本，已完工作的实际成本，截止到某一时点的每期发生的实际成本额的合计数。

（4）累积盈余量，已完工作的预算成本，由每一个工作包的总预算成本乘以该工作包的完工比率得到。

（5）成本绩效指数，衡量成本效率的指标，是累积盈余量同累积实际成本的比值，反映了用多少实际成本才完成了一单位预算成本的工作量。

（6）成本差异，累积盈余量同累积实际成本之间的差异。

4）变更申请

变更申请是项目的相关利益者以口头或者书面的方式提出的有关更改项目工作内容和成本的请求，其结果是增加或减少项目成本，有关项目的任何变动都必须经过项目业主、客户的同意，以获得他们的资金支持。项目管理者要根据变更后的项目工作范围或成本预算来对项目成本实施控制。

5）项目成本管理计划

项目成本管理计划对在项目的实施过程中可能会引起项目成本变化的各种潜在因素进

行识别和分析,提出解决和控制方案,为确保在预算范围内完成项目提供一个指导性的文件。

4. 项目成本控制的方法

有效的成本控制的关键是经常及时地分析费用绩效,以便在情况变坏之前能够采取纠正措施积极解决它,从而减缓对项目范围和进度的冲击。成本控制的常用工具和技术有如下几种。

1) 成本变更控制系统

这是一种项目成本控制的程序性方法,主要通过建立项目成本变更控制体系,对项目成本进行控制。该系统主要包括三个部分:成本变更申请、按准成本变更申请和变更项目成本预算。提出成本变更申请的人可以是项目业主、客户、项目管理者、项目经理等项目的一切利益相关者。所提出的项目成本变更申请呈交到项目经理或项目其他成本管理人员,然后这些成本管理者根据严格的项目成本变更控制流程,对这些变更申请进行一系列的评估,以确定该项变更所导致的成本代价和时间代价,再将变更申请的分析结果报告给项目业主、客户,由他们最终判断是否接受这些代价,核准变更申请。变更申请被批准后,需要对相关工作的成本预算进行调整,同时对成本基准计划进行相应的修改。最后,注意成本变更控制系统应该与其他变更控制系统相协调,成本变更的结果应该与其他变更结果相协调。

2) 绩效测量

绩效测量主要用于估算实际发生变化的方法,如挣值分析法等。在费用控制过程中,要把精力放在那些费用绩效指数小于1或费用差异较小的工作包上,而且费用绩效指数和费用差异越小越要优先考虑,以减少费用或提高项目进行的效率。在采取措施时主要应针对近期的工程活动和具有较大估计费用的活动上,因为越晚采取行动则造成的损失就可能越大,纠正的可能性也就越小,而费用估算较大的活动,减少其成本的机会也就越多。

具体而言,降低项目费用的方法有很多种,如改用满足要求但成本较低的资源,提高项目团队的水平以促使他们更加有效地工作,或者减少工作包和特定活动的作业范围和要求。

另外,即使功用差异为正值,也不可掉以轻心,而要想办法控制项目费用,让其保持下去,因为一旦费用绩效出现了麻烦,再要使它回到正轨上来往往是很不容易的。

3) 挣值法

挣值法是用以分析目标实施与目标期望之间差异的一种方法。挣值法又称为赢得值法或偏差分析法。

挣值法通过测量和计算已完成工作的预算费用与已完成工作的实际费用,将其与计划工作的预算费用相比较得到项目的费用偏差和进度偏差,从而达到判断项目费用和进度计划执行状况的目的。

3.2.4 软件项目管理工具

1. 项目管理

项目管理是基于现代管理学基础之上的一门管理学科,它把企业管理中的财务控制、人才资源管理、风险控制、质量管理、信息技术管理(沟通管理)、采购管理等有效地进行整合,以达到高效、高质、低成本地完成企业内部各项工作或项目的目的。项目管理目前已成为继 MBA 之后的一种"黄金职业"。

项目管理的核心是"四控两管一协同"。"四控"指控制进度、质量、费用和风险,"两管"指合同管理和信息管理,"一协同"指项目内外的沟通协同工作。

随着 IT 行业的发展,IT 行业内的项目拓展和投资比比皆是。为了提高项目管理水平,赢得市场竞争,特别是在加入 WTO 后在国内、国际市场上拥有与国际接轨的项目管理人才,越来越多的业界人士正通过不同的方式参加项目管理培训并力争获得世界上最权威的职业项目经理(PMP)资格认证。

软件项目管理是为了完成一个既定的软件开发目标,在规定的时间内,通过特殊形式的临时性组织运行机制,通过有效的计划、组织、领导与控制,在明确的可利用的资源范围内完成软件开发。软件项目管理的对象是软件项目。

2. 软件项目管理软件

1)项目管理软件的定义

在进行项目管理的时候,常常需要辅助工具,即项目管理软件。

项目管理软件为了使工作项目能够按照预定的成本、进度、质量顺利完成,而对人员、产品、过程和项目进行分析和管理。通常,项目管理软件具有预算、成本控制、计算进度计划、分配资源、分发项目信息、项目数据的转入和转出、处理多个项目和子项目、制作报表、创建工作分析结构、计划跟踪等功能。这些工具可以帮助项目管理者完成很多工作,是项目经理的得力助手。主要有工程项目管理软件和非工程项目管理软件两大类。

根据项目管理软件的功能和价格,大致可以划分两个档次:一种是高档工具,功能强大,但是价格不菲。例如,Primavera 公司的 P3、Welcom 公司的 OpenPlan、北京梦龙公司的智能 PERT 系统、Gores 公司的 Artemis 等。另外一种是通用的项目管理工具,例如 TimeLine 公司的 TimeLine、Scitor 的 Project Scheduler、Microsoft 的 Project、上海沙迪克软件有限公司的 ALESH 等,它们的功能虽然不是很强大,但是价格比较便宜,可以用于一些中小型项目。

但对于一般的软件项目管理,Microsoft Project 足以应对,它可以算是目前软件项目管理中最常用的工具之一。Microsoft Project 是微软公司的产品,目前已经占领了通用项目管理软件市场比较大的份额。Microsoft Project 可以创建并管理整个项目,它的数据库中保存了有关项目的详细数据,可以利用这些信息计算和维护项目的日程、成本以及其他要素,创建项目计划并对项目进行跟踪控制。Microsoft Project 的版本从 Project 98、Project 2000、Project 2002、Project 2003、Project 2006 到 Project 2019。Microsoft Project 的配套软件 Microsoft Project Server 可以用来给整个项目团队提供任务汇报、日程更新、每个项目耗时记录等协同工作方式。实际上,在中国,Project 2003 比较常见,用户特别多,其概念功能可基本满足用户的需要。

2)项目管理软件的发展

随着微型计算机的出现和运算速度的提高,20 世纪 80 年代后项目管理技术也呈现出繁荣发展的趋势,涌现出大量的项目管理软件。根据管理对象的不同,项目管理软件可分为:①进度管理;②合同管理;③风险管理;④投资管理等软件。根据提高管理效率、实现数据/信息共享等方面功能的实现层次不同,又可分为:①实现一个或多个项目的管理手段,如进度管理、质量管理、合同管理、费用管理,或者它们的组合等;②具备进度管理、费用管理、风险管理等方面的分析、预测以及预警功能;③实现了项目管理的网络化和虚拟化,实现基于 Web 的项目管理软件甚至企业级项目管理软件或者信息系统,企业级项目管理信息系统便于项目管理的协同工作,数据/信息的实时动态管理,支持与企业/项目管理有关的各类信息库对项目管理工作的在线支持。

国外的项目管理软件有:Primavera 公司的 P3、Artemis 公司的 Artemis Viewer、NIKU 公司的 Open Work Bench,这些软件适合大型、复杂项目的项目管理工作;而Sciforma 公司的 Project Scheduler(PS)、Primavera 公司的 Sure Trak、Microsoft 公司的Project、IMSI 公司的 Turbo Project 等则是适合中小型项目管理的软件。值得一提的是,SAP 公司的 Project Systems(PS) Module 也是一个不错的企业级项目管理软件。

国内的工程项目管理软件功能较为完善的有:新中大软件、邦永科技 PM2、建文软件、三峡工程管理系统(TGPMS)、易建工程项目管理软件等,基本上是在借鉴国外项目管理软件的基础上,按照我国标准或习惯实现上述功能,并增强了产品的易用性。非工程类项目管理软件是微软 Project 软件。国内项目管理软件企业中发展比较快的有深圳市捷为科技有限公司的 iMIS PM 等软件,根据软件管理功能和分类的不同,各种项目管理软件价格的差异也较大,从几万元到几十万元不等。适于中小型项目的软件价格一般仅为几万元,适于大型复杂项目的软件价格则为十几万到几百万元。值得一提的是,邦永科技 PM2 项目管理系统,是国内为数不多的,可以实现对工程项目进行全过程管理的企业级的工程项目管理平台。

3.2.5 软件项目管理工具的特征与选择

1. 项目管理软件的特征

1) 预算及成本控制

大部分项目管理软件系统都可以用来获得项目中各项活动、资源的有关情况。另外,还可以利用用户自定义公式来运行成本函数。大部分软件程序都应用这一信息来帮助计算项目成本,在项目过程中跟踪费用。大多数软件程序可以随时显示并打印出每项任务、每种资源(人员、机器等)或整个项目的费用情况。

2) 日程表

大部分系统软件都对基本工作时间设置一个默认值,例如,星期一到星期五,早上 8 点到下午 5 点,中间有一小时的午餐时间。对于各个单项资源或一组资源,可以修改此日程表。汇报工作进程时要用到这些日程表,它通常可以根据每个单项资源按天、周或月打印出来,或者将整个项目的日程打印成一份全面的,可能有墙壁那么大的项目日程表。

3) 电子邮件

一些项目管理软件程序的共同特征是可以通过电子邮件发送项目信息。通过电子邮件,项目团队成员可以了解重大变化,如最新的项目计划或进度计划,可以掌握当前的项目工作情况,也可以发出各种业务表格。

4) 图形

当前项目管理软件的一个最突出的特点是能在最新数据资料的基础上简便、迅速地制作各种图表,包括甘特图及网络图。有了基准计划后,任何修改就可以轻易地输入到系统中,图表自动会反映出这些改变。项目管理软件可以将甘特图中的任务连接起来,显示出工作流程。特别是用户可以仅用一个命令就在甘特图和网络图之间来回转换显示。

5)转入/转出资料

许多项目管理软件包允许用户从其他应用程序,如文字处理、电子表格以及数据库程序中获得信息。为项目管理软件输入信息的过程叫作转入。同样地,常常也要把项目管理软件的一些信息输入到这些应用程序中去。发出信息的过程叫作转出。

6)处理多个项目及子项目

有些项目规模很大,需要分成较小的任务集合或子项目。在这种情况下,大部分项目管理软件程序能提供帮助。它们通常可以将多个项目存储在不同文件里,这些文件相互连接。项目管理软件也能在同一个文件中存储多个项目,同时处理几百个甚至几千个项目,并绘制出甘特图和网络图。

7)制作报表

项目管理软件包在最初应用时,一般只有少数报表,通常是列表总结进度计划、资源或预算。今天,绝大多数项目管理软件包都有非常广泛的报表功能。

8)资源管理

目前的项目管理软件都有一份资源清单,列明各种资源的名称、资源可以利用时间的极限、资源标准及过时率、资源的收益方法和文本说明。每种资源都可以配以一个代码和一份成员个人的计划日程表。对每种资源加以约束,比如它可被利用的时间数量。用户可以按百分比划分任务配置资源,设定资源配置的优先标准,为同一任务分配各个资源,并保持对每项资源的备注和说明。系统能突出显示并帮助修正不合理配置,调整和修匀资源配置。大部分软件包可以为项目处理数以千计的资源。

9)计划

在所有项目管理软件包中,用户都能界定需要进行的活动。正如软件通常能维护资源清单,它也能维护一个活动或任务清单。用户对每项任务选取一个标题、起始与结束日期、总结评价,以及预计工期(包括按各种计时标准的乐观、最可能及悲观估计),明确与其他任务的先后顺序关系以及负责人。通常,项目管理软件中的项目会有几千个相关任务。另外,大部分程序可以创建工作分析结构,协助进行计划工作。

10)项目监督及跟踪

大部分项目管理软件包允许用户确定一个基准计划,并就实际进程及成本与基准计划里的相应部分进行比较。大部分系统能跟踪许多活动,如进行中或已完成的任务、相关的费用、所用的时间、起止日期、实际投入或花费的资金、耗用的资源,以及剩余的工期、资源和费用。关于这些临近和跟踪特征,管理软件包有许多报告格式。

11)进度安排

在实际工作中,项目规模往往比较大,人工进行进度安排活动就显得极为复杂了。项目管理软件包能为进度安排工作提供广泛的支持,而且一般是自动化的。大部分系统能根据任务和资源清单以及所有相关信息制作甘特图及网络图,对于这些清单的任何变化,进度安排会自动反映出来。此外,用户还能调度重复任务,制定进度安排任务的优先顺序,进行反向进度安排,确定工作轮班,调度占用时间,调度任务,确定最晚开始或尽早开始时间,明确任务必须开始或必须结束日期,或者是最早、最晚日期。

12)保密

项目管理软件一个相对新颖的特点是安全性。一些系统对项目管理包自身、单个项目文件、项目文件中的基本信息(例如工资)均设有口令密码。

13)排序及筛选

利用排序,用户可以按随心所欲的顺序来浏览信息,如从高到低的工资率,按字母顺序的资源名称或任务名称。大部分程序有各种排序方式(如按名、姓等)。筛选功能帮助用户选择出符合具体准则的一些资源。例如,某些任务要用到某种具体资源,用户如果想了解这些任务的有关信息,只需命令软件程序忽略未使用这种的任务,而只把用到这种资源的任务显示出来就可以了。

14)假设分析

项目管理软件一个非常实用的特点是进行假设分析。用户可以利用这一特点来探讨各种情形的效果。在某一项目的一些结点上,用户可以向系统询问:"如果拖延一周,会有什么结果?"系统会自动计算出延迟对整个项目的影响,并显示出结果。

2. 项目管理软件选择标准

市场上出现了各种各样的项目管理软件,各种软件都有着自身的优点和缺点,那么我们该如何来选取最适合自己的项目管理软件呢?可以通过考虑以下因素根据个人和企业需求来选取和购买合适的项目管理软件。

1)容量

这主要是考虑系统是否能够处理预计进行的项目数量、预计需要的资源数以及预计同时管理的项目数量。

2)操作简易性

主要应考虑系统的"观看"和"感觉"效果、菜单结构、可用的快捷键、彩色显示、每次显示的信息容量、数据输入的简易性、现在数据修改的简易性、报表绘制的简易性、打印输出的质量、屏幕显示的一致性,以及熟悉系统操作的难易程度。

3)文件编制和联机帮助功能

主要考虑用户手册的可读性,用户手册里概念的逻辑表达,手册和联机帮助的详细程度,举例说明的数量、质量,对高级性能的说明水平。

4)可利用的功能

一定要考虑系统是否具备项目组织所需要的各种功能。例如,程序是否包含工作分析结构以及甘特图和网络图,资源平衡或均衡算法怎么样? 系统能否排序和筛选信息、监控预算、生成定制的日程表,并协助进行跟踪和控制? 它能否检查出资源配置不当并有助于解决?

5)报表功能

目前,各种项目管理软件系统的主要不同之处是它们提供的报表种类和数量。有些系统仅有基本的计划、进度计划和成本报表,而有一些则有广泛的设置,对各个任务、资源、实际成本、承付款项、工作进程以及其他一些内容提供报表。另外,有些系统更便于定制化。对报表功能应给予高度的重视,因为大多数用户非常注重软件这种能生成内容广泛、有说服力的报表的功能。

6)与其他系统的兼容能力

在当今的数字化社会里,大量的电子系统日趋统一。如果用户的工作环境里,数据存储在各个地方,如数据库、电子数据表里,这时就要特别注意项目管理软件的兼容统一能力。有些系统只能与少数几种常见的软件包进行最基本的统一,有些却可以与分布数据库甚至对象向数据库进行高级的综合统一。另外,项目管理软件通过电子信箱向文字处理及图形软件包转入信息的能力也会影响到决策。

7)安装要求

这里主要考虑运行项目管理软件对计算机硬件和软件的要求:存储器、硬盘空间容量、处理速度和能力、图形显示类型、打印设置以及操作系统等。

8)安全性能

有些项目管理软件有相对更好的安全性。如果安全问题很重要,那么就要特别注意对项目管理软件、每个项目文件及每个文件数据资料的限制访问方式。

9)经销商的支持

要特别注意,经销商或零售商是否提供技术支持、支持的费用,以及经销商的信誉。

3.3　软件开发项目监理工具

3.3.1　软件开发项目监理概述

1. 软件开发项目监理的必要性

由于软件工程项目投资方或业主在信息技术方面相关专业技术、人才和经验的不足,投资方自行管理无益于提高项目投资的效益和建设水平,因为在整个软件生命周期中,需求分析、概要设计、详细设计、程序实现、运行和维护等各个阶段都对软件质量产生不同程度的影响,而投资方能介入或监控的往往只有需求分析和运行维护等有限的部分,因此,具有丰富经验、扎实的专业知识的第三方监理将能分担投资方遇到的困难,保证软件开发的顺利进行和软件可靠性。另外,监理方可以合理地协调投资方和开发方之间的关系,在项目实施过程存有争议时,可以由第三方在各个阶段给予公正、恰当、权威的评价。总之,实行第三方监理制度,将使软件开发组织努力改进其过程管理,规范其开发过程,使文档标准化,同时在一定程度上帮助软件企业提升软件开发的技术水平,使得软件产品的质量从管理上得到保证,有利于软件产业的发展。

2. 软件开发项目监理的发展背景

依据原信息产业部 2002 年 11 月颁布的《信息系统工程监理暂行规定》,信息系统工程监理是指依法设立且具备相应资质的信息系统工程监理单位,受业主单位委托,依据国家有关法律法规、技术标准和信息系统工程监理合同,对信息系统工程项目实施的监督管理。

2009 年 11 月,工业和信息化部发布《关于开展信息系统监理工程师资格认定有关事项的通知》规定:为了适应信息系统工程监理行业发展需要,进一步推进信息系统工程监理单位资质管理,根据行政许可有关要求,经部计算机信息系统集成资质认证工作办公室研究,自 2010 年 1 月 1 日起,开展信息系统工程监理工程师资格认定。同年 12 月,工业和信息化部发布《关于信息系统工程监理单位资质认证的补充通知》规定:为了更好地推动信息系统工程监理行业发展,规范信息系统工程监理临时资质认证工作,促进从业单位监理能力提高,经部计算机信息系统集成资质认证工作办公室研究,决定在监理资质认证中分步要求取得信息系统工程监理工程师资格人员数量。

2014 年 12 月 5 日,国家标准化管理委员会下发《中华人民共和国国家标准公告(2014 年第 27 号)》,公布信息技术服务标准(ITSS)族中的《信息技术服务 监理 第 1 部分:总则》国家标准修订完成并颁布实施,国家标准号为 GB/T 19668.1—2014。另外,《信息技术服务 监理 第 2 部分:基础设施工程监理规范》《信息技术服务 监理 第 3 部分:软件工程监理规范》《信息技术服务 监理 第 4 部分:信息化工程安全监理规范》《信息技术服务 监理 第 5 部分:运行维护监理规范》《信息技术服务 监理 第 6 部分:应用系统:数据中心工程监理规范》将陆续颁布实施。

以上颁布的规定或标准,使软件开发项目监理工作有了法律依据。

3. 软件开发项目监理的概念

信息系统监理指由建设方授权依照国家法律法规以及合同、行业标准、规范等对信息系统工程实施的监督和管理。在法律上是独立的第三方。与建设方签订委托合同。监理费用由建设方来承担。

软件开发项目监理是信息系统工程监理的一部分,指具备相应资质的信息系统工程监理单位,受业主委托,依据国家或地方有关法规、技术标准及双方签订的信息系统工程监理实施方案,对软件开发项目中的信息资源系统、信息应用系统工程进行保护投资、控制质量、确保进度等一系列的监督和管理。

4. 软件开发项目监理工具

"精研软件工程监理平台"是基于互联网的软件工程监理平台,其融合了软件工程管理念,以 CMM 理论为框架,使一个甲方和多个乙方的相关工作都建立在这个可视化的管理平台上,使开发过程中相关角色之间可以协同,从而实现软件质量保障、项目异地开发、测试、验收、结算支付等功能的开放式过程管理,控制了质量、进度和成本。它是北京万维易化系统软件开发有限公司开发的产品。

在质量控制方面,整个项目被分成需求分析、概要设计、详细设计、编码和系统测试五个阶段,每一家承建单位都要按照系统要求,在完成每个阶段任务后,向系统提交项目进展报告、文档及测试用例,只有通过业主考核的承建单位才能进入下一阶段工程实施。如果出现问题将被要求及时修改,这与以往整个项目做完后再进行测试的做法完全不同。

在进度控制方面,由于进度是软件开发项目中必须严格控制的因素,任何一方的一个小项目不按时完成都有可能会给其他项目造成延误和经济损失,可谓"牵一发而动全身",更何况整个工程涉及十几家承建单位。监理平台能够实时监控每个阶段和细节的进程状态、人员分配、成本等情况,项目主管对每一个任务的每一个进程都了如指掌。如果某段工期超出预定时间,系统就可以通过"催办"功能对相应人员进行业务办理提示,督促其尽快完成任务,这种机制一改过去那种只能凭人脑和经验办事的做法。

在成本控制方面,业主单位在事前将每一阶段费用按比例进行规定,系统设立费用申请和审批功能,承建单位在每一阶段提交费用申请后,只有业主单位在网上批示后才能够开工。不仅如此,系统随时会对前期预算费用和实际费用做比较,及时体现成本超支现象,从而解决以前项目中存在的费用管理混乱、账目不清、超支等难题。

3.3.2 软件开发项目监理的内容

软件开发项目监理的中心任务是科学地规划和控制软件开发项目的投资、进度和质量三大基本目标。监理的基本方法是目标规划、动态控制、组织协调和合同管理。监理工作贯穿规划、设计、实施和验收的全过程。软件开发项目监理正是通过对其投资控制、进度控制、质量控制、风险控制、合同管理、信息管理以及相关的协调工作来实现对软件开发项目进行监督和管理,保证工程项目的顺利进行。软件开发项目监理的工作可以概括为如下几个方面。

1. 成本控制

成本控制的任务,主要是在建设前期进行可行性研究,协助建设单位正确地进行投资决策;在设计阶段对设计方案、设计标准、总概(预)算进行审查;在建设准备阶段协助确定标底和合同造价;在实施阶段审核设计变更,核实已完成的工程量,进行工程进度款签证和索赔控制;在工程竣工阶段审核工程结算。

2. 进度控制

进度控制首先要在建设前期通过周密分析研究确定合理的工期目标,并在实施前将工期要求纳入承包合同;在建设实施期通过运筹学、网络计划技术等科学手段,审查、修改实施组织设计和进度计划,做好协调与监督,排除干扰,使单项工程及其分阶段目标工期逐步实现,最终保证项目建设总工期的实现。

3. 质量控制

质量控制要贯穿在项目建设从可行性研究、设计、建设准备、实施、竣工、启用及用后维护的全过程。主要包括组织设计方案评比,进行设计方案磋商及图纸审核,控制设计变更;在施工前通过审查承建单位资质等;在施工中通过多种控制手段检查监督标准、规范的贯彻;以及通过阶段验收和竣工验收把好质量关等。

4. 风险控制

风险控制是指风险管理者采取各种措施和方法,消灭或减少风险事件发生的各种可能性,或风险控制者减少风险事件发生时造成的损失。作为管理者会采取各种措施减小风险事件发生的可能性,或者把可能的损失控制在一定的范围内,以避免在风险事件发生时带来的难以承担的损失。

5. 合同管理

合同管理是进行投资控制、工期控制和质量控制的手段。因为合同是监理单位站在公正立场采取各种控制、协调与监督措施,履行纠纷调解职责的依据,也是实施三大目标控制的出发点和归宿。

6. 信息管理

信息管理包括投资控制管理、设备控制管理、实施管理及软件管理。

7. 协调

协调贯穿在整个信息系统工程从设计到实施再到验收的全过程。主要采用现场和会议方式进行协调。

总之,"四控两管一协调"构成了软件开发项目监理工作的主要内容。为完满地完成软件开发项目监理基本任务,监理单位首先要协助建设单位确定合理、优化的三大目标,同时要充分估计项目实施过程中可能遇到的风险,进行细致的风险分析与评估,研究防止和排除干扰的措施以及风险补救对策,使三大目标及其实现过程建立在合理水平和科学预测基础之上。其次,要将既定目标准确、完整、具体地体现在合同条款中,绝不能有含糊、笼统和有漏洞的表述。最后才是在信息工程建设实施中进行主动的、不间断的、动态的跟踪和纠偏管理。

思 考 题

一、名词解释

1. 软件配置管理工具
2. 软件开发监理工具
3. 项目管理工具
4. 项目进度管理
5. 质量保证
6. 成本控制
7. 甘特图
8. "香蕉"曲线图
9. 软件质量保证

二、简答题

1. 软件配置管理有哪些内容?
2. 软件配置管理中使用了哪些模式?
3. 软件配置管理有什么作用?
4. 简单介绍软件配置管理过程中的活动。
5. 配置状态报告的主要内容是什么?
6. 成熟软件配置管理工具有哪些特征?
7. 软件开发监理工作包括哪几方面工作?
8. 进度控制有哪几个过程?

三、分析题

1. 详细分析软件配置管理工具 SCM 的功能。
2. 分析软件配置管理工具的发展。
3. 项目管理的"四控两管一协同"包括什么?
4. 为什么要进行软件开发项目的监理?

第4章 软件开发基础环境

本章将介绍软件开发软件与硬件基础环境、典型的数据库系统和大数据开发环境以及软件开发环境的搭建。通过本章的学习,可以了解有哪几种软件开发软件和硬件基础环境,有哪几种典型的数据库系统和大数据开发环境,以及开发环境如何搭建。

4.1 软件开发基础环境概述

4.1.1 计算机软件和硬件环境

计算机硬件是软件开发最基础的环境。下面介绍几种常见的硬件环境。

1. PC

个人计算机(Personal Computer,PC)指一种大小、价格和性能适合个人使用的计算机。台式计算机、笔记本(便携机)、平板(iPad)等都属于个人计算机。这类计算机的硬件包括主板、CPU、内存、硬盘、显卡、电源等几个部分。早年的计算机软件多在这类 PC 硬件上进行开发、安装和运行。

2. 智能手机

智能手机,也称"计算机化手机",指像个人计算机一样,具有独立的操作系统、独立的运行空间,可以由用户自行安装软件、游戏、导航等第三方服务商提供的程序,并可以通过移动通信网络来实现无线网络接入的手机类型。智能手机具有以下特点:①无线接入互联网的能力;②具有 PDA 的功能(包括个人信息管理、日程记事、任务安排、多媒体应用、浏览网页);③有独立的核心处理器(CPU)和内存,可以安装操作系统和多种应用程序,这使智能手机的功能得到扩展;④个性化,可以根据个人需要扩展手机功能,例如,增加内存、外挂其他硬件、软件升级等。因为以上特点,近年基于智能手机的 App 软件开发逐渐增多。

3. 工作站

工作站是一种高端的通用微型计算机,属于高端单用户计算机,比个人计算机的功能和性能更强,尤其是图形处理的能力和并行处理的能力。通常配备带有功能键的高分辨率大屏、多屏显示器及大容量内存储器和外部存储器、光笔、数字化仪、绘图仪、打印机、智能复印机等。软件配置有操作系统,数据库及其管理系统,绘图软件,成套计算和分析的软件包。顶级工作站的硬件还包括超强性能的显卡,图像数字化设备(包括电子的、光学的或机电的扫描设备,数字化仪),图像输出设备(绘图仪、巨幅视频投影设备、视频输出设备),交互式图像终端等。工作站主要用于科学和工程计算、软件开发、计算机辅助分析、计算机辅助制造、工程设计和应用、图形和图像处理、过程控制和信息管理等。目前,依然有一些工程单位在使用工作站,并在其上开发具有工程化特点的应用软件。

4. 网络结点与数据中心

网络结点(Network Node)是指一台计算机或其他设备与一个有独立地址和具有传送或接收数据功能的网络相连。结点可以是工作站、客户、网络用户或个人计算机,还可以是服务器、打印机和其他网络连接的设备。每一个工作站、服务器、终端设备、网络设备,即拥有自己唯一网络地址的设备都是网络结点。整个网络由许许多多的网络结点组成,通信线路把多个网络结点连接起来。

数据中心(Data Center)是计算机设备组成的网络,用于 Internet 上传递、加速、展示、计算、存储数据信息。它是传统计算中心和信息中心的升级版。目前,数据中心已成为企业竞争的资产。数据中心的计算机信息系统,不仅包括计算机设备、通信线路、设备端口、机架、刀片式服务器等,也包括操作系统、设备管理软件和通信软件等。

大数据平台是近年数据中心演化的方向,它是一种用于科学计算的环境,由不同计算机设备和相关软件组成,其中包括互联网基础设施、刀片服务器或塔式服务器、大规模并行处理(MPP)数据库、数据挖掘算法库、分布式文件系统、分布式数据库、云计算平台和可扩展的存储系统等。

近年,基于网络结点和数据中心,围绕着云服务和大数据处理的软件开发越来越多,这也对这类软件开发的基础环境提出了要求。未来,数据中心将向数智中心方向发展,其为数据中心智能化的结果,届时,软件开发环境将更加复杂。

5. 超级计算机

它能够执行一般 PC 无法处理的大资料量与高速运算的计算机。其基本组成组件与 PC 的概念没有太大差异,但规格与性能则强大许多,是一种超大型电子计算机,也称为大型计算机。具有很强的计算和处理数据的能力,主要特点表现为高速度和大容量,配有多种外部和外围设备及丰富的、高功能的软件系统。现有的超级计算机(Super Computer)运算速度大都可以达到每秒一太次(Trillion,万亿)以上。超级计算机是计算机中功能最强、运算速度最快、存储容量最大的一类计算机,多用于国家高科技领域和尖端技术研究。

超级计算机不仅要求计算速度快,吞吐能力强,存储量大,也对软件的处理能力提出了要求。超级计算机上,通常没有通用软件,其必须进行有针对性的个性软件开发。超级计算机作为这类软件开发的基础环境,软件开发人员在应用软件开发前必须对超级计算机有一个基本的了解。

4.1.2 典型的网络环境

网络化是计算机发展的必然趋势,网络环境下的应用软件需求也越来越多。在网络环境下开发应用型的软件是软件工程必须面对的问题。近年,计算机网络发生了比较大的变化。除了传统的有线网和无线网以外,新的技术不断涌现,如 GMS、物联网、云计算、5G 和 6G 通信等,了解这些网络环境对软件开发有积极的作用。

1. 计算机网络环境

计算机网络,是指将地理位置不同的具有独立功能的多台计算机及其外部设备,通过通信线路连接起来,在网络操作系统、网络管理软件及网络通信协议的管理和协调下,实现资源共享和信息传递的计算机系统。网络硬件通常包括以下几种类型。

（1）服务器。服务器是网络环境中的高性能计算机,它侦听网络上的其他计算机(客户机)提交的服务请求,并提供相应的服务。为此,服务器必须具有承担服务并且保障服务的能力。

（2）终端。网络终端可以是超级计算机、工作站、微机、笔记本、平板、PDA、手机等固定或移动设备。

（3）联网部件。联网部件包括网卡、适配器、调制解调器、连接器、收发器、终端匹配器、FAX 卡、中继器、集线器、网桥、路由器、桥由器、网关、交换机等。

（4）通信介质。通信介质(传输介质)即网络通信的线路,有双绞线、同轴电缆和光纤三种缆线,还有短波、卫星通信等无线传输。

2. 无线网络

无线网络(Wireless Network)指的是任何形式的无线电计算机网络,普遍和电信网络结合在一起,不需要电缆即可在结点之间相互连接。无线电信网络一般被应用在使用电磁波的遥控信息传输系统中,像是无线电波作为载波和物理层的网络,如 TD-LTE、CDMA2000，WCDMA，TD-SCDMA，CDMAOne，GPRS，EDGE，GSM，UMTS，Wi-Fi、WiMax,ZigBee。无线网络的发展方向之一就是"万有无线网络技术",也就是将各种不同的无线网络统一在单一的设备下。Intel 正在开发的一个芯片采用软件无线电技术,可以在同一个芯片上处理 Wi-Fi、WiMAX 和 DVB-H 数字电视等不同无线技术。无线网通常包括以下几个类型。

（1）无线个人网(WPAN)。小范围内相互连接数个设备所形成的无线网络,通常是个人可及的范围内。例如,蓝牙连接耳机及膝上计算机,ZigBee 也提供了无线个人网的应用平台。

（2）无线局域网(WLAN)。类似其他无线设备,利用无线电而非电缆在同一个网络上传送数据甚至无线上网,是 IEEE 802.11 系列标准。

（3）无线城域网。连接数个无线局域网的无线网络形式。

（4）全球移动通信系统(GSM)。GSM 网络分成三个主要系统:转接系统、基地系统、操作和支持系统。移动电话连接到基地系统,然后连接到操作和支持系统;然后连接到转接系统后,电话就会被转到要到的地方。GSM 是大多数手机最常见的使用标准。

（5）个人通信服务(PCS)。PCS 是北美地区的一种可借由移动电话使用的无线电频带。斯普林特(Sprint)正好是第一家创立 PCS 的服务。

（6）D-AMPS。数字高端移动电话服务,由 AMPS 升级的版本,但是因为技术的进步,新的网络如 GSM、4G、5G 等正取在代较旧的 AMPS。

3. 全球移动通信系统

全球移动通信系统(Global System of Mobile Communication,GSM)是当前应用最为广泛的移动电话标准,是由欧洲电信标准组织 ETSI 制定的一个数字移动通信标准。它的空中接口采用时分多址技术。GSM 标准的设备占据当前全球蜂窝移动通信设备市场份额80％以上。GSM 是当前应用最为广泛的移动电话标准。

GSM 是一个蜂窝网络,也就是说,移动电话要连接到它能搜索到的最近的蜂窝单元区域。GSM 网络运行在多个不同的无线电频率上,它一共有 4 种不同的蜂窝单元尺寸:巨蜂窝,微蜂窝,微微蜂窝和伞蜂窝。覆盖面积因环境的不同而不同。巨蜂窝可以被看作基站天线安装在天线杆或者建筑物顶上的那种。微蜂窝则是那些天线高度低于平均建筑高度的蜂窝,一般用在市区内。微微蜂窝则是那种很小的只覆盖几十米范围的蜂窝,主要用于室内。伞蜂窝则用于覆盖更小的蜂窝网盲区,填补蜂窝之间的信号空白区域。蜂窝半径范围根据天线高度、增益和传播条件可以从百米到数十千米。实际使用的最长距离 GSM 规范支持到 35 千米,还有个扩展蜂窝的概念,其半径可以增加一倍甚至更多。GSM 同样支持室内覆盖,通过功率分配器可以把室外天线的功率分配到室内天线分布系统上。这是一种典型的配置方案,用于满足室内高密度通话要求,在购物中心和机场十分常见。然而这并不是必需的,因为室内覆盖也可以通过无线信号穿越建筑物来实现,只是这样可以提高信号质量减少干扰和回声。

4. 物联网

物联网(The Internet of Things)就是物物相连的互联网。其有两层含义:第一,物联网的核心和基础仍然是互联网,是在互联网基础上延伸和扩展的网络;第二,其用户端延伸和扩展到了任何物品与物品之间,进行信息交换和通信。因此,物联网的定义是通过射频识别(RFID)、红外感应器、全球定位系统、激光扫描器等信息传感设备,按约定的协议,把任何物品与互联网相连接,进行信息交换和通信,以实现对物品的智能化识别、定位、跟踪、监控和管理的一种网络。

物联网是将无处不在的末端设备(Devices)和设施(Facilities),包括具备"内在智能"的传感器、移动终端、工业系统、楼控系统、家庭智能设施、视频监控系统等和"外在使能"(Enabled)的,如贴上 RFID 的各种资产(Assets)、携带无线终端的个人与车辆等"智能化物件或动物"或"智能尘埃"(Mote),通过各种无线/有线的长距离/短距离通信网络实现互联互通(M2M)、应用大集成(Grand Integration),以及基于云计算的 SaaS 营运等模式,提供安全可控乃至个性化的实时在线监测、定位追溯、报警联动、调度指挥、预案管理、远程控制、安全防范、远程维保、在线升级、统计报表、决策支持、领导桌面(集中展示的 Cockpit Dashboard)等管理和服务功能,实现对"万物"的高效、节能、安全、环保、管、控、营一体化。从技术架构上来看,物联网可分为三层:感知层、网络层和应用层。

(1)感知层。由各种传感器以及传感器网关构成,包括二氧化碳浓度传感器、温度传感器、湿度传感器、二维码标签、RFID 标签和读写器、摄像头、GPS 等感知终端。感知层的作用相当于人的眼耳鼻喉和皮肤等神经末梢,它是物联网识别物体、采集信息的来源,其主要功能是识别物体、采集信息。

(2)网络层。由各种私有网络、互联网、有线和无线通信网、网络管理系统和云计算平台等组成,相当于人的神经中枢和大脑,负责传递和处理感知层获取的信息。

(3)应用层。物联网和用户(包括人、组织和其他系统)的接口,它与行业需求结合,实现物联网的智能应用。

5. 云计算

云计算指服务的交付和使用模式,指通过网络以按需、易扩展的方式获得所需服务。这种服务可以是 IT 和软件、互联网相关,也可以是其他服务。云计算的核心思想,是将大量用网络连接的计算资源统一管理和调度,构成一个计算资源池向用户按需服务。提供资源的网络被称为"云"。"云"中的资源在使用者看来是可以无限扩展的,并且可以随时获取,按需使用,随时扩展,按使用付费。

云计算是网格计算、分布式计算、并行计算、效用计算、网络存储、虚拟化、负载均衡等传统计算机和网络技术发展融合的产物。事实上，许多云计算部署依赖于计算机集群（但与网格的组成、体系机构、目的、工作方式大相径庭），也吸收了自主计算和效用计算的特点。通过使计算分布在大量的分布式计算机上，而非本地计算机或远程服务器中，企业数据中心的运行将与互联网更相似。这使得企业能够将资源切换到需要的应用上，根据需求访问计算机和存储系统，好比是从古老的单台发电机模式转向了电厂集中供电的模式。

1）云计算服务

云计算可以认为包括以下几个层次的服务：基础设施即服务（IaaS），平台即服务（PaaS）和软件即服务（SaaS）。云计算服务通常提供通用的通过浏览器访问的在线商业应用，软件和数据可存储在数据中心。

IaaS（Infrastructure-as-a-Service，基础设施即服务）：消费者通过 Internet 可以从完善的计算机基础设施获得服务。

PaaS（Platform-as-a-Service，平台即服务）：实际上是指将软件研发的平台作为一种服务，以 SaaS 的模式提交给用户。因此，PaaS 也是 SaaS 模式的一种应用。但是，PaaS 的出现可以加快 SaaS 的发展，尤其是加快 SaaS 应用的开发速度。

SaaS（Software-as-a-Service，软件即服务）：是一种通过 Internet 提供软件的模式，用户无须购买软件，而是向提供商租用基于 Web 的软件，来管理企业经营活动。相对于传统的软件，SaaS 解决方案有明显的优势，包括较低的前期成本，便于维护，快速展开使用等。

2）云计算体系架构

上层分级：云软件 SaaS 打破以往大厂垄断的局面，所有人都可以在上面自由挥洒创意，提供各式各样的软件服务。参与者是世界各地的软件开发者。

中层分级：云平台 PaaS 打造程序开发平台与操作系统平台，让开发人员可以通过网络撰写程序与服务，一般消费者也可以在上面运行程序。

下层分级：云设备 IaaS 将基础设备（如 IT 系统、数据库等）集成起来，像旅馆一样，分隔成不同的房间供企业租用。

大部分的云计算基础构架是由通过数据中心传送的可信赖的服务和创建在服务器上的不同层次的虚拟化技术组成的。人们可以在任何有提供网络基础设施的地方使用这些服务。"云"通常表现为对所有用户的计算需求的单一访问点。人们通常希望商业化的产品能够满足服务质量（QoS）的要求，并且一般情况下要提供服务水平协议。开放标准对于云计算的发展是至关重要的，并且开源软件已经为众多的云计算实例提供了基础。

云的基本概念，是通过网络将庞大的计算处理程序自动分拆成无数个较小的子程序，再由多部服务器所组成的庞大系统搜索、计算分析之后将处理结果回传给用户。通过这项技术，远程的服务供应商可以在数秒之内，达成处理数以千万计甚至亿计的信息，达到和"超级计算机"同样强大性能的网络服务。

6. 5G 无线通信

5G 网络是第 5 代移动通信网络，其峰值理论传输速度可达每秒数 Gb，比 4G 网络的传输速度快数百倍。5G 网络的主要目标是让终端用户始终处于联网状态。5G 网络将来支持的设备远远不止是智能手机——它还要支持智能手表、健身腕带、智能家庭设备如鸟巢式室内恒温器等。5G 网络是指下一代无线网络。5G 网络将是 4G 网络的真正升级版，它的基本要求并不同于无线网络。

(1)传输速率:5G 网络已成功在 28GHz 波段下达到了 1Gb/s,相比之下,当前的第 4 代长期演进(4G LTE)服务的传输速率仅为 75Mb/s。而此前这一传输瓶颈被业界普遍认为是一个技术难题,而三星电子则利用 64 个天线单元的自适应阵列传输技术破解了这一难题。5G 网络意味着超快的数据传输速度。

(2)智能设备:5G 网络中看到的最大改进之处是它能够灵活地支持各种不同的设备。除了支持手机和平板电脑外,5G 网络还将支持可佩戴式设备。在一个给定的区域内支持无数台设备,这就是科学家的设计目标。在未来,每个人将需要拥有 10~100 台设备为其服务。不过科学家很难弄清楚支持所有这些设备到底需要多大的数据容量。

(3)网络链接:5G 网络不仅要支持更多的数据,而且要支持更多的使用率。使用 5G 网络,改善端到端性能将是另一个重大的课题。端到端性能是指智能手机的无线网络与搜索信息的服务器之间保持连接的状况。在发送短信或浏览网页的时候,在观看网络视频时,如果发现视频播放不流畅甚至停滞,很可能就是因为端到端网络连接较差的缘故。

7. 6G 无线通信

6G 无线网的频率范围为 95GHz~3THz 的"太赫兹波"频谱。太赫兹波的波长为 3~1000μm,它是 6G 的关键技术之一。其特点是频率高、通信速率高,理论上能够达到 TB/s。但太赫兹有明显的缺点,就是传输距离短,易受障碍物干扰,现在能做到的通信距离只有 10m 左右,也就是说,只有解决通信距离问题,才能用于现有的移动通信蜂窝网络。此外,通信频率越高对硬件设备的要求越高,需要更好的性能和加工工艺。这些技术是目前必须在短时间内解决的问题。

6G 除了要求高密度组网、全双工技术外,将卫星通信技术、平流层通信技术与地面技术的融合,使此前大量未被通信信号覆盖的地方,如无法建设基站的海洋、难以铺设光纤的偏远无人地区都有可能收发信号。除陆地通信覆盖外,水下通信覆盖也有望在 6G 时代启动,成为整个网络覆盖体系中的一部分。6G 将实现地面无线与卫星通信集成的全连接世界。

1)硬件技术方案

目前,国际通信技术研发机构相继提出了多种 6G 技术路线,但这些方案都处于概念阶段,能否落实还需验证。

奥卢大学无线通信中心是全球最先开始 6G 研发的机构,目前正在从无线连接、分布式计算、设备硬件、服务应用四个领域着手研究。无线连接是利用太赫兹甚至更高频率无线电波通信;分布式计算则是通过人工智能、边缘计算等算法解决大量数据带来的时延问题;设备硬件主要面向太赫兹通信,研发对应的天线、芯片等硬件;服务应用则是研究 6G 可能的应用领域,如自动驾驶等。目前也只是有这四个方向,具体的细节还没有明确。

韩国 SK 集团信息通信技术中心曾在 2018 年提出了"太赫兹+去蜂窝化结构+高空无线平台(如卫星等)"的 6G 技术方案,不仅应用太赫兹通信技术,还要彻底变革现有的移动通信蜂窝架构,并建立空天地一体的通信网络。SK 集团提到的去蜂窝化结构是当前的研究热点之一,即基站未必按照蜂窝状布置,终端也未必只和一个基站通信,这确实能提高频谱效率。去蜂窝结构构想最早由瑞典林雪平大学的研究团队提出。但这一构想能否满足 6G 时延、通信速率等指标,还需要验证。

美国贝尔实验室也提出了"太赫兹+网络切片"的技术路线。这些方案在技术细节上都需要长时间实验验证。

提高通信速率有两个方案：一是基站更密集，部署量增加，虽然基站功率可以降低，但数量增加仍会带来成本上升；第二种方案就是使用更高频率通信，比如太赫兹或者毫米波，但高频率对基站、天线等硬件设备的要求更高，现在进行太赫兹通信硬件实验的成本都非常高，超出一般研究机构的承受能力。另外，从基站天线数上来看，4G基站天线数只有8根，5G能够做到64根、128根甚至256根，6G的天线数可能会更多，基站的更换也会提高应用成本。

基站小型化是一个发展趋势，比如已有公司正在研究"纳米天线"，如同将手机天线嵌入手机一样，将采用新材料的天线紧凑集成于小基站里，以实现基站小型化和便利化，让基站无处不在。

不改变现有的通信频段，只依靠通过算法优化等措施很难实现设想的6G愿景，全部替换所有基站也不现实。未来很有可能会采取非独立组网的方式，即在原有基站等设施的基础上部署6G设备，6G与5G甚至4G、4.5G网络共存，6G主要用于人口密集区域或者满足自动驾驶、远程医疗、智能工厂等垂直行业的高端应用。其实，普通百姓对几十个G甚至TB/s的速率没有太高的需求，况且如果6G以毫米波或太赫兹为通信频率，其移动终端的价格必然不菲。

2）软件技术方案

软件与开源化将颠覆6G网络建设方式。软件化和开源化趋势正在涌入移动通信领域，在6G时代，软件无线电（SDR）、软件定义网络（SDN）、云化、开放硬件等技术将进入成熟阶段。这意味着，从5G到6G，电信基础设施的升级更加便利，基于云资源和软件升级就可实现。同时，随着硬件白盒化、模块化、软件开源化，本地化和自主式的网络建设方式或将是6G时代的新趋势。

4.1.3　典型的操作系统

操作系统，是软件开发最基础的软件环境。下面介绍比较有代表性的操作系统，它们是Windows、UNIX、Linux、Mac OS、Android、iOS、华为鸿蒙系统、银河麒麟（Kylin）和YunOS操作系统。

1. Windows 操作系统

Windows操作系统是一款由美国微软公司开发的窗口化操作系统，采用了GUI图形化操作模式，比起从前的指令操作系统如DOS更为人性化。Windows操作系统是目前世界上使用最广泛的操作系统。Microsoft公司从1983年开始研制Windows系统，最初的研制目标是在MS-DOS的基础上提供一个多任务的图形用户界面。第一个版本的Windows 1.0于1985年问世，它是一个具有图形用户界面的系统软件。为适应硬件新的发展趋势，几十年来，Windows的升级从未停止，2021年6月，Windows 11最新版正式发布。

2. UNIX 操作系统

UNIX是一个强大的多用户、多任务操作系统，支持多种处理器架构，属于分时操作系统。它是AT&T公司于1971年在PDP-11上运行的操作系统，具有多用户、多任务的特点，支持多种处理器架构，最早由肯·汤普逊（Kenneth Lane Thompson）、丹尼斯·里奇（Dennis MacAlistair Ritchie）和Douglas McIlroy于1969年在AT&T的贝尔实验室开发。

目前它的商标权由国际开放标准组织(The Open Group)所拥有。UNIX操作系统是一个程序的集合,其中包括文本编辑器、编译器和其他系统程序。下面介绍一下其分层结构。

(1) 内核:在UNIX中也被称为基本操作系统,负责管理所有与硬件相关的功能。这些功能由UNIX内核中的各个模块实现。其中包括直接控制硬件的各模块,这也是系统中最重要的部分,用户当然也不能直接访问内核。

(2) 常驻模块层:常驻模块层提供了执行用户请示的服务例程。它提供的服务包括输入/输出控制服务、文件/磁盘访问服务以及进程创建和中止服务。程序通过系统调用来访问常驻模块层。

(3) 工具层:是UNIX的用户接口,就是常用的Shell。它和其他UNIX命令和工具一样都有单独的程序,是UNIX系统软件的组成部分,但不是内核的组成部分。

(4) 虚拟计算机:是向系统中的每个用户指定一个执行环境。这个环境包括一个与用户进行交流的终端和共享的其他计算机资源,如最重要的CPU。如果是多用户的操作系统,UNIX视为一个虚拟计算机的集合。而对每一个用户都有一个自己的专用虚拟计算机。但是由于CPU和其他硬件是共享的,虚拟计算机比真实的计算机速度要慢一些。

(5) 进程:UNIX通过进程向用户和程序分配资源。每个进程都有一个作为进程标识的整数和一组相关的资源。当然它也可以在虚拟计算机环境中执行。

3. Linux操作系统

Linux是一类UNIX操作系统的统称。Linux操作系统的内核的名字是Linux。Linux操作系统是自由软件和开放源代码发展中最著名的例子。Linux操作系统是UNIX操作系统的一种克隆系统,诞生于1991年10月5日(这是第一次正式向外公布的时间)。随后,借助于Internet,并经过全世界各地计算机爱好者的共同努力,现已成为今天世界上使用最多的一种UNIX类操作系统,并且使用人数还在迅猛增长。

Linux操作系统具有以下特性。

(1) 完全免费。Linux是一款免费的操作系统,用户可以通过网络或其他途径免费获得,并可以任意修改其源代码。这是其他操作系统所做不到的。正是由于这一点,来自全世界的无数程序员参与了Linux的修改、编写工作,程序员可以根据自己的兴趣和灵感对其进行改变,这让Linux吸收了无数程序员的精华,不断壮大。

(2) 完全兼容POSIX 1.0标准。这使得可以在Linux下通过相应的模拟器运行常见的DOS、Windows的程序。这为用户从Windows转到Linux奠定了基础。许多用户在考虑使用Linux时,就想到以前在Windows下常见的程序是否能正常运行,这一点就消除了他们的疑虑。

(3) 多用户、多任务。Linux支持多用户,各个用户对于自己的文件设备有自己特殊的权利,保证了各用户之间互不影响。多任务则是现在计算机最主要的一个特点,Linux可以使多个程序同时并独立地运行。

(4) 良好的界面。Linux同时具有字符界面和图形界面。在字符界面用户可以通过键盘输入相应的指令来进行操作。它同时也提供了类似Windows图形界面的X-Window系统,用户可以使用鼠标对其进行操作。在X-Window环境中就和在Windows中相似,可以说是一个Linux版的Windows。

(5) 丰富的网络功能。它的网络功能和其内核紧密相连,在这方面Linux要优于其他操作系统。在 Linux 中,用户可以轻松实现网页浏览、文件传输、远程登录等网络工作。并且可以作为服务器提供 WWW、FTP、E-mail 等服务。

(6) 可靠的安全、稳定性能。Linux 采取了许多安全技术措施,其中有对读、写进行权限控制、审计跟踪、核心授权等技术,这些都为安全提供了保障。Linux 由于需要应用到网络服务器,这对稳定性也有比较高的要求,实际上 Linux 在这方面也十分出色。

(7) 支持多种平台。Linux 可以运行在多种硬件平台上,如具有 x86、680x0、SPARC、Alpha 等处理器的平台。此外,Linux 还是一种嵌入式操作系统,可以运行在智能手机、机顶盒或游戏机上。2001 年 1 月发布的 Linux 2.4 版内核已经能够完全支持 Intel 64 位芯片架构。同时,Linux 也支持多处理器技术。多个处理器同时工作,使系统性能大大提高。

4. Mac OS

它是苹果公司为 Macintosh 系列产品开发的专属操作系统("麦塔金"操作系统),1985 年由史蒂夫·乔布斯(Steve Jobs)组织开发,是一款基于 UNIX 内核的图形界面的操作系统。一般情况下在普通 PC 上无法安装。Mac OS 有四个特点:①全屏模式是新版操作系统中最为重要的功能,一切应用程序均可以在全屏模式下运行,这并不意味着窗口模式将消失,而是表明在未来有可能实现完全的网格计算;②任务控制整合了 Dock 和控制面板,并可以窗口和全屏模式查看各种应用;③快速启动面板的工作方式与 iPad 完全相同,它以类似于 iPad 的用户界面显示计算机中安装的一切应用,并通过 App Store 进行管理,用户可滑动鼠标,在多个应用图标界面间切换,与网格计算一样,它的计算体验以任务本身为中心;④Mac App Store 的工作方式与 iOS 系统的 App Store 完全相同,其具有相同的导航栏和管理方式,这意味着,无须对应用进行管理,当用户从该商店购买一个应用后,Mac 计算机会自动将它安装到快速启动面板中。

5. Android

它是一种基于 Linux 的自由及开放源代码的操作系统,主要使用于移动设备,如智能手机和平板计算机,由 Google 公司和开放手机联盟共同开发。Android("安卓"操作系统)操作系统最初由 Andy Rubin 开发,主要支持手机。Android 的系统架构和其操作系统一样,采用了分层的架构。Android 分为四个层,从高层到低层分别是应用程序层、应用程序框架层、系统运行库层和 Linux 内核层。

2005 年 8 月 Android 由 Google 收购注资。2007 年 11 月,Google 与 84 家硬件制造商、软件开发商及电信营运商组建开放手机联盟共同研发改良 Android 系统。随后,Google 以 Apache 开源许可证的授权方式,发布了 Android 的源代码。第一部 Android 智能手机发布于 2008 年 10 月。后来,Android 逐渐扩展到平板电脑及其他领域上,如电视、数码相机、游戏机、智能手表等。2011 年第一季度,Android 在全球的市场份额首次超过塞班系统,跃居全球第一。2013 年的第四季度,Android 平台手机的全球市场份额已经达到 78.1%。2013 年在全世界有 10 亿台设备安装 Android 操作系统。2021 年 5 月 19 日,Android 12 正式问世。

6. iOS

它是由苹果公司开发的移动操作系统,2007 年 1 月 9 日发布,最初是设计给 iPhone 使用的,后来陆续套用到 iPod touch、iPad 及 Apple TV 等产品上。iOS 与苹果的 Mac OS X 操作系统一样,属于类 UNIX 的商业操作系统。原本这个系统名为 iPhone OS,因为 iPad、iPhone、iPod touch 都使用 iPhone OS,在 2010WWDC 大会上改名为 iOS。为适应性的功能和性能需求,从 2007 年到 2021 年,iOS 不断更新内容并发布正式版,而且版本升级的步伐依然没有停止的趋势。

7. 鸿蒙系统

华为鸿蒙系统(HUAWEI HarmonyOS)是一款全新的面向全场景的分布式操作系统,它创造了一个超级虚拟终端互联的世界,将人、设备、场景有机地联系在一起,将消费者在全场景生活中接触的多种智能终端实现极速发现、极速连接、硬件互助、资源共享,用合适的设备提供场景体验。

2019 年 8 月 9 日,华为在东莞举行华为开发者大会,正式发布操作系统 HarmonyOS。2020 年 9 月 10 日,华为鸿蒙系统升级至 HarmonyOS 2.0 版本。2021 年 4 月 22 日,HarmonyOS 应用开发在线体验网站上线。2021 年 5 月 18 日,华为宣布华为 HiLink 将与 HarmonyOS 统一为鸿蒙智联。2021 年 6 月 2 日,华为正式发布 HarmonyOS 2 及多款搭载 HarmonyOS 2 的新产品。

HarmonyOS 是华为公司开发的一款基于微内核、耗时 10 年、由四千多名研发人员投入开发、面向 5G 物联网、面向全场景的分布式操作系统。鸿蒙的英文名 HarmonyOS,意为和谐。鸿蒙不是由安卓系统的分支或修改而来,与安卓、iOS 是不一样的操作系统。它在性能上不弱于安卓系统,而且华为还为基于安卓生态开发的应用能够平稳迁移到 HarmonyOS 上做好了衔接——将相关系统及应用迁移到 HarmonyOS 上,差不多两天就可以完成迁移及部署。这个新的操作系统将手机、PC、平板、电视、工业自动化控制、无人驾驶、车机设备、智能穿戴统一成一个操作系统,并且该系统是面向下一代技术而设计的,能兼容全部安卓应用的所有 Web 应用。若安卓应用重新编译,在 HarmonyOS 上,运行性能将提升超过 60%。HarmonyOS 架构中的内核会把之前的 Linux 内核、HarmonyOS 微内核与 LiteOS 合并为一个 HarmonyOS 微内核,创造一个超级虚拟终端互联的世界,将人、设备、场景有机联系在一起。同时,由于鸿蒙系统微内核的代码量只有 Linux 宏内核的千分之一,其受攻击概率也大幅降低。

HarmonyOS 的特点有:分布式架构首次用于终端 OS,实现跨终端无缝协同体验;确定时延引擎和高性能 IPC 技术实现系统天生流畅;基于微内核架构重塑终端设备可信安全;对于消费者而言,HarmonyOS 通过分布式技术,让 $8+N$ 设备具备智慧交互的能力。在不同场景下,$8+N$ 配合华为手机提供满足人们不同需求的解决方案。对于智能硬件开发者,HarmonyOS 可以实现硬件创新,并融入华为全场景的大生态。对于应用开发者,HarmonyOS 让他们不用面对硬件复杂性,通过使用封装好的分布式技术 APIs,以较小投入专注开发出各种全场景新体验。

8. 银河麒麟(Kylin)

Kylin 是国防科技大学研制的开源服务器操作系统,是 863 计划重大攻关科研项目,目标是打破国外操作系统的垄断,研发一套中国自主知识产权的服务器操作系统。银河麒麟 2.0 包括实时版、安全版、服务器版。

9. YunOS

YunOS 是阿里巴巴集团旗下的智能操作系统,融合了阿里巴巴在云数据存储、云计算服务及智能设备操作系统等多领域的技术成果,可搭载于智能手机、智能穿戴、互联网汽车、智能家居等多种智能终端设备。根据统计,2016 年 7 月搭载 YunOS 的物联网终端已经突破 1 亿。

4.2　典型的数据库与大数据开发环境

传统关系数据库对早年的软件开发和应用具有较强的支撑作用。21世纪初大数据的冲击,对传统数据库技术提出了挑战,同时也推动了大数据HDFS文件系统和HBase数据库的发展,以及大数据采集、处理和检索技术的进步。与此同时,相关大数据应用软件的开发也逐渐增多,所有这些均离不开数据库和大数据开发环境的构建。

4.2.1　典型的数据库系统

1. Oracle数据库

Oracle数据库是一种大型数据库系统,一般应用于商业、政府部门。其功能很强大,能够处理大批量的数据,目前它演化成为大数据管理平台。Oracle数据库管理系统是一个以关系型和面向对象为中心管理数据的数据库管理软件系统,其在管理信息系统、企业数据处理、Internet及电子商务等领域有着非常广泛的应用。因其在数据安全性与数据完整性方面的优越性能,以及跨操作系统、跨硬件平台的数据互操作能力,已有越来越多的用户将Oracle作为其应用数据的处理系统。Oracle数据库是基于"客户端/服务器"模式结构。客户端应用程序执行与用户进行交互的活动,其接收用户信息,并向"服务器端"发送请求。服务器系统负责管理数据信息和各种操作数据的活动。

2. SQL Server数据库

SQL Server是一个关系数据库管理系统。它最初是由Microsoft Sybase和Ashton-Tate三家公司共同开发的,于1988年推出了第一个OS/2版本。Microsoft SQL Server 2005是一个全面的数据库平台,使用集成的商业智能(BI)工具提供了企业级的数据管理,它的数据库引擎为关系型数据和结构化数据提供了更安全可靠的存储功能,使用户可以构建和管理用于业务的高可用和高性能的数据应用程序。Microsoft SQL Server 2005数据引擎是本企业数据管理解决方案的核心。SQL Server 2008是一个可信任的、高效的、智能的数据平台,旨在满足目前和将来管理与使用数据的需求。SQL Server 2008是一个重要的产品版本,它推出了许多新的特性和关键的改进。SQL Server 2008进一步增加了部分特性和安全性。SQL Server 2014已经整合了云的功能。

3. DB2数据库

DB2是IBM公司研制的一种关系型数据库系统,主要用于大型应用系统,具有较好的可伸缩性,可支持从大型计算机到单用户环境,应用于OS/2、Windows等平台下。DB2提供了高层次的数据利用性、完整性、安全性、可恢复性,以及小规模到大规模应用程序的执行能力,具有与平台无关的基本功能和SQL命令。DB2采用了数据分级技术,能够使大型计算机数据很方便地下载到LAN数据库服务器,使得客户端/服务器用户和基于LAN的应用程序可以访问大型计算机数据,并使数据库本地化及远程连接透明化。它以拥有一个非常完备的查询优化器而著称,其外部连接改善了查询性能,并支持多任务并行查询。DB2具有很好的网络支持能力,每个子系统可以连接十几万个分布式用户,可同时激活上千个活动线程,对大型分布式应用系统尤为适用。它除了可以提供主流的OS/390和VM操作系统,以及中等规模的AS/400系统之外,IBM还提供了跨平台(包括基于UNIX的Linux,

HP-UX,Sun Solaris,以及 SCO UnixWare;还有用于 PC 的 OS/2 操作系统,以及微软的 Windows 2000 和其早期的系统)的 DB2 产品。DB2 数据库可以通过使用微软的开放数据库连接(ODBC)接口、Java 数据库连接(JDBC)接口或者 CORBA 接口代理被任何的应用程序访问。

4. Sybase 数据库

1984 年,Mark B. Hiffman 和 Robert Epstern 创建了 Sybase 公司,并在 1987 年推出了 Sybase 数据库产品。Sybase 有三种版本,一是 UNIX 操作系统下运行的版本,二是 Novell Netware 环境下运行的版本,三是 Windows NT 环境下运行的版本。UNIX 操作系统环境下广泛应用的是 Sybase 10 及 Sybase 11 for SCO UNIX。Sybase 数据库主要由三部分组成:①进行数据库管理和维护的一个联机的关系数据库管理系统 Sybase SQL Server;②支持数据库应用系统的建立与开发的一组前端工具 Sybase SQL Toolset;③可把异构环境下其他厂商的应用软件和任何类型的数据连接在一起的接口 Sybase Open Client/Open Server。

5. Informix 数据库

Informix 在 1980 年成立,目的是为 UNIX 等开放操作系统提供专业的关系型数据库产品。公司的名称 Informix 便是取自 Information 和 UNIX 的结合。Informix 第一个真正支持 SQL 的关系数据库产品是 Informix SE(Standard Engine)。Informix SE 是在当时的微机 UNIX 环境下的主要数据库产品,也是第一个被移植到 Linux 上的商业数据库产品。该产品国内不太常见。

6. MySQL 数据库

MySQL 是一个小型关系型数据库管理系统,开发者为瑞典 MySQL AB 公司。2008 年 1 月 16 日,Sun 公司收购 MySQL。目前,MySQL 被广泛地应用在 Internet 上的中小型网站中。由于其体积小、速度快、总体拥有成本低,尤其是开放源码这一特点,许多中小型网站为了降低网站总体拥有成本而选择 MySQL 作为网站数据库。

7. Access 数据库

Access 是微软公司推出的基于 Windows 的桌面关系数据库管理系统,是 Office 系列应用软件之一。它提供了表、查询、窗体、报表、页、宏、模块 7 种用来建立数据库系统的对象;提供了多种向导、生成器、模板,把数据存储、数据查询、界面设计、报表生成等操作规范化;为建立功能完善的数据库管理系统提供了方便,也使得普通用户不必编写代码,就可以完成大部分数据管理的任务。

8. Visual FoxPro 数据库

Visual FoxPro 原名为 FoxBase,最初是由美国 Fox Software 公司于 1988 年推出的数据库产品,在 DOS 上运行 Visual FoxPro,与 xBase 系列兼容。FoxPro 是 FoxBase 的加强版,最高版本曾出过 2.6。之后于 1992 年,Fox Software 公司被 Microsoft 收购,并加以发展,使其可以在 Windows 上运行,并且更名为 Visual FoxPro。FoxPro 比 FoxBase 在功能和性能上又有了很大的改进,主要是引入了窗口、按钮、列表框和文本框等控件,进一步提高了系统的开发能力。

9. 数据库基础的 MIS 生成工具

在我国,很多单位希望能开发出适合本单位需求的计算机管理信息系统,但 MIS 专业团队不能满足日益扩大的需求,因此各种微机 MIS 应用生成工具大量涌现,如雅奇 MIS、王特 MIS 等,它们的出现既提高了专业人员的开发速度,也使非专业人员自行开发一些不太复杂的系统成为可能。这些生成工具具有共同的特点,一般都是基于 DOS、Windows 数据库管理系统,用户采用快速原型开发模式,在面向对象的可视化交互设计环境中,把自己业务范围的相关数据和功能用生成工具建立成数据库,选择、生成相应的功能构件(如窗口界面元素、录入维护、查询统计、报表计算打印、代码维护、封面设计等),最后,用挂接技术将数据库和功能构件封装起来,就生成了一个数据库应用系统。这类 MIS 应用生成工具与国外的产品相比具有一些优点,如中文处理能力强、报表输出符合国情、价格低廉、简单易用等。结构化较强、静态数据占主导地位的业务流程相对单纯的小型系统来说,利用它们可以收到较好的效果。但对于业务处理灵活、对数据库管理要求较高或多个子系统关联密切的大型应用,这类工具就不适用了。

4.2.2　大数据开发环境

近年来,大数据应用逐渐增多,这也对相关软件的开发提出了要求。为适应这种新的变化,大数据软件开发环境的构建也变得更加重要。

1. 大数据软件框架 Hadoop 概述

Hadoop 是一种处理大数据的分布式软件框架,具有可靠、高效、可扩展、低成本和兼容性强等特点。Hadoop 的可靠性表现在它有多个工作数据副本,以确保能够针对失败结点的重新分布处理。Hadoop 的高效性表现在其并行工作方式,能够在结点之间动态地移动数据,并保证各个结点的动态平衡,通过并行处理加快处理速度。Hadoop 的扩展性表现在可用的计算机集簇间分配数据,这些集簇可以方便地扩展到数以千计的结点中。Hadoop 的低成本表现为它是开源的,依赖于社区服务。Hadoop 带有用 Java 语言编写的框架,可在 Linux 平台上运行,应用程序也可以使用其他语言编写。

Hadoop 框架的核心是 HDFS 和 MapReduce。HDFS 为海量数据提供存储,MapReduce 为海量数据提供计算。HDFS 是分布式文件系统,负责存储超大数据文件,运行在集群硬件上,具有容错、可伸缩和易扩展特性。MapReduce 可实现将单个任务打碎,并将碎片任务(Map)发送到多个结点上,之后再以单个数据集的形式加载(Reduce)到数据仓库里。

Hadoop 框架包括 Hadoop 内核、HDFS、MapReduce 和群集资源管理器 YARN。Hadoop 是一个生态系统,包括很多组件,除 HDFS、MapReduce 和 YARN 外,还有 NoSQL 数据库 HBase,数据仓库工具 Hive,工作流引擎语言 Pig,机器学习算法库 Mahout,数据库连接器 Sqoop,日志数据采集系统 Flume,流处理平台 Kafka,流数据计算框架 Storm,分布式协调服务 ZooKeeper,HBase SQL 搜索引擎 Phoenix,全文搜索引擎 Elasticsearch,安装部署配置管理器 Ambari,新分布式执行框架 Tez 等,见表 4-1。

Hadoop 由 Apache Software Foundation 公司于 2005 年作为 Lucene 的子项目 Nutch 的一部分正式引入。它受到 Google Lab 开发的 MapReduce 编程模型包和 Google File System(GFS)的启发。2006 年 3 月,Map/Reduce 和 Nutch Distributed File System(NDFS)分别被纳入 Hadoop 项目中。Hadoop 最初只与网页索引有关,后成为分析大数据的平台。目前有很多公司开始提供基于 Hadoop 的商业软件、支持、服务和培训。Cloudera

公司于 2008 年开始提供基于 Hadoop 的软件和服务。GoGrid 于 2012 年开始与 Cloudera 合作,以加速企业的 Hadoop 应用推广。Dataguise 公司于 2012 年推出了一款针对 Hadoop 的数据保护和风险评估。

表 4-1　Hadoop 生态系统

安装部署配置管理器 Ambari							
ZooKeeper(分布式协调服务)	HBase(实时分布数据库)	Hive(数据仓库工具)	Pig(工作流引擎语言)	Mahout(机器学习算法库)	Hive2(数据仓库工具)	Pig2(工作流引擎语言)	Flume(日志数据采集系统)
		MapReduce(分布式离线计算框架)			新分布式执行框架 Tez	流数据计算框架 Storm	
		YARN(群集资源管理器)					Sqoop(数据库连接器)
		HDFS(分布式文件系统)					

2. 大数据存储

1) HDFS 文件系统

HDFS 被设计成适合运行在通用硬件上的分布式文件系统,其容错性高,适合部署在廉价机器上。HDFS 能提供高吞吐量的数据访问,适合大规模数据集应用。HDFS 放宽了一部分 POSIX(Portable Operating System Interface of UNIX,可移植操作系统接口)约束,以实现流式读取文件系统数据。早年的 HDFS 是作为 Apache Nutch 搜索引擎项目的基础架构而开发的。HDFS 是 Apache Hadoop Core 项目的一部分。

HDFS 的特点如下。

(1) 硬件故障检测与恢复。HDFS 系统由数百或数千个存储着文件数据片段的服务器组成。每个组成部分都很可能出现故障,因此,它设计了故障检测和自动快速恢复功能。

(2) 数据访问。运行在 HDFS 上的应用程序必须流式访问其数据集,它不是运行在普通文件系统之上的普通程序。HDFS 被设计成适合批量处理的,而不是用户交互式的。重点是在数据吞吐量,而不是数据访问的反应时间,POSIX 的很多硬性需求对于 HDFS 应用都是非必需的,去掉 POSIX 一小部分关键语义可以获得更好的数据吞吐率。

(3) 大数据集。运行在 HDFS 之上的程序有大量数据集。HDFS 文件大小由 GB 到 TB 级别不等。所以,HDFS 必须支持大文件,它需提供高聚合数据带宽,一个集群需支持数百个结点,一个集群还应支持千万级别的文件。

(4) 迁移计算。在靠近计算数据所存储的位置来进行计算是最理想的状态,尤其是在数据集特别巨大的时候。这样就消除了网络的拥堵,提高了系统的整体吞吐量。HDFS 提供了接口,以便让程序将自己移动到离数据存储更近的位置。HDFS 被设计成可以简便实现平台间迁移的工具。

(5) 名字结点和数据结点。HDFS 是主从结构,一个 HDFS 集群是一个名字结点,它是一个管理文件命名空间和调节客户端访问文件的主服务器,用来管理对应结点的存储。HDFS 对外开放文件命名空间并允许用户数据以文件形式存储。内部机制是将一个文件分割成一个或多个块,这些块被存储在一组数据结点中。名字结点用来操作文件命名空间的文件或目录操作。它同时确定块与数据结点的映射。数据结点负责文件系统客户的读写请求，执行块的创建、删除和结点块复制指令。

2）HBase 数据库

HBase 是一个分布式的、面向列的、可伸缩的分布式开源数据库，是 Apache Hadoop 子项目。HBase 不是传统关系数据库，它是非结构化数据存储的数据库，是基于列的而不是基于行的模式。利用 HBase 技术可在廉价 PC Server 上搭建大规模结构化存储集群。HBase 利用 Hadoop HDFS 作为其文件存储系统。HBase 利用 Hadoop MapReduce 来处理 HBase 中的海量数据。

HBase 位于结构化存储层，Hadoop HDFS 为 HBase 提供了高可靠性的底层存储支持，Hadoop MapReduce 为 HBase 提供了高性能的计算能力，ZooKeeper 为 HBase 提供了稳定服务和 failover 机制。此外，Pig 和 Hive 还为 HBase 提供语言支持，使得在 HBase 上进行数据统计处理非常简单。Sqoop 可为 HBase 提供 RDBMS 数据导入功能，使传统数据库数据向 HBase 迁移非常方便。

3. 大数据访问 SQL 引擎

1）Phoenix 引擎

Apache Phoenix 是一个 HBase 的开源 SQL 引擎。可以使用标准的 JDBC API（数据库连接应用程序编程接口）代替 HBase 客户端 API 来创建表，插入数据和数据查询。Phoenix 早年是 Saleforce 的一个开源项目，后来成为 Apache 的基金项目。Phoenix 使用 Java 编写，可作为 HBase 内嵌 JDBC 驱动。Phoenix 查询引擎会将 SQL 查询转换为一个或多个 HBase 扫描，并编排执行以生成标准的 JDBC 结果集。直接使用 HBase API、协同处理器与自定义过滤器，对于简单查询来说，其性能量级是 ms，对于百万级别的行数来说，其性能量级是 s。

2）数据仓库架构 Hive

Hive 是基于 Hadoop 的数据仓库工具，可将结构化的数据文件映射为一张数据库表，并提供简单的 SQL 查询功能，可以将 SQL 语句转换为 MapReduce 任务运行。Hive 是建立在 Hadoop 上的数据仓库基础构架。它提供了一系列的工具，可用来进行数据提取转换加载（ETL），这是一种可以存储、查询和分析存储在 Hadoop 中的大规模数据的机制。Hive 定义了简单的类 SQL 查询语言，称为 HQL，它允许熟悉 SQL 的用户查询数据。同时，这个语言也允许熟悉 MapReduce 开发者开发自定义的 mapper 和 reducer 来处理内建的 mapper 和 reducer 无法完成的复杂的分析工作。

3）编程语言 Pig

Pig 是一种数据流语言和运行环境，用于检索非常大的数据集。为大型数据集的处理提供了一个更高层次的抽象。Pig 包括两部分：一是用于描述数据流的语言，称为 Pig Latin；二是用于运行 Pig Latin 程序的执行环境。Apache Pig 是一种高级语言，适合 Hadoop 和 MapReduce 平台查询大型半结构化数据集。通过允许对分布式数据集进行类似 SQL 的查询，Pig 可以简化 Hadoop 使用。

4）全文搜索引擎 Elasticsearch

Elasticsearch 是一种基于 Lucene 的搜索服务器，它提供一种分布式多用户能力的全文搜索引擎，基于 RESTful Web 接口。Elasticsearch 是用 Java 开发的，并作为 Apache 许可条款下的开放源码发布，是当前流行的企业级搜索引擎。设计用于云计算中，能够达到实时搜索,稳定,可靠,快速,安装使用方便。

4. 大数据采集与导入

1) 数据采集系统 Flume

Flume 是 Cloudera 的一个分布式海量日志采集、聚合和传输系统。Flume 支持在日志系统中定制各类数据发送方,用于数据收集,简单数据处理,并将结果写到数据接收方。Flume 提供 console(控制台)、RPC(Thrift-RPC)、text(文件)、tail(UNIX tail)和 syslog(syslog 日志系统)功能,支持 TCP 和 UDP 等两种模式以及 exec(命令执行),以便从数据源上收集数据。

Flume 有 Flume-og 和 Flume-ng 两个版本。Flume-og 采用多 Master 方式。为保证配置数据的一致性,Flume 引入了 ZooKeeper,Flume Master 间使用 Gossip 数据传输协议同步数据。与 Flume-og 相比,Flume-ng 取消了集中管理配置的 Master 和 ZooKeeper 而演变为一种数据传输工具。Flume-ng 的另一个不同是读入数据和写出数据时由不同工作线程处理(称为 Runner)。

2) 流处理平台 Kafka

Kafka 是 Apache 基金开发的开源流处理平台,由 Scala 和 Java 编写。Kafka 是一种高吞吐量的分布式发布订阅消息系统,可处理消费者规模的网站中的所有动作流数据。Kafka 通过 Hadoop 并行加载机制统一线上和线下的消息,以便为集群提供实时数据。Kafka 特性包括:①通过磁盘数据结构提供消息的持久化,这种结构对于 TB 级数据存储也能够保持长时间稳定性;②高吞吐量,即使是非常普通的硬件 Kafka 也可以支持每秒数百万的消息;③支持通过 Kafka 服务器和消费机集群来分区消息;④支持 Hadoop 并行数据加载。

3) 数据库连接器 Sqoop

Sqoop 是一种开源数据库连接工具,用于 Hadoop 与传统数据库间的数据传递和互转。Sqoop 项目开始于 2009 年,是 Apache 项目。对于 NoSQL 数据库,它提供了一种连接器,能够分割数据集并创建 Hadoop 任务来处理每个区块。随着云计算的普及,Hadoop 和传统数据库之间的数据传输和转移变得越来越重要。

4) 数据流计算框架 Storm

Apache Storm 是一种分布式实时大数据处理系统,是一种流数据计算框架,具有高摄取率、容错性和扩展性。Storm 最初由 Nathan Marz 和 BackType 的团队创建。BackType 是一家社交分析公司,后来 Storm 被收购,并通过 Twitter 开源。Apache Storm 已成为分布式实时处理系统的标准,允许大量数据处理。Apache Storm 用 Java 和 Clojure 编写,是实时分析的计算框架。

4.3　软件开发环境的搭建

除了计算机硬件、网络设备和基础软件外,软件开发环境的搭建也很重要。这类工作主要是为应用软件开发人员而进行的准备工作。这项工作包括两个方面,一是针对应用软件开发,由开发人员自己搭建环境;二是针对应用软件开发,由开发人员自己搭建信息库。

4.3.1 开发环境的搭建

下面以比较典型的几种软件开发环境为例,介绍如何进行软件开发基础环境的搭建。

1. JSP 开发环境的搭建

JSP 是由 Sun 公司提出、多家公司参与建立的动态网页技术。JSP 与 ASP 相似,都定位于创建动态网页。它是在网页文件中插入 Java 程序段和 JSP 标记,从而形成 JSP 文件。

1) JSP 运行环境的配置

JSP 开发环境主要由两部分组成,一部分是运行环境,另外一部分是开发需要的环境。在此,首先介绍运行环境的安装。在实际开发中,运行环境可以允许程序员随时运行自己的程序,进而达到调试程序的目的。JSP 运行环境主要由以下几个部分组成。

(1) JDK 安装。如果只运行 JSP,那么只需要 JRE 即可。但是如果需要编译 JSP 代码,则需要 JDK。具体步骤如下:①安装 jdk 到某一个目录下;②配置环境变量;③测试 JDK。

(2) Tomcat 安装。Tomcat 是一款支持 JSP 的服务器软件,其完全免费。Tomcat 的安装步骤具体如下:①安装 Tomcat,可以把 Tomcat 安装到任意目录;②配置环境变量;③测试 Tomcat 服务器。安装完成之后,运行 Tomcat 服务器。如果相应的网页能打开,说明 Tomcat 正常安装了。

(3) 数据库安装。以上两大步骤完成,一般的 JSP 程序就可以运行了,但是还不能连接数据库。因为很多 MIS 都有数据库,因此需要完成数据库的安装、管理、连接工作。在此以 MySQL 为例(MySQL 是一个完全免费的小型数据库系统),具体步骤如下: ① 安装 MySQL 到默认目录;②安装 mysqlcc 到默认目录;③安装驱动程序,创建 JSP 和 MySQL 的连接。

2) JSP 开发工具的安装配置

完成以上工作后,就可以进行开发了。为使开发环境更好,可以利用各种集成开发环境 (Integrated Development Environment,IDE)来提高开发的效率。在此推荐使用 Eclipse。

(1) Eclipse 安装。Eclipse 是一个开放源代码的、免费的、基于 Java 的、可扩展的开发平台。就其本身而言,它只是一个框架和一组服务,可以通过安装插件、组件来构建开发环境。现在已经有很多各种各样的控件,基本上所有当前流行的语言都有插件支持。MyEclipse 就是这样一个插件库,它里面已经包含很多插件。具体安装步骤如下:①解压 Eclipse;②运行 Eclipse。

(2) MyEclipse 安装。MyEclipse 是一个插件库,里面包含很多插件。这些插件提供了各种流行语言的支持,并有很多优秀的特点,例如,支持所见即所得,支持拖放,甚至支持图形编辑。具体安装过程如下:①安装;②测试;③注册。

(3) 配置 Eclipse。Eclipse 是一个很方便的集成开发工具,通过配置可以实现很多功能。这里介绍几种简单的配置,将前面已经介绍过的 JDK 和 Tomcat 接到 Eclipse,具体配置步骤如下:①配置 JDK;②配置 Tomcat;③创建测试用的 JSP 项目。

完成 JSP 的开发环境的安装和配置,即可进行软件项目的开发。

2. 基于 Android 平台的软件开发环境搭建

1) 安卓平台的体系结构

安卓平台可分为三层:应用程序层、中间框架层和 Linux 内核驱动层。

应用程序层提供应用程序和实用 App,包括通讯录、浏览器、相册、日历、闹钟、播放器等。

中间框架层提供安卓平台基本的管理功能和组件重用机制,包括包管理、资源管理、电话管理、位置管理等。中间框架层还包括安卓运行时核心库、Dalvik 虚拟机及函数库。核心库提供安卓系统特有的函数功能和 Java 语言的基本函数功能;Dalvik 虚拟机是优化后的多实例虚拟机,实现了 Linux 内核线程管理和内存管理,适合内存和处理器速度受限的系统;函数库提供了开发人员可以通过应用程序框架调用的基于 C 和 C++的函数库,包括显示系统、音频系统等。

Linux 内核驱动层是硬件和其他软件堆栈间的一个抽象隔离层,提供安全机制、电源管理、进程管理、内存管理和驱动程序等功能。底层的驱动程序包括声音驱动、显示驱动等。

2) 安卓环境搭建

下面是其安装与配置的步骤。

(1) 安装 JDK 和 Eclipse。鉴于安卓应用开发所使用的编程语言是 Java,所以必须安装 JDK,支持其 Java 编程所需的平台,而 Eclipse 又是 Java 编程开发通用的开发工具,它集成界面设计、代码编写、调试等相关功能,所以也必须安装。JDK 和 Eclipse 都可以在其对应的官方网站上下载之后,按照向导方式,一步步安装在计算机上。

(2) 安装 Android SDK。SDK(Android Software Development Kit,安卓软件开发工具包)是 Google 公司为提高安卓应用开发效率、缩短开发周期而提供的辅助开发工具,开发文档和程序范例。SDK 开发工具包可在其官方网站下载并安装。

(3) 安装 ADT 插件。在 Eclipse 中进行应用程序开发,还要把 Android SDK 与 Eclipse 开发环境关联起来。这就需要安装 ADT 插件。ADT 插件是 Android Developer Tools 包的简写,它是 Eclipse 开发平台定制的插件,其作用是让 Android SDK 与 Eclipse 两个工具建立联系,从而安卓应用开发提供强大完整的开发环境;用于快速建立 Android 工程,创建用户界面,API 组件调用,程序调试及对 APK 文件签名等相关工作。ADT 插件的安装有两种方法:一种是在线安装插件,速度较慢;另一种是离线安装插件,速度较快。安装完成后需要重启 Eclipse 才会使之生效。

3) 绿色集成软件搭建安卓开发环境

为了提高安卓开发效率,降低安卓开发的门槛,下面介绍绿色集成软件安卓开发环境的步骤:①解压绿色集成软件到某个盘的目录下;②检查已安装 JDK 工具包是否为绿色集成软件中的 JDK,如果不是则在第三步配置 JDK 的环境;③设置五个环境变量,注意对应的变量路径要和第一步解压文件的路径一致。

3. 基于私有云平台的手游开发环境构建

1) 总体环境框架构建

私有云的手游开发仿真环境的构架主要包括三个部分:私有云服务器、终端、游戏运行设备。其中,私有云服务器是实验室环境的核心部分,具体包含游戏引擎平台、手机测试云平台、实验资源服务器。其功能是将软件资源及硬件资源连接在一起,并且在提高软硬件处理性能上具有重要作用。

2) 向导式仿真游戏引擎

近年来,市面上成熟的游戏引擎越来越多,由于游戏引擎能够为游戏的开发提供一个主体构建框架,这就可以让游戏开发人员将更多的精力放在游戏内容构建以及游戏可玩性优化上的改进。向导式仿真游戏引擎包括图形图像、声音、动画等基本可视化引擎,以及控制、物理等技术类引擎,还有实体模具、特效处理、色彩渲染器等后期美化引擎。其安装步骤为:①创建游戏开发基础框架;②在基础框架中创建个体对象;③对创建的游戏对象进行属性调整;④将创建结果在计算机上进行展示;⑤依据开发者的需要,创建过程中需要的模板;⑥按照最终程序运行的平台需要对程序进行可执行文件编译;⑦利用云平台将可执行文件部署到相对应的手游应用平台上进行效果展示。

3) 云端移动测试平台

利用各种设备对开发好的手游进行测试,是开发后期非常重要的环节,云测试是解决这个环节的有效途径之一。云测试是一种基于云平台和云计算的新型测试方式,这种测试方式能够针对云端资源进行高效的检验,以提高其测试能力并且降低测试成本。目前国内外都有提供云端移动测试平台,如国内的百度 MTC(Mobile Testing Center)、腾讯 WeTes 和阿里云测试平台;国外的 Xamarin Test Cloud、TestDroid 和 Google Cloud Test Cloud。各种主流的云测试平台都支持对手机 App 进行兼容、脚本、性能监控分析等方面的测试,因此手游开发开发环境构建可以借助其来完成最后的测试环节。例如,开源的自由软件云计算管理平台 Openstack,为 NASA 和 Rackspace 合作研发,可以提供虚拟机服务、云存储服务、镜像服务。在进行系统设置时,需要按照 Keystone、Glance、Nove、Swift、Dashboard 的顺序配置 Open Stack。

4.3.2 信息库的构建

除了购买的软件开发工具和环境产品已配置的标准信息库外,软件开发人员构建个性化的信息库属于必须完成的一项工作,这便于软件开发人员的工作。其属于购买产品的二次开发,或个性化环境创建,否则这类产品在具体使用时将很不顺手。具体工作包括以下几个方面。

1. 文档模板

国家标准《GB/T 8567—2006 计算机软件文档编制规范》对软件文件的编制做了规定。在软件开发过程中,文档模板有 25 个,它们是:可行性分析(研究)报告(FAR)、软件开发计划(SDP)、软件测试计划(STP)、软件安装计划(SIP)、软件移交计划(STrP)、运行概念说明(OCD)、系统/子系统需求规格说明(SSS)、接口需求规格说明(IRS)、系统/子系统设计(结构设计)说明(SSDD)、接口设计说明(IDD)、软件需求规格说明(SRS)、数据需求说明(DRD)、软件(结构)设计说明(SDD)、数据库(顶层)设计说明(DBDD)、软件测试说明(STD)、软件测试报告(STR)、软件配置管理计划(SCMP)、软件质量保证计划(SQAP)、开发进度月报(DPMR)、项目开发总结报告(PDSR)、软件产品规格说明(SPS)、软件版本说明(SVD)、软件用户手册(SUM)、计算机操作手册(COM)、计算机编程手册(CPM)。软件开发人员在开发应用软件时,应该准备好这 25 个文档模板的电子文件。

除此之外,软件开发团队还应该将曾经完成的软件开发项目的设计文档,互联网上可以找到的设计文档,以及其他渠道可以找到的设计文档,均纳入其信息库内。

2. 可复用构件

可复用构件是具有相对独立的功能和可复用价值的构件。广义的构件可以将其看作为不同种类的工作成品,可以是各类文档、方案、计划、测试案例、代码等,它们都可以看作为可复用的构件。

目前,主流的商用构件标准规范包括 OMG(Object Management Group,对象管理组织)的 CORBA、Sun 公司的 J2EE 和 Microsoft 公司的 DNA。

(1) CORBA(Common ObjectRequest Broker Architecture,公共对象请求代理架构)提出了一种构件运行机制,其包括 3 层:对象请求代理、公共对象服务和公共设施。CORBA CCM(CORBA Component Model,CORBA 构件模型)是 OMG 组织制定的一个用于开发和配置分布式应用的服务器端构件模型规范,其包括抽象构件模型、构件容器结构和构件的配置和打包规范。

(2) J2EE 中,Sun 公司给出了基于 Java 语言开发面向企业分布的应用规范,其中,在分布式互操作协议上,J2EE 同时支持 RMI(Remote Method Invocation,远程方法调用)和 IIOP(Internet Inter-ORB Protocol,互联网内部对象请求代理协议),而在服务器端分布式应用的构造形式,则包括 Java Servlet、JSP、EJB 等多种形式。其中,EJB 给出了系统的服务器端分布构件规范,包括构件、构件容器的接口规范,以及构件打包、构件配置等的标准规范内容。EJB 技术使 Java 基于构件方法开发服务器端分布式应用成为可能。

(3) Microsoft DNA 2000 是 Microsoft 公司的扩展分布计算模型。在服务器端,DNA 2000 可提供 ASP、COM、Cluster 等方面的应用支持。

在应用软件开放前,软件开发人员需要针对某种即将使用的商用构件标准规范,提前进行学习和熟悉,这有利于在这种构件环境下开发、选择、调用相应的构件。

3. 可复用的源代码资源

软件开发过程中,除了设计文档外,源代码也是非常重要的一种资源。

1) 国外典型的源代码/库搜索引擎网站

在这些源代码搜索引擎网站中,可以寻找到程序员需要的源代码。①GitHub 是非常受欢迎的开源代码库,其拥有数以亿计的代码储存量。②Krugle 有超过 25 亿行代码,这一数量使其成为互联网上最大的源代码搜索引擎之一,其包含全球三分之一开发者的源代码。它成为全球多家大型公司或企业,如 Amazone、IBM、Collab. net、SourceForge. net、Yahoo 等提供企业级的代码搜索服务。③Koders 有 10 亿行代码,其代码主要是 PHP、Perl 和 Python 程序,也有 Java、C/C++ 和 C♯语言的程序。④Codaes 有 2.5 亿行代码,其主要是 Linux 方面的 C/C++项目代码。⑤DZone 中有 5000 个代码片段。⑥Snipplr 有 8000 个代码片段,同时还针对 Textmate、Gedit、WordPress 等提供插件。⑦Google Code Search,以自有源代码为基础,同时也提供诸如 GitHub、Sourceforge 等数亿计的公共代码片段的代码库,其支持所有编程语言的源代码搜索服务。

2) 国内开源引擎网站

开源中国(https://gitee.com/oschina/)是目前国内比较大的开源技术社区,拥有超过 500 万会员,形成了由开源软件库、代码分享、资讯、协作翻译、讨论区和博客等几大频道内容,为 IT 开发者提供了一个发现、使用、并交流开源技术的平台。另外,国内常用的开源代码网站还包括:①淘宝的 http://code. taobao. org/;②京东的 https://code. jd. com/;③新浪的 http://sae. sina. com. cn/;④CSDN(中国专业 IT 社区,Chinese Software Developer Network)的 https://code. csdn. net/。

思 考 题

一、名词解释

1. 智能手机

2. 工作站

3. 网络结点

4. 数据中心

5. 超级计算机

6. 计算机网络

7. 无线网络

8. GSM

9. 物联网

10. 云计算

11. 5G 无线通信

12. 6G 无线通信

二、简答题

1. 简单介绍几种典型的操作系统。

2. 简单介绍几种典型的数据库系统。

3. 简单介绍大数据生态系统框架。

4. 简单介绍 HDFS 和 HBase。

5. 简单介绍计算机软件文档有哪几个主要设计模板。

6. 简单介绍有哪几种商用构建标准规范。

三、分析题

1. 为什么要搭建软件开发基础环境?

2. 信息库的搭建需要进行哪几个方面的准备?

第 5 章　学科前沿★★

本章将介绍演化计算、软件自动编程、软件产品线、网构软件和软件工具酶。通过本章的学习,学生需要了解软件开发环境和工具的前沿理论和技术。此章理论性较强,有一定难度,为选讲内容。985 或 211 院校计算机或软件专业的本科学生可以适度选讲,也可以作为计算机及软件或电子技术专业硕士的选讲内容。

5.1　演化计算与自动编程

5.1.1　演化计算概述

1. 演化计算

1) 定义

演化计算是模拟自然界中的生物演化过程产生的一种群体导向的随机搜索技术和方法。生物在延续生存的过程中,逐渐适应其生存环境,使得其品质不断得到改良,这种现象称为演化。达尔文的自然选择学说认为,由于不同个体间的交配以及其他一些原因,生物的基因可能发生变异形成新的基因,这部分变异将遗传到下一代。将生物界所提供的解决问题的方法应用到求解实际问题已被证明是个成功的方法,并由此产生了仿生学。它遵循自然界中生物进化的优胜劣汰原则。演化计算用简单的编码表示各种复杂的结构,通过对编码进行简单的遗传操作和优胜劣汰的竞争机制来对问题的解空间进行搜索。演化算法不用明确地了解问题的全部特征,就可以通过体现生物进化机制的演化过程来完成问题的求解。

2) 发展现状

演化算法在 20 世纪 60 年代被提出时并未受到普遍重视,主要原因有三点:一是这些方法当时并不成熟;二是这些方法运行需要较大的计算量,当时计算机速度跟不上要求;三是当时解决类似难题人工智能方法可以得出很好的结果,人们难以过多地关注其他算法。

传统人工智能解决问题的局限性在 20 世纪 80 年代初被凸显出来,当时计算机速度已经明显提高并且普及,制约演化计算的一大瓶颈已经不复存在。演化计算在机器学习、工程优化、过程控制等领域取得了极大成功,这引起了包括数学、物理学在内的各个学科及工程应用领域专家的兴趣。

自 20 世纪 80 年代中期以来,世界上许多国家都掀起了演化计算的研究热潮。目前,以演化计算为主题的国际会议在世界各地定期召开,如 IEEE。随着演化计算的广泛应用,一些杂志都设置了专栏介绍这方面的文章,现在还出版了两种关于演化计算的影响力较大的新杂志 *Evolutionary Computation* 和 *IEEE Transactions on Evolutionary Computation*。

演化计算是一种通用的问题求解方法,具有自组织、自适应、自学习性和本质并行性等特点,不受搜索空间限制性条件的约束,也不需要其他辅助信息。因此,演化算法简单、通用、易操作、能获得较高的效率,越来越受到人们的青睐。演化计算在大型优化问题求解、机器学习、自适应控制、人工生命、神经网络、经济预测等领域取得的成功,引起了包括数学、物理学、化学、生物学、计算机科学、社会科学、经济学及工程应用等领域科学家的极大兴趣。

现在,演化计算的研究内容十分广泛,例如,演化计算的设计与分析、演化计算的理论基础以及在各个领域中的应用等。随着演化计算的理论研究的不断深入和应用领域的不断扩展,演化计算将会取得很大的成功,必将在当今社会占据更重要的位置。

3) 学科分支

自计算机出现以来,生物模拟便成为计算机科学领域的一个组成部分。其目的之一是试图建立一种人工模拟环境,在这个环境中使用计算机进行仿真,以便能够更好地了解人类自己以及人类的生存空间;另一个目的则是从研究生物系统出发,探索产生基本认知行为的微观机理,然后设计具有生物智能的机器或模拟系统,来解决复杂问题。例如,神经网络、细胞自动机和演化计算都是从不同角度对生物系统进行模拟而发展起来的研究方向。演化计算最初具有三大分支:遗传算法(Genetic Algorithm,GA)、演化规划(Evolutionary Programming,EP)和演化策略(Evolution Strategy,ES)。20 世纪 90 年代初,在遗传算法的基础上又形成了一个新的分支:遗传程序设计(Genetic Programming,GP)。虽然这几个分支在算法实现上有一些细微差别,但是它们都有一个共同的特点,即都是借助生物演化的思想及原理来解决实际问题的。

2. 遗传程序设计

遗传程序设计是学习和借鉴大自然的演化规律,特别是生物的演化规律来解决各种计算问题的自动程序设计的方法学。

1992 年,美国 Stanford 大学的 J. Koza 出版了专著《遗传程序设计》(*Genetic Programming:On the Programming of Computers by Means of Natural Selection*),介绍用自然选择的方法进行计算机程序设计。1994 年,他又出版了《遗传程序设计(二):可重用程序的自动发现》(*Genetic Programming* Ⅱ:*Automatic Discovery of Reusable Programs*),开创了用遗传算法实现程序设计自动化的新局面,为程序设计自动化带来了一线曙光。遗传程序设计已引起计算机科学与技术界的关注,并有许多应用。

1985 年,Cramer 首次提出 GP,1992 年,由 Koza 教授将其完善发展。GP 是一种全局性概率搜索算法,它的目标是根据问题的概括性描述自动产生解决该问题的计算机程序。GP 吸取了 GA 的思想和达尔文自然选择法则,将 GA 的线性定长染色体结构改变为递归的非定长结构。这使得 GP 比 GA 更加强大,应用领域更广。

Koza 选择 Lisp 作为 GP 的程序设计语言。有了程序结构的概念,在前面介绍的演化算法的基础上,即可讨论自动程序设计(Automatic Programming,AP)。可以用下面的公式来概括自动程序设计的思想:EA+PS=AP(演化算法+程序结构=自动程序设计)。

Holland 遗传算法中的遗传群体是由一些二进制字符串组成的;而 GP 或 AP 的遗传群体是由一些计算机程序组成的,即由 PS 的元素形成的程序树组成。AP 从以程序结构的元素随机地构成计算机程序的原生软体开始,应用畜牧学原理繁殖一个新的(常常是改进了的)计算机程序群体。这种繁殖应用达尔文"适者生存、不适者淘汰"的原理,以一种领域无关的方式(演化算法)进行,即模拟大自然中的遗传操作:复制、杂交与变异。杂交运算用来创造有效的子代程序(由程序结构的元素组成);变异运算用来创造新的程序,并防止过早收敛。所以,AP 就是把程序结构的高级语言符号表示与智能算法(一种以适应性驱动的、具有自适应、自组织、自学习与自优化特征的高效随机搜索算法)结合起来,即 AP＝EA＋PS。一个求解(或近似求解)给定问题的计算机程序往往就从这个过程中产生。

5.1.2 自动编程

本书的作者在《软件演化过程与进化论》(清华大学出版社,2009 年)中就如何进行软件基因编程进行了阐述。

1. 软件基因/组的定义

软件基因(Software Gene),也称为软件遗传因子,是指携带有软件遗传信息的一条序列串,由 0 和 1 组成,是遗传物质的最小功能单位。0 和 1 的不同排列组合决定了软件基因的功能。每一个软件基因是一个指令集合,用以编码软件的程序。基因中的指令可以明确地告诉软件开发工具和程序员如何设计程序。

软件基因组就是由所有的软件基因构成的一个长长的序列串,也是由 0 和 1 组成。软件基因组由三个部分组成,它们是基因组头、基因组体和基因组尾。

2. 软件中心法则

软件开发的过程就是需求分析到设计(概要设计和详细设计),再到编码的过程。也相当于把软件基因组转换成为软件程序代码的过程。这一过程与生物的中心法则相似,即把 DNA 转换成 RNA,再转换成蛋白质。见图 5-1。"软件中心法则"(Software Central Dogma)是指将软件需求转换为软件设计的模块,再将其转换为执行程序的过程。

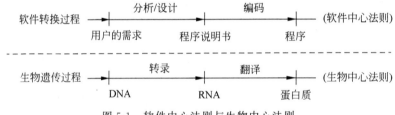

图 5-1 软件中心法则与生物中心法则

3. 转换的步骤

软件开发的过程就是需求分析到软件设计,再到编码的过程,见图 5-2。

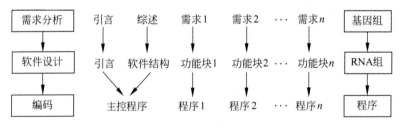

图 5-2 软件开发过程

4. 具体转换过程

1) 需求分析与基因提取

设用户需求可以表示为集合的形式,见图 5-3(a)。实际上,需求分析的过程,就是软件基因提取的过程。根据软件需求规格说明书标准,在软件基因提取的过程中,即需求分析过程中,将用户需求逐一划分,得到用户的各种需求及彼此的关系。见图 5-3(b),由此可以得到软件基因组和软件基因。软件基因就是 $X_i(i=1,2,\cdots,n)$,它是用户的 n 个功能需求。X_0 是基因之间的关系,也是基因组的头,$X_i(i=1,2,\cdots,n)$ 和 X_0 共同构成了基因组。

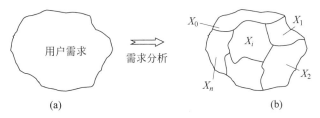

图 5-3 用户需求分析及基因提取

2) 软件设计

软件设计的任务有两个,一个是概要设计,一个是详细设计。

(1) 概要设计,就是要将 X_0 转换为软件的总体结构,还要进行内外接口设计和运行组合/控制设计,见图 5-4。

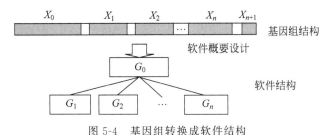

图 5-4 基因组转换成软件结构

(2) 详细设计,就是要将每一个 $X_i(i=1,2,\cdots,n)$ 转换为每一个程序的具体设计 $G_i(i=1,2,\cdots,n)$。它包括每一个程序的输入/输出、算法、存储等设计,见图 5-5。

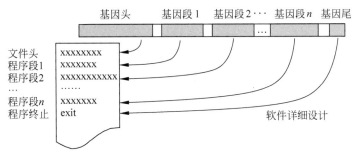

图 5-5 转换成程序

3) 编码实现

软件编码实现的任务有两个,一个是每一个程序的编码,一个是整个软件的测试组装。

(1) 每一个程序的编码,将每一个程序设计结果 $G_i(i=1,2,\cdots,n)$ 转换为执行文件 $Y_i(i=1,2,\cdots,n)$,见图 5-6。

(2) 整个软件的测试组装,就是将所有的程序 $Y_i(i=1,2,\cdots,n)$,根据软件的总体结构,内外接口设计和运行组合/控制等组装成最后的软件产品结果,见图 5-17。

学科前沿 ★★

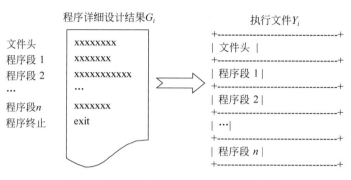

图 5-6　程序详细设计结果转换成执行文件

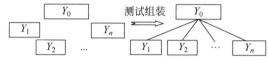

图 5-7　软件结构转换为软件产品

5.2　软件产品线与网构软件

5.2.1　软件产品线的历史

1. 软件工程方法发展

20 世纪 80 年代中期到 20 世纪 90 年代,出现了面向对象语言和方法,并成为主流的软件开发技术;开展软件过程及软件过程改善的研究;注重软件复用和软件构件技术的研究与实践。构件技术是影响整个软件产业的关键技术之一。1998 年在日本召开的国际软件工程会议上,基于构件的软件开发模式成为当时会议研讨的一个热点。美国总统信息顾问委员会也在 1998 年美国国家白皮书上,提出了解决美国软件产业脆弱问题的五大技术,其中之一就是建立国家级的软件构件库。

构件技术的出现是对传统软件开发过程的一次变革。构筑在"构件组装"模式之上的构件技术,使软件技术人员摆脱了"一行行写代码"的低效编程方式,直接进入"集成组装构件"的更高阶段。基于构件的软件开发,不仅使软件产品在客户需求吻合度、上市时间、软件质量上领先于同类产品,提高了项目的成功率,而且使软件的开发和维护变得简单易行,用户可以随时随地应对商业环境变化和 IT 技术变化,实现"敏捷定制"。从最终用户的角度来看,采用基于构件技术开发的系统,在遇到业务流程变化或系统升级等问题时,不再需要对系统进行大规模改造或推倒重来,只要通过增加新的构件或改造原来的构件来实现即可。

2. 软件产品线

软件产品线是一组具有共同体系构架和可复用组件的软件系统,它们共同构建支持特定领域内产品开发的软件平台。软件产品线的产品则是根据基本用户需求对产品线架构进行定制,将可复用部分和系统独特部分集成而得到。软件产品线方法集中体现一种大规模、大粒度软件复用实践,是软件工程领域中软件体系结构和软件重用技术发展的结果。

软件产品线的起源可以追溯到 1976 年 Parnas 对程序族的研究。软件产品线的实践早在 20 世纪 80 年代中期就出现了。最著名的例子是瑞士 Celsius Tech 公司的舰艇防御系统的开发,该公司从 1986 年开始使用软件产品线开发方法,使得整个系统中软件和硬件在总成本中所占比例从使用软件产品线方法之前的 65∶35 下降到使用后的 20∶80,系统开发时间从近九年下降到不到三年。据 HP 公司 1996 年对 HP、IBM、NEC、AT&T 等几个大型公司分析研究,他们在采用了软件产品线开发方法后,使产品的开发时间减少 30%～50%,维护成本降低 20%～50%,软件质量提升 5～10 倍,软件重用达 50%～80%,开发成本降低 12%～15%。

虽然软件工业界已经在大量使用软件产品线开发方法,但是正式的对软件产品线的理论研究到 20 世纪 90 年代中期才出现,并且早期的研究主要以实例分析为主。到了 20 世纪 90 年代后期,软件产品线的研究已经成为软件工程领域最热门的研究领域。2000 年,Gartner Group 预测到 2003 年至少 70% 的新应用将主要建立在软件构件之上。随着 Web Services 等技术的发展,将会进一步地推动构件技术的发展,而基于构件的软件开发方式也成为软件开发的主流技术。得益于丰富的实践和软件工程、软件体系结构、软件重用技术等坚实的理论基础,对软件产品线的研究发展十分迅速,目前软件产品线的发展已经趋向成熟。很多大学已经锁定了软件产品线作为一个研究领域,并有大学已经开设软件产品线相关的课程。

3. 软件产业

1997 年,由北京大学主持的国家重大科技攻关项目"青鸟工程"中,采用软件构件技术开发的"青鸟Ⅲ型系统"通过了技术鉴定。至今,"青鸟工程"一直在研究开发软件构件库体系,继续推进基于构件的软件开发技术。

2004 年 3 月,由北京软件产业促进中心、软件工程国家工程研究中心启动了"软件构件库系统应用示范"项目。同年 5 月,北京软件行业协会、北京软件产业促进中心、软件工程国家工程研究中心和北京软件产品质量检测检验中心,共同组织开展了"北京第一届优秀软件构件评选活动",进一步推行基于构件的软件开发方法,丰富了公共构件库系统的资源,并取得了显著的成效。构件化已成为软件企业的需求,软件构件市场已现端倪,软件工业化生产模式正在推进软件产业的规模化发展。

当前我国软件企业面临着日益激烈的国际市场竞争,如果仅依靠软件技术人员,采用手工作坊式的生产模式,当需求稍有变动,就得重新开发系统。基于构件的软件开发技术是当前软件生产的世界潮流,只有掌握这样的技术,才能造就具有竞争力的国际软件企业。

杨芙清院士认为,未来的软件产业将划分为三种业态:一是构件业,类似于传统产业的零部件业,这些构件是商品,有专门的构件库储存和管理;二是集成组装业,它犹如汽车业的汽车工厂,根据市场的需求先设计汽车的款型,然后到市场上采购通用零部件,对特别需要,还可委托专门生产零部件的企业去设计生产,最后把这些零部件在组装车间按设计框架集成组装成汽车;三是服务业,基于互联网平台上的软件服务,已经是当前正在推行的一种软件应用模式,未来这种应用将更加广泛。以上是软件产业发展需求,而且并不遥远,也许几年之内就可能逐步实现。

5.2.2 软件产品线的结构与框架

1. 软件产品线的基本概念

目前,软件产品线没有一个统一的定义,常见的定义有以下几种。

定义1：将利用了产品间公共方面，预期考虑了可变性等设计的产品族称为产品线(Weiss和Lai)。

定义2：产品线就是由在系统的组成元素和功能方面具有共性和个性的相似的多个系统组成的一个系统族。

定义3：软件产品线就是在一个公共的软件资源集合基础上建立起来的，共享同一个特性集合的系统集合(Bass,Clements和Kazman)。

定义4：一个软件产品线由一个产品线体系结构、一个可重用构件集合和一个源自共享资源的产品集合组成，是组织一组相关软件产品开发的方式(Jan Bosch)。

相对而言，卡耐基·梅隆大学软件工程研究所(CMU/SEI)对产品线和软件产品线的定义，更能体现软件产品线的特征："产品线是一个产品集合，这些产品共享一个公共的、可管理的特征集，这个特征集能满足选定的市场或任务领域的特定需求。这些系统遵循一个预描述的方式，在公共的核心资源基础上开发。"

根据CMU/SEI的定义，软件产品线主要由两部分组成：核心资源，产品集合。核心资源是领域工程的所有结果的集合，是产品线中产品构造的基础。也有组织将核心资源库称为"平台"。核心资源必定包含产品线中所有产品共享的产品线体系结构，新设计开发的或者通过对现有系统的再工程得到的、需要在整个产品线中系统化重用的软件构件；与软件构件相关的测试计划、测试实例以及所有设计文档，需求说明书，领域模型和领域范围的定义也是核心资源；采用COTS(Commercial Off-The-Shelf,商用现成品或技术,或商用货架产品)的构件也属于核心资源。产品线体系结构和构件是用于软件产品线中的产品的构建和核心资源最重要的部分。

2. 软件产品线的结构

软件产品线的开发有4个技术特点：过程驱动、特定领域、技术支持和架构为中心。与其他软件开发方法相比，选择软件产品线的原因有：对产品线及其实现所需的专家知识领域的清楚界定，对产品线的长期远景进行了策略性规划。软件生产线的概念和思想，将软件的生产过程细分到三类不同的生产车间进行，即应用体系结构生产车间、构件生产车间和基于构件、体系结构复用的应用集成(组装)车间，从而形成软件产业内部的合理分厂，实现软件的产业化生产。软件生产线如图5-8所示。

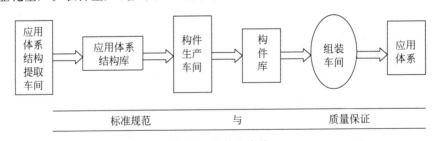

图5-8 软件生产线

1) 软件产品线工程

软件产品线是一种基于架构的软件复用技术，它的理论基础是：特定领域(产品线)内的相似产品具有大量的公共部分和特征，通过识别和描述这些公共部分和特征，可以开发需求规范、测试用例、软件组件等产品线的公共资源。而这些公共资产可以直接应用或适当调整后应用于产品线内产品的开发,从而不再从草图开始开发产品。因此典型的产品线开发过程包括两个关键过程:领域工程和应用工程。

2)软件产品线的组织结构

软件产品线开发过程分为领域工程和应用工程,相应的软件开发的组织结构也有两个部分:负责核心资源的小组和负责产品的小组。在产品线方法中,主要有三个关键小组:平台组、配置管理组和产品组。

3)软件产品线构件

产品线构件是用于支持产品线中产品开发的可复用资源的统称。这些构件远不是一般意义上的软件构件,它们包括:领域模型、领域知识、产品线构件、测试计划及过程、通信协议描述、需求描述、用户界面描述、配置管理计划及工具、代码构件、性能模型与度量、工作流结构、预算与调度、应用程序生成器、原型系统、过程构件(方法、工具)、产品说明、设计标准、设计决策、测试脚本等。在产品线系统的每个开发周期都可以对这些构件进行精化。

3. 青鸟的结构

"七五"期间,青鸟工程就提出了软件生产线的概念和思想,其中将软件的生产过程分成3类不同的生产车间,即应用构架生产车间、构件生产车间和基于构件、构架复用的应用集成组装车间。

由上述软件生产线概念模式图中可以看出,在软件生产线中,软件开发人员被划分为3类:构件生产者、构件库管理者和构件复用者。这3种角色所需完成的任务是不同的,构件复用者负责进行基于构件的软件开发,包括构件查询、构件理解、适应性修改、构件组装以及系统演化等。图5-9给出了与上述概念图相对应的软件生产线——生产过程模型。

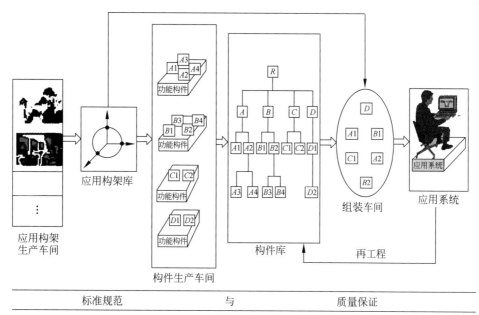

图 5-9　青鸟软件生产线系统

学科前沿 ★★

从图 5-9 中可以看出,软件生产线以软件构件/构架技术为核心,其中的主要活动体现在传统的领域工程和应用工程中,但赋予了它们新的内容,并且通过构件管理、再工程等环节将它们有机地衔接起来。另外,软件生产线中的每个活动皆有相应的方法和工具与之对应,并结合项目管理、组织管理等管理问题,形成完整的软件生产流程。

5.2.3 网构软件

1. 背景

2002—2007 年,在国家重点基础研究发展规划(973)的支持下,北京大学、南京大学、清华大学、中国科学院软件研究所、中国科学院数学研究所、华东师范大学、东南大学、大连理工大学、上海交通大学等单位的研究人员以我国软件产业需支持信息化建设和现代服务业为主要应用目标,提出了"Internet 环境下基于 Agent 的软件中间件理论和方法研究",并形成了一套以体系结构为中心的网构软件技术体系。主要包括三个方面的成果:一种基本实体主体化和按需协同结构化的网构软件模型,一个实现网构软件模型的自治式网构软件中间件,以及一种以全生命周期体系结构为中心的网构软件开发方法。

在网构软件实体模型中,剥离了对开放环境以及其他实体的固化假设,以解除实体之间以及实体与环境之间的紧密耦合,进而引入自主决策机制来增强实体的主体化特性;在网构软件实体协同方面,针对面向对象方法调用受体固定、过程同步、实现单一等缺点,对其在开放网络环境下予以按需重新解释,即采用基于软件体系结构的显式的协同程序设计,为软件实体之间灵活、松耦合的交互提供可能;在网构软件运行平台(中间件)方面,通过容器和运行时软件体系结构分别具体化网构软件基本实体和按需协同,并通过构件化平台、全反射框架、自治回路等关键技术实现网构软件系统化的自治管理;在网构软件开发方法方面,提出了全生命周期软件体系结构以适应网构软件开发重心从软件交付前转移到交付后的重大变化,通过以体系结构为中心的组装方法支持网构软件基本实体和按需协同的开发,采用领域建模技术对无序的网构软件实体进行有序组织。

2. 网构软件

进入 21 世纪,以 Internet 为代表的网络逐渐融入人类社会的方方面面,极大地促进了全球化的广度和深度,为信息技术与应用扩展了发展空间。另一方面,Internet 正在成长为一台由数量巨大且日益增多的计算设备所组成的"统一的计算机",与传统计算机系统相比,Internet 为应用领域问题求解所能提供的支持在量与质上均有飞跃。为了适应这些应用领域及信息技术方面的重大变革,软件系统开始呈现出一种柔性可演化、连续反应式、多目标自适应的新系统形态。

从技术的角度看,在面向对象、软件构件等技术支持下的软件实体以主体化的软件服务形式存在于 Internet 的各个结点之上,各个软件实体相互间通过协同机制进行跨网络的互连、互通、协作和联盟,从而形成一种与 WWW 相类似的软件 Web(Software Web)。将这样一种 Internet 环境下的新的软件形态称为网构软件(Internetware)。传统软件技术体系由于其本质上是一种静态和封闭的框架体系,难以适应 Internet 开放、动态和多变的特点。一种新的软件形态——网构软件适应 Internet 的基本特征,呈现出柔性、多目标和连续反应式的系统形态,将导致现有软件理论、方法、技术和平台的革命性进展。

网构软件包括一组分布于 Internet 环境下各个结点的、具有主体化特征的软件实体,以及一组用于支撑这些软件实体以各种交互方式进行协同的连接子。这些实体能够感知外部环境的变化,通过体系结构演化的方法(主要包括软件实体与连接子的增加、减少与演化,以及系统拓扑结构的变化等)来适应外部环境的变化,展示上下文适应的行为,从而使系统能够以足够的满意度来满足用户的多样性目标。网构软件这种与传统软件迥异的形态,在微观上表现为实体之间按需协同的行为模式,在宏观上表现为实体自发形成应用领域的组织模式。相应地,网构软件的开发活动呈现为通过将原本"无序"的基础软件资源组合为"有序"的基本系统,随着时间推移,这些系统和资源在功能、质量、数量上的变化导致它们再次呈现出"无序"的状态,这种由"无序"到"有序"的过程往复循环,基本上是一种自底向上、由内向外的螺旋方式。

网构软件理论、方法、技术和平台的主要突破点在于实现如下转变,即从传统软件结构到网构软件结构的转变,从系统目标的确定性到多重不确定性的转变,从实体单元的被动性到主动自主性的转变,从协同方式的单一性到灵活多变性的转变,从系统演化的静态性到系统演化的动态性的转变,从基于实体的结构分解到基于协同的实体聚合的转变,从经验驱动的软件手工开发模式到知识驱动的软件自动生成模式的转变。建立这样一种新型的理论、方法、技术和平台体系具有两个方面的重要性,一方面,从计算机软件技术发展的角度,这种新型的理论、方法和技术将成为面向 Internet 计算环境的一套先进的软件工程方法学体系,为 21 世纪计算机软件的发展构造理论基础;另一方面,这种基于 Internet 计算环境上软件的核心理论、方法和技术,必将为我国在未来若干年建立面向 Internet 的软件产业打下坚实的基础,为我国软件产业的跨越式发展提供核心技术的支持。

3. 网构软件模型

基于面向对象模型,提出了一种基于 Agent、以软件体系结构为中心的网构软件模型,如图 5-10 所示。图 5-11 为网构软件中间件模型。图 5-12 为网构软件开发方法体系。

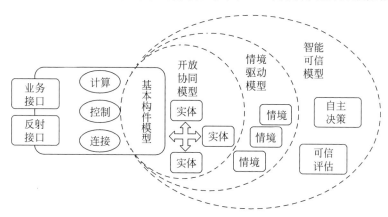

图 5-10　网构软件模型

进一步的工作主要是加强现有成果的深度和广度。在深度方面,完善以软件体系结构为中心的网构软件技术体系,重点突破网构软件智能可信模型、网构中间件自治管理技术,以及网构软件开发方法的自动化程度。在广度方面,多网融合的大趋势使得软件将运行在一个包含 Internet、无线网、电信网等多种异构网络的复杂网络环境,网构软件是否需要以及能否从 Internet 延伸到这种复杂网络环境,成为我们下一步的主要目标。

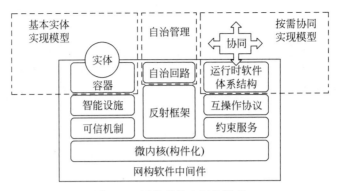

图 5-11　网构软件中间件模型

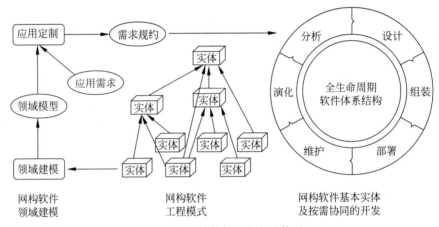

图 5-12　网构软件开发方法体系

5.3　软件工具酶

5.3.1　软件工具酶的作用

1. 生物酶

酶(Enzyme)是由细胞产生的具有催化能力的蛋白质(Protein),这些酶大部分位于细胞体内,部分分泌到体外。新陈代谢是生命活动的重要特征,它维持生命的正常运转,然而生物体代谢中的各种化学反应都是在酶的作用下进行的。没有酶,生命将停止。因此,研究酶的理化性质及其作用机理,对于阐明生命现象的本质具有十分重要的意义。

1) 酶的作用机制

酶通过其活性中心先与底物形成一个中间复合物,随后再分解成产物,并放出酶。酶的活性部位是它结合底物和将底物转换为产物的区域,通常是整个酶分子相当小的一部分。活性部位通常在酶的表面空隙或裂缝处,形成促进底物结合的优越的非极性环境。在活性部位,底物被多重的、弱的作用力结合,在某些情况下被可逆的共价键结合。酶结合底物(Substrate)分子,形成酶-底物复合物。酶活性部位的活性残基与底物分子结合,先将它转变为过渡态,然后生成产物,释放到溶液中。这时游离的酶与另一分子底物结合,开始它的又一次循环。底物是接受酶的作用引起化学反应的物质。已经有两种模型解释了酶如何与它的底物结合。1894年,Emil Fischer提出锁和钥匙模型,底物的形状和酶的活性部位被认为彼此相适合,像钥匙插入它的锁中(见图5-13(a)),两种形状被认为是刚性的和固定的,当正确组合在一起时,正好互相补充。诱导契合模型是1958年由Daniel E. Koshland Jr.提出的,底物的结合在酶的活性部位诱导出构象变化,见图5-13(b)。此外,酶可以使底物变形,迫使其构象近似于它的过渡态。

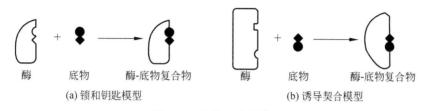

酶　　底物　　酶-底物复合物　　　　　　酶　　底物　　酶-底物复合物

(a) 锁和钥匙模型　　　　　　　　　　　　(b) 诱导契合模型

图 5-13　底物与酶的结合

2)酶的催化特点

(1)催化能力。酶加快反应速度可高达 10^{17} 倍。

(2)专一性。大多数酶对所作用的底物和催化的反应都是高度专一的。不同的酶专一性程度不同。有些酶专一性很低(键专一性),可以作用很多底物,只要求化学键相同。具有中等程度专一性为基团专一性。大多数酶呈绝对或几乎绝对的专一性,它们只催化一种底物进行快速反应。

(3)调节性。生命现象表现了它内部反应历程的有序性。这种有序性受多方面因素的调节和控制,而酶活性的控制又是代谢调节作用的主要方式。酶活性的调节控制主要有下列几种方式:酶浓度的调节、激素调节、共价修饰调节、限制性蛋白水解作用与酶活力调控、抑制剂的调节、反馈调节等。

2. 软件工具酶

为了用生物的方法讨论软件的演化过程,现从生物的角度看软件过程。在软件开发过程中,软件工具相当于生物学中"酶"的角色。也就是说,软件工具在软件开发过程中起"酶"的作用。那么,什么是软件工具酶(Software Tool Enzyme,STE)呢? 软件工具酶是在软件开发过程中辅助开发人员开发软件的工具。

1)软件工具酶的作用

(1)软件开发工具作为酶,它是催化剂(Catalyst)。可使用户需求转换为程序的过程加快。这一点很多做过软件开发的人都有体会。与生物酶一样,软件工具酶作为催化剂时,它只辅助需求到程序的转换,而且参与其活动,但是,它不会变成为被开发软件的一部分,而且软件"酶"可以被反复使用。

(2)软件开发工具作为酶,也是黏合剂(Adhesive)。它可以把底物切碎,也可以将碎片连接起来。这就是所说的酶切(Enzyme Digestion)和酶连接(Enzyme Ligation)。例如,在软件开发过程中,需求分析常常将用户的需求分类、系统化,然后再合并成需求分析说明书,需求分析工具就有这种所谓的"黏合剂"作用;在第四代语言中,例如,VB、PB等都有将分散模块集成在一起的作用,这一点与生物酶的功能一样。目前,很多基于组件的"软件工厂"

学科前沿 ★★

平台,都具有组装软件的功能,比如北京大学的青鸟系统。在开发过程中,项目管理工具也具有连接每一个软件开发过程(需求分析阶段,设计阶段,编程阶段,测试阶段,运行维护阶段)的能力。

(3) 软件底物是软件工具酶作用的对象。在软件开发阶段,软件工具酶作用的对象或底物不一定相同。在需求分析阶段,软件工具酶作用的对象是用户需求;在设计阶段,软件工具酶作用的对象是用户需求说明书,它要将用户需求说明书转换成软件概要设计说明书和详细设计说明书;在编程阶段,软件工具酶作用的对象是详细设计说明书,它要将详细设计说明书转换成软件程序;在测试阶段,软件工具酶作用的对象是程序单元和整个软件系统;在运行维护阶段,软件工具酶作用的对象是整个软件系统;而对于项目管理来说,软件工具酶作用的对象是整个软件开发过程的活动。

2) 软件工具酶的作用机理

实际上,软件工具酶是通过其活性中心先与底物形成一个中间复合物(Compound),随后再分解成产物,酶被分解出来。酶的活性部位在其与底物结合的边界区域。软件工具酶结合底物,形成酶-底物复合物。酶活性部位与底物结合,转变为过渡态,生成产物,然后释放。随后,软件工具酶与另一底物结合,开始它的又一次循环。软件工具酶与底物结合的两种模型如下。

(1) 锁和钥匙模型认为:底物的形状和酶的活性部位被认为彼此相适合,像钥匙插入它的锁中,刚好组合在一起时,互相补充。实际上,这是一种静态的模型,它可以解释软件工具酶与底物的配套关系。有些软件工具酶和底物都是不可变的,彼此非常专一,像锁和钥匙一样,配合得"天衣无缝"。例如,为某一个单元专门设计编制的测试台/床(一种专用的单元测试工具酶),或功能单一的程序编辑器(一种专用的工具酶),或功能单一的数据流图绘制工具(也是一种专用的工具酶),见图5-14。专用测试台/床的接口数与底物的接口数相同,且其他方面也像锁和钥匙一样,配合得天衣无缝。

(2) 诱导契合模型认为:底物的结合在酶的活性部位诱导出构象变化。酶可以使底物变形,迫使其构象近似于它的过渡态。这样一种动态的模型,也可以解释软件工具酶与底物的适应关系。有些软件工具酶和底物都是"可变的",它们在催化结合时,或软件工具酶适应底物,或底物适应软件工具酶,或彼此可以适应,相互被诱导契合,同样配合得天衣无缝。例如,为某一个单元通用的测试台/床(一种"通用"的单元测试工具酶),见图5-15。通用测试台/床的接口数是动态的,它通过侦测底物的接口数,然后与之适应,被诱导与被测单元契合,形成天衣无缝的组合。对于其他的"通用"工具酶,其核心结合原理也是侦测底物的属性,然后与之适应,形成酶-底物复合物,进行催化作用。

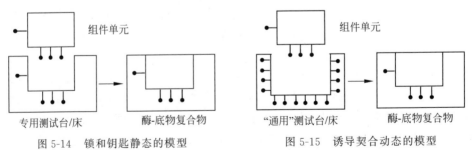

图5-14　锁和钥匙静态的模型　　　　　图5-15　诱导契合动态的模型

关于软件工具酶与底物的界面讨论见 5.3.2 节。

3) 软件工具酶的催化特点

(1) 催化(Catalysis)能力。本书作者曾做过一个实验,对比软件工具酶加快反应速度。使用课件自动生成酶与没有使用软件工具酶编制课件,所用的时间比是 480。当时,用 PowerPoint 编制"系统分析与设计"课程的课件时,耗时约 40h,而使用我们开发的"课件自动生成系统(湖北省教育厅 2003 重点教学科研项目,编号:2003X182)",自动生成课件耗时约 5min,所用的时间比是 480。这说明,软件工具酶的催化作用是非常大的。该实验只是从一个侧面反映了软件工具酶的加速催化能力。

(2) 专一性(Specifity)。大多数软件工具酶对所作用的底物的催化反应也是高度专一的。当然,与生物酶一样,不同的酶专一性程度不同。例如,软件开发的通用工具 Word 编辑软件,它可以作为开发文档的开发工具使用,但专用性很低,其针对软件开发的效率和专业性自然非常差,其功能和性能绝对无法超越 IBM 的 Rational Rose。大多数软件工具酶(需求分析工具酶,设计工具酶,程序生成酶,测试工具酶,项目管理工具酶)呈绝对或几乎绝对的专一性,它们只催化一种底物进行快速反应。例如,需求分析工具酶只针对需求分析过程的活动,结构化概要设计工具酶只针对结构化概要设计,C 语言程序生成器只生成某一功能的 C 语言程序,单元测试工具酶只针对单元测试,项目管理工具只针对项目管理。

(3) 调节性(Adjustment)。软件开发是一个有序性的工作,其中,软件项目管理工具的调节和控制功不可没,它在其中担当起了较强的控制调节作用。软件工具酶活性的调节控制方式有一些:增加软件工具酶的品种和数量(浓度)的调节,利用管理软件的反馈调节等。

4) 影响软件工具酶活力的因素

(1) 酶的速度。也就是酶催化反应的速度。由上面的例子可知,软件工具酶可以"催化"底物反应的速度上百倍,甚至上千倍。

(2) 底物的浓度(数量)。当底物的数量较大时,因为软件工具酶的用户数限制,软件工具酶因为数量较大,忙不过来,而实际导致能力"下降"。

(3) 软件工具酶的浓度(数量)。当软件工具酶的数量较多(比如局域网上的所有机器都安装了软件工具酶,每个开发人员都能用到一套软件工具酶;另外,各种功能的软件工具酶产品也比较多)时,整体开发团队的软件工具酶的应用能力相对提高。

(4) 开发人员。人数和人的素质都是影响软件工具酶活力的重要因素。人的素质高,使用软件工具酶的效率也高。人数和软件工具酶的数量越多,整体软件工具酶的能力就比较高。

(5) 环境。好的软件工具酶运行环境,对提高其性能会有比较大的帮助。反之,会限制其能力的发挥。

5) 软件工具酶的任务

软件工具酶的任务就是辅助开发人员完成软件开发的某一个过程。专用工具酶,只完成一个具体任务;集成工具酶,可以辅助完成整个开发过程的"所有"任务。

软件工具酶的具体任务是:①把用户需求转换为需求说明书。首先对用户需求细分,再把需求的细分部分(如数据字典的数据项、子功能要求、数据的结构等要求)重新连接起来,形成需求分析说明书;②将需求分析说明书转换成概要设计说明书和详细设计说明书;

③将详细设计说明书转换成一个个模块,最后将模块连接起来转换成软件。作为酶的软件开发工具起到了需求转换和设计集成合并的作用。

这一过程相当于生物学中的遗传信息传递的过程,即 DNA→RNA→Protein(蛋白质)。软件工具酶的作用就是实现从用户需求到软件程序的转换,即需求(Requirement)→设计说明书(Specification)→程序(Program)。

3. 软件工具酶的任务

1) 生物中心法则与酶

DNA 核苷酸序列是遗传信息的储存者,它通过自主复制得以永存,通过转录生成信使RNA,进而翻译成蛋白质的过程来控制生命现象,即储存在核酸中的遗传信息通过转录,翻译成为蛋白质,这就是生物学中的中心法则。该法则表明信息流的方向是 DNA→RNA→Protein(蛋白质)。

从上面的过程可以看出,DNA→RNA→蛋白质,经过了复制→转录→翻译三个过程。在这三个过程中,DNA 解链酶,RNA 聚合酶和肽基转移酶分别参与了其转换活动。图 5-16给出了生物中心法则与酶的关系。

2) 软件转换法则

软件工具酶的中心任务就是辅助开发人员,将用户需求转换为计算机可以运行的程序。众所周知,软件开发就是将用户需求正确地转换为软件程序。一般地说,软件开发需要经过三次转换过程,一是用户需求的获取,二是从用户需求到程序说明书的信息转换,三是从程序说明书到程序的信息转换,见图 5-17。

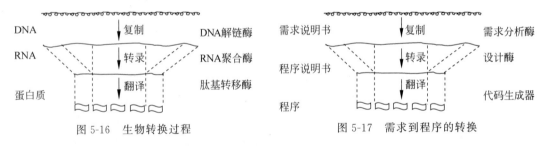

图 5-16 生物转换过程   图 5-17 需求到程序的转换

(1) 用户需求的获取。用户需求的获取相当于设计人员"复制"用户的需求,经过需求分析后得到需求分析说明书,为下一阶段"转录"做准备。

(2) 从用户需求到程序说明书的信息转换。这一过程首先是根据需求分析说明书为模板,将其"转录"为概要设计说明书,并进一步产出详细设计说明书,也就是程序说明书。这一过程相当于将用户的要求转录成 mRNA,为最后的程序"翻译"做准备。

(3) 从程序说明书到程序的转换。这一过程就要将程序说明书,也就是将详细设计说明书"翻译"为程序。

3) 生物与软件转换的比较

从需求到程序的转换,首先是将用户的需求"复制"给系统分析员,产出需求分析说明书,然后将其"转录"为概要设计说明书和详细设计说明书,最后将其"翻译"为程序,见图 5-18。

这一过程相当于遗传信息传递的过程,即 DNA→RNA→Protein 的转换,见图 5-19。

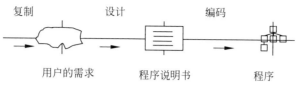

图 5-18　软件需求到程序的转化过程

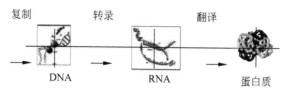

图 5-19　生物遗传过程

尽管生物和软件的转换法则之间有一些相同之处,例如,它的转换法则都是三步,且三步的性质和任务也非常相似,但是两者之间还是有不少的差异,例如,整个过程的工作内容不同,结果也不同,也必然导致一些细节不同。

(1) 第一个过程同异。软件转换开始的用户需求开始往往是模糊的、不清楚的、不准确的。在从用户到系统分析员的"复制"过程中,也时常要反反复复,所以,其需求获取过程是艰难的,而且,用户需求想法也未数字化。与之相比,生物的中心法则的 DNA 复制则是非常准确的,毫不含糊,清清楚楚。不过,经过了反反复复的需求分析后得到的需求分析说明书应该是数字化的,清楚而准确的,它是 DNA 转录的模板。相同之处是它们的任务都是"复制",而且任务相对其他几个过程算是比较"简单"的。

(2) 第二个过程同异。在软件开发过程中,用户需求"复制"给系统分析员后,系统分析员开始将其"转录"为需求分析说明书,然后对用户的需求进行分析加工,再将其"转录"为概要设计说明书,并进一步"转录"为详细设计说明书,即程序说明书。与生物过程基本相同,这一过程也分为两步:需求分析说明书→概要设计说明书→详细设计说明书。第一步,需求分析说明书→概要设计说明书相当于生物中的 DNA→hnRNA;第二步,概要设计说明书→详细设计说明书相当于生物中的 hnRNA→mRNA。这一阶段的任务相对于第一个过程来说是比较"复杂"的。

(3) 第三个过程同异。在软件开发过程中,第三个过程是详细设计说明书,即程序说明书到程序的"翻译",一个个程序是没有什么用的,必须组装成软件后才能发挥作用。与生物过程基本相同,这一过程也分为两步:详细设计说明书→程序→软件。第一步,将详细设计说明书"翻译"成程序,相当于生物中的 mRNA→肽链;第二步是程序组装,即程序→软件,相当于生物中将肽链"剪接"成为有功能的蛋白质的过程。这一阶段的任务比第一个过程"复杂"。

5.3.2　软件工具酶的结构

软件工具酶的功能与软件的结构有密切关系。软件功能越多,其结构也越复杂。反之亦然。本节将讨论软件工具酶的功能与其结构有密切关系。

1. 软件工具酶的一般结构

专用工具酶是针对某一个过程的,而集成工具酶是针对整个过程的,它们在功能方面有很大的区别,因此,其结构也有很大的区别。

1) 专用工具酶的结构

软件开发阶段划分成需求分析阶段、设计阶段、编程阶段、测试阶段、运行维护阶段几个大的开发阶段。对应的专用软件工具酶包括:需求分析工具酶、设计工具酶、程序生成酶、程序测试酶、维护工具酶和过程管理工具酶。

在软件开发的早期,软件工具酶常常以单独或专用工具酶的方式存在,使用的过程中也是彼此独立的,当然,功能也是彼此独立的,而且,它们所带的信息库也是彼此独立的,甚至使用它们的人也不相同。例如,系统分析员通常使用需求分析工具酶和设计工具酶,编程人员则使用程序生成酶和程序编辑工具酶,测试工程师则使用测试工具酶,维护人员则使用维护工具酶,项目经理则使用软件过程管理工具酶,见图 5-20。

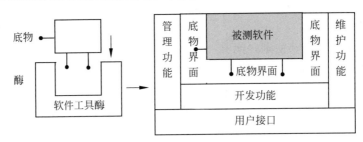

图 5-20　专用工具酶结构

从图 5-20 中可以看出,软件集成工具酶与用户交流,有用户接口部分,与被开发软件接触,则有底物界面。其最重要的核心功能是项目管理(左)、开发功能(中)和维护功能(右)。其中,开发功能包括需求分析的功能,软件概要设计和详细设计的功能,程序编码的功能和软件测试的功能。

如图 5-21 所示,虚线内的部分为针对某一开发过程或专项工具酶,用虚线区别不同的专用工具酶之间彼此的独立关系。

2) 集成工具酶的结构

随着技术的不断完善,软件工具酶集成变成为一种趋势。一般地,集成工具酶是针对整个过程的工具。尽管其内部是由多个部分组成的,但是它们彼此之间必须通力合作,完成整个软件开发过程。实际上,集成工具酶是由多个单项工具酶或专用工具酶组成的。在不同的时期,这种组合或融合的程度是有差别的。至少可以分为松散型和紧密型两种。实际上,软件工具酶集成的历史经过较长一段时间,它从一个侧面反映了软件工具酶的进化程度。在本章的最后,将讨论软件工具酶的进化。

集成工具酶有别于专用工具酶,其结构和功能有比较大的区别。由于专用工具酶功能比较单一,因此其结构也比较简单。而集成工具酶则有时集成了整个软件开发过程,其功能不仅复杂得多,而且结构也复杂得多,见图 5-22。

图 5-23 仅给出了集成工具酶的结构框架,下面将仔细讨论其细部的结构和功能。从集成的角度看,集成工具酶至少包括四大部分:软件工具酶与底物界面、专用工具酶集、用户界面与总控台。其中,专用工具酶集包括需求分析工具酶、设计工具酶、程序生成工具酶、测试工具酶、维护工具酶、项目管理工具酶和信息库,见图 5-23。

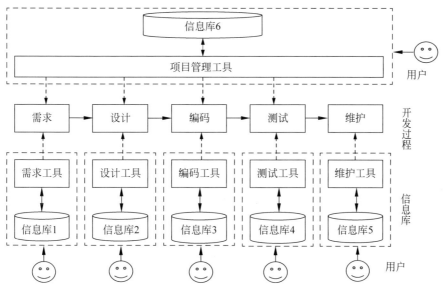

图 5-21　专用工具与开发过程的关系

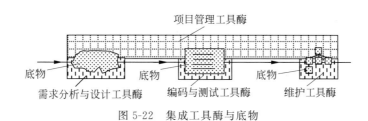

图 5-22　集成工具酶与底物

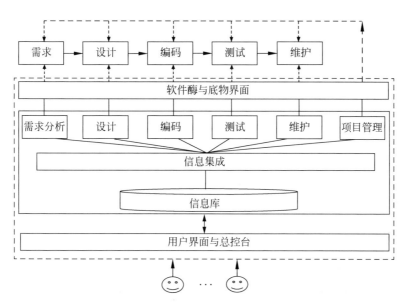

图 5-23　集成工具与开发过程的关系

2. 软件工具酶与底物界面

1) 生物酶与底物的关系及工作原理

酶通过其活性中心先与底物形成一个中间复合物,随后再分解成产物,并放出酶。酶的活性部位是它结合底物和将底物转换为产物的区域,它只占整个酶分子相当小的一部分。活性部位通常在酶的表面空隙或裂缝处,形成促进底物结合的优越的非极性环境。在活性部位,底物被多重的、弱的作用力结合,在某些情况下被可逆的共价键结合。酶结合底物分子,形成酶-底物复合物。酶活性部位的活性残基与底物分子结合,先将它转变为过渡态,然后生成产物,释放到溶液中。这时游离的酶与另一分子底物结合,开始它的又一次循环,见图 5-24。

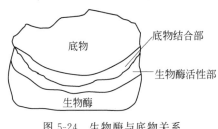

图 5-24 生物酶与底物关系

2) 软件工具酶与底物的关系

"底物界面"(Enzyme-Substrate Interface,或 Substrate Interface)是本章提出的一个新概念,它是从生物中借鉴过来的,实际上,"底物界面"就是软件接口。软件接口有两种含义:一是指软件本身的狭义"接口",指各种应用软件接口 API;二是指人与软件之间的交互界面,即人与软件之间的接口,称作"用户界面",也就是 UI。

人机界面是用户进入软件的门面,它是人机交互的纽带,以及人机交流的桥梁。早年的人机界面设计,功能和性能比较单一,软件设计什么样的人机界面,用户就必须使用或适应什么样的人机界面。近年来,随着人机界面技术的飞速发展,有关"自适应人机界面(Self-adaptive User Interface)"和"智能人机界面(Intelligent User Interface)"的文章和系统开始逐渐问世,这是历史和技术的进步。人机界面必须具有适应不同用户的功能特性。

与人机界面的概念类似,"底物界面"是底物结合软件工具酶的边界,是底物与软件工具酶交互和交流的纽带和桥梁。

早年的软件工具酶让用户普遍感觉不好用,原因是人们在设计软件工具酶时从来没有考虑过软件工具酶与底物的关系、适应性和专一性。如果我们能像现在考虑"自适应人机界面"和"智能人机界面"那样,考虑软件工具酶中的"底物界面"设计,特别是智能"底物界面"设计,那么,软件工具酶与底物的配合将让用户感到它们非常配套,非常合适。

3) "底物界面"功能

"底物界面(Substrate Interface)"是软件工具酶的一部分,是面向底物的一部分。尽管这一部分在软件工具酶中占的比例较小,但是,其功能就是要吸住底物。当然,"底物界面"吸引和结合的方式和手段很多,例如,与底物呈锁和钥匙关系,弱外部力和功能度等。"与底物呈锁和钥匙关系"方法主要是利用软件工具酶与底物的结构匹配性。"弱外部力"方法主要是利用开发人员的选择权利。由于市面上的产品很多,开发人员可以选择这种产品也可选择那种产品,最后的使用权还是在开发人员。"功能度"手段也是一种,因为如果软件工具酶的整体功能度比较强,即使匹配性弱一点儿,有时也能战胜匹配性强的软件工具酶。总之,"底物界面"的强弱决定软件工具酶整体的功能和性能,即综合指标。

那么,"底物界面"究竟要包括一些什么样的能力呢?根据软件工具酶的性质可知,"底物界面"至少应该具备这样一些能力:吸引力,匹配能力和结合力。吸引力指吸住底物的能力。如果底物可以与这种软件工具酶结合，也可以与另外一种结合，那么，凭什么会选择 A 而不是 B? 关键是开始的吸引力。一旦被吸引住，匹配能力就开始起作用。倘若能马上匹配上，底物与软件工具酶的结合即告成功。否则，即使被吸住也将因无法匹配而分开。待底物与软件工具酶匹配成功后，结合力的强弱将是导致软件工具酶能否催化底物反应成功的关键。

能力是抽象的指标，能力只有转换为功能指标才能具体实现。本书作者认为软件工具酶应该具备以下几个功能：结构功能匹配，适应功能，抓附功能，通信功能。

(1) 结构功能匹配指某一种底物催化反应需要的结构和功能。例如，需求分析肯定需要能做需求分析的工具酶，这种酶在功能和结构方面一般可以匹配。

(2) 适应功能指一旦软件工具酶的基本结构和功能达到后的局部微调能力。有时这种能力也非常重要，它能驱使软件工具酶与底物结合得更贴切，催化效果更好。关于它的实现，读者可以从"自适应人机界面"和"智能人机界面"角度理解。

(3) 抓附功能指一旦匹配到达要求后，软件工具酶对底物的吸附与结合的强度。如果软件工具酶对底物的抓附功能不强，即使彼此匹配上，也会因为环境影响而彼此分开而不能完成对底物的催化反应任务。

(4) 通信功能指一旦软件工具酶与底物结合后彼此的信息双向交流能力。

4) 举例解释

无论怎么解释，总会感觉"底物界面"的概念和功能比较抽象。下面举例说明"底物界面"的概念和功能。例如，软件单元测试的工具内设置测试台或测试床，见图 5-25。由于每一个被测试的单元不同，其单元测试酶的活性部位，即"底物界面"担当起"诱导契合"的作用。当一个被测试单元进入测试台/床时，测试台/床与被测单元被合而一体，形成"软件工具酶-底物"复合物，单元测试酶开始测试，一旦这项测试完成，软件工具酶与底物(被测试单元)分离，单元测试酶又进行下一次循环。

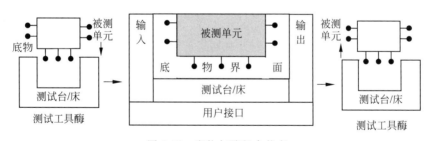

图 5-25　底物与酶契合状态

实际上，很多软件都具有匹配能力。例如 Windows 操作系统，它就具有适应不同硬件环境的匹配能力。Windows 通过扫描，在安装库中寻找可以匹配的硬件驱动程序，如果没有这样的硬件驱动程序，则找类似的替代硬件驱动程序。另外，Windows 也允许从外部安装硬件驱动程序。这从一个侧面反映出酶与底物的关系，即酶与底物相互适应和调整的特点。在此，不能过度强调软件工具酶对底物的匹配和适应能力，催化与被催化是双方的事。正如上面的单元测试的例子。如果程序单元"千变万化"，任何一个软件测试工具酶也无法工作。因此，程序单元的标准化也是非常重要的。

相信"底物界面"这个概念，或者叫功能，如果它在以后的软件体系结构设计中不仅要考虑到,而且被应用,其功能将会对未来软件工具酶产生巨大的影响。

5.3.3 软件工具酶与底物界面

从生物的角度讲,底物是接受酶的作用引起化学反应的物质。从软件工具酶的角度讲,软件底物是软件工具酶的作用对象。软件"底物界面"实际上就是软件接口。众所周知,软件接口有两种:一是各种应用软件接口 API,二是人与软件之间的"用户界面"。上面已经讨论了"用户界面",因此,本节仅讨论应用软件接口。

1. 软件接口

根据《英语计算机技术词典》(英语计算机技术词典编委会,电子工业出版社,1992)中"接口"的定义,它指两个功能部件之间的共同边界。

接口(Interface)用来定义一种程序的协定。实现接口的类或者结构要与接口的定义严格一致。有了这个协定,就可以抛开编程语言的限制(理论上)。接口可以从多个基接口继承,而类或结构可以实现多个接口。接口可以包含方法、属性、事件和索引器。接口本身不提供它所定义的成员的实现。接口只指定实现该接口的类或接口必须提供的成员。

软件接口实际上是不同功能部件之间的交互部分。通常就是所谓的 API 应用程序编程接口,其表现的形式是源代码。下面以 COM 组件为例,简单谈谈软件的接口技术。

1) COM 组件接口

在 COM 组件模型中,接口是最为重要的概念,在整个应用系统中起决定性作用,外界和组件方所有的交互都通过接口实现,因此接口设计的优劣直接影响组件的质量。良好的接口的设计有利于提高组件的可用性、可理解性,有利于软件的维护、扩展和重用。不合理的设计则会导致组件难以理解、难以选择,从而影响整个软件的可靠性。

接口是一组逻辑上相关的函数集合,客户程序利用这些函数获得组件对象的服务。COM 组件的位置对客户来说是透明的,因为客户并不直接去访问 COM 组件,客户程序通过一个全局标识符进行对象的创建和初始化工作。COM 规范采用了 128 位全局唯一标识符 GUID,这是一个随机数,并不需要专门机构进行分配和管理。虽然 GUID 是个随机数,但它有一套算法用以产生该数,发生重复的可能性非常小,理论上完全可以忽略。

2) COM 接口的设计

一个接口可以用来完成某个功能或者说明某个行为,它包含一组相关操作,这些操作相互协作实现接口功能。因此接口设计的第一步是将需求阶段获得的功能需求转换为接口。在面向对象的需求分析中,功能需求通常由用例图描述,包括活动者、用例以及用例之间的关系,它能够在不考虑细节的原则下清晰地描述系统的边界和行为等,从而表达系统的主要功能,开发人员获取的这些用例图和说明又称为用例模型。所以首先对用例模型进行分析,将用例映射为组件的接口,一个用例可以映射为一个接口,也可以映射为若干个接口。然后从用例出发,找出参与该用例的对象,分析该功能的执行流程,确定对象之间的交互过程,这个过程通常可以用顺序图描述,顺序图中的操作最终要映射成接口的操作,因此为提高组件的可靠性着想,这个过程需要不断地求精,待找出全部合理的操作后,再将这些操作映射成接口的成员函数,并用 IDL 描述。IDL 是专门用于描述接口的脚本语言,不依赖于任何开发环境,是组件程序和客户之间的共同语言。

3）COM 组件接口编码

COM 组件是一种基于二进制对象协议的概念。一个 COM 组件对外是一组接口。从 COM 的意义上讲，接口是一种和 vtbl 机制相容的二进制协议，并且 vtbl 的前三项与 IUnknown 接口相容(从继承角度上来讲，可以理解为要求从 IUnknown 继承，但只是这样理解而已)。例如，可以定义如下接口：

```
interface IFoo : IUnknown
{
virtual void __stdcall fooA() = 0;
virtual int __stdcall fooB(int arg1,int arg2) = 0;
};
```

2. 软件工具酶连接器

1）软件工具酶连接器及其作用

软件工具酶连接器，也是底物界面，是软件工具酶与软件底物之间联系的特殊机制或特殊部件。它们之间的联系包括：消息和信号的传递、功能和方法的请求或调用、数据的转换和传送、之间特定关系的协调和维持等所有涉及它们之间信息、行为、特性的联系和依赖。软件工具酶连接器承担了实现它们之间信息和行为关联的作用。软件工具酶只有通过连接器才能与底物发生关系，也只有连接器才能对被操作的软件产生作用。最简单的连接器从结构上退化为彼此之间的直接连接方法。较复杂的连接器就需要专门的结构来完成。

2）连接器的类别

根据连接的用途，连接器有标准、通用、专用之分。

根据连接的状态，可分为静态连接和动态连接。

根据连接的复杂性，可分为简单的连接器和复杂的连接器。

3）连接器的特性

连接器的特性反映了其对连接关系的处理性质，体现了对连接器设计的宏观性能要求。它包括连接的关系、角色和方向、交互方式、可扩展性、互操作性、动态连接性、请求响应时间、请求的处理策略、连接代价、连接处理能力、概念等级。

（1）连接的关系。连接的关系分为 $1:1$、$1:n$、$n:1$、$m:n$，分别指一对一、一对多、多对一、多对多的连接关系。

（2）连接的角色和方向。连接的角色是指参与连接一方的作用或地位，有主动和被动或请求和响应之分。连接的方向是指任何一端口是否可进行双向或仅可进行单向请求传递。连接中的角色也体现连接的方向性。

（3）连接的交互方式。连接的交互方式指请求信息传递的形式，包括信号式、语言式。对于信号式，请求和响应之间按照约定的信号实施处理；对于语言式，则需要建立较复杂的语言(协议)的解释、翻译、转换机制，以完成信息的处理。

（4）连接的可扩展性。连接的可扩展性指操作接口、功能、连接关系的动态可扩展性。所谓"动态"是相对于设计实现时的"静态"而言的。操作接口扩展为动态扩大或改变连接器的处理功能提供了可能。连接关系的扩展允许动态地改变被关联的部件集合和关联性质。

（5）连接的互操作性。连接的互操作性指连接的部件双方通过连接器所建立的关系，直接或间接操作对方信息的能力。例如，被共享的部分是允许双方互操作的。在 DCOM 实现中,客户可以直接请求服务组件的操作,但服务组件不能直接操作客户。

(6) 连接的动态连接性。连接的动态连接性,指接口所提供的操作,允许根据请求者或接收者或传送数据对象的不同,实施动态确定处理方法的性能。也就是连接行为的动态约束特性。

(7) 连接请求响应特性。连接请求响应特性包括响应的顺序性、同时性、并发性(同一、不同请求的多激发)。简单情况下,请求是根据发生的顺序一个一个地被处理的。在并行/并发环境下,连接器无法知道请求发生的时间,请求的到来可能是近乎同时的,而对每个请求的处理所需的时间和资源会有很大差别。为此,在不破坏处理逻辑的前提下,需要对多个请求具有并行处理的能力。在某些情况下,具体的处理次序是希望可以选择的。

(8) 连接请求的处理策略。连接请求的处理策略,指对请求处理的条件转移,包括对请求的传递、扩展、撤销。传递是当被连接器关联的某个部件无能力完成处理时把请求传递给其他部件。扩展是根据请求的特性将其分解成多个新的请求并发送给其他部件处理。撤销是根据请求的特性有条件地抑制掉。例如,设计模式中的责任链,可视界面对象对消息的处理等,都存在对请求或事件的传递、扩展、撤销处理。

(9) 连接的代价,处理速度或能力。连接的代价,如同一切软件系统一样,需要考察其对资源和时间消耗情况处理计算的复杂性。包括建立连接的代价、处理请求的代价。连接处理速度或能力,是反映连接代价的一方面,以处理请求的单位时间个数或处理信息的单位时间数量来衡量。

(10) 连接器的概念等级或层次。连接器的概念等级或层次是根据建立连接所处理问题的概念层次确定的。

(11) 共享数据的连接器。共享数据很早就被用作程序间的数据传递和交换机制。有共享数据区和共享文件两种形式。共享数据是指那些不具备主动行为的被动数据。具有主动性的共享连接数据是有主动行为的对象,可以作为一般部件处理。被动的共享连接数据作为连接器需要解决共享访问的互斥。

3. 软件工具酶与底物的连接

连接,是软件工具酶与底物间建立和维持行为关联和信息传递的途径。实现连接需要两个方面的支持:一是连接得以发生和维持的机制,一是连接能够正确、无二义、无冲突进行的保证。前者是连接实现的基础,后者是连接正确有效进行的信息交换规则,称作连接的协议。因此,连接的本质是连接的两个方面:实现机制和信息交换协议,简称机制和协议。

最简单的连接只有机制的作用,这种连接的信息传送能力是非常低的,因此使用上受到很大限制。复杂的连接是由于实现机制或协议的复杂化而产生的。这种连接的信息传递协议的复杂性却很高。简单的连接可以通过部件直接联系得到完成,复杂的连接则需要专门复杂连接的连接器得以实现。

1) 连接的实现机制

(1) 在硬件层。在硬件层可直接用于连接的机制有过程调用、中断、存储、栈、串行输入/输出、并行输入/输出、DMA。其中,过程调用是实现功能服务和抽象连接的基础;中断是实现硬件和复杂连接不可缺少的机制;存储是实现共享的主要方面和基础;栈是实现高层过程调用的参数传递的形式;DMA是实现大体积快速共享传输的机制;串行和并行是一切高层输入/输出连接的基础,包括文件和网络连接。该层面还应包括I/O端口的硬件和软件机制。

（2）在基础控制描述层。在基础控制描述层建立了高一层面的连接机制，它们是过程调用、动态约束、中断/事件、流、文件、网络、责任链。其中，过程调用是包含各类高层参数传递的；在低层次的过程调用上建立的高层抽象（包括同步调用、异步调用）；动态约束是实现动态连接和扩充的基础；流和文件概念是形成复杂连接关系的机制；责任链是建立在代码块链接之上的另一种功能动态连接关系；网络则是建立在串行输入/输出之上的远程连接的主要机制。

（3）在资源及管理调度层。在资源及管理调度层建立了更高层面的连接机制，它们有进程、线程、共享、同步、并行、分时并发、事件、消息、异常、远程调用，以及实现更复杂逻辑连接的注册表、剪贴板、动态连接、应用程序接口。

（4）在系统结构模式层。随着应用技术的发展，在系统结构模式层建立了面向应用的最高层次的连接机制，它们有管道、解释器、编译器、转换器、浏览器、组件、客户/服务、浏览/服务、OLE、ActiveX、ODBC 等。

2）连接的协议

协议是连接的规约，是实现有意义连接的保证。协议通常也是按照层次构成的，例如网络的 7 层协议结构。

即使在简单的过程调用中，也有协议在起作用。基础控制描述层的过程调用是对软化硬件层的过程调用的扩充，表现为有类型参数的传送。

在消息连接机制中，不同类型的消息都产生于同一个基础消息类，并具有不同的消息属性。对于消息系统来说，不同类型消息的属性和取值就是消息机制的连接协议，当然，还应该包括消息的传送和处理规则。

3）连接的特性

连接的特性包括连接的方向性、角色、激发方式、响应特性。

（1）连接的方向性。连接作为信息传送和控制的渠道具有方向性。控制有主控方和被控方，信息传送有信息的发送方和接收方。然而，复杂的连接都伴随有双向的通信联系。虽然连接是有方向性的，但在一次连接的实现中，通常都伴随有双向的通信。

（2）连接的角色。角色是对连接的双方所处地位不同的表达。在过程调用中，角色有调用方和被调用方；在客户端/服务器连接中，角色有客户方和服务器方。角色和地位的不同在连接的实施中表现为所进行的操作不同、期望获得的信息不同。

（3）连接的激发。激发是指引起连接行为的方式，分为主动方和从动方两个方面。主动方的行为激发方式有操作调用和事件触发，从动方的行为激发方式有状态查询、事件触发。连接的发出方式有一对一和一对多，其中，一对多又分为定点和不定点的连接广播方式。

（4）连接的响应特性。响应特性包括连接的从动方对连接请求的处理实时性、时间、方式、并发处理能力。在基于中断或并行、并发的连接中，多个连接请求同时发生的情况是存在的。连接是否具有处理这个复杂性的能力在许多应用中是十分重要的。

4）连接的不匹配及其解决方法

连接是使软件工具酶与底物实现互连和协同工作的机制。如果连接发生冲突或不匹配，则会造成它们连接的失败。产生连接冲突或不匹配的原因有多方面，包括连接的实现机制、协议、特性。一个方面有问题就会造成连接的不匹配。可以通过以下方法解决连接的不匹配问题。

由于在实现机制、数据表示、通信、包装、同步、语法、控制等方面的差异,软件工具酶与底物不能协调工作。下面只考虑软件机制和谐方面的问题,以及解决不匹配的方法。

(1) 全面改变软件工具酶的结构和功能,使其符合底物的要求。为了与底物协调,彻底重新设计实现软件工具酶,这是可行但代价高的处理办法。

(2) 把数据在从软件工具酶传输到底物的过程中,将其形式转换为底物可以接受的形式。在发生协议不匹配时,这是最常采用的解决方法。

(3) 通过协议的"握手"机制,使双方在开始正式传输前,识别对方的协议,以确定双方可以接受的连接行为,达成统一可接收的信息交换形式。

(4) 使底物的连接成为可支持多种实现机制和协议的形式。

(5) 在复杂的情况下,建立专门的标记语言处理协议的不匹配性。标记可以建立在传输的开始,也可以建立在传输的过程中,甚至是任何协议的转换过程中。数据库表的结构信息往往通过标记语言加以描述,这样可以在不同的环境中实现顺利的信息转换。该方法的不足是占用了额外的存储空间,降低了传输效率。

(6) 为底物提供信息输入/输出的转换器。可以使用外界独立工作的部件,或内嵌的转换部件达到功能扩充,以完成内外部数据格式之间的相互转换。

(7) 引入信息交换的中间形式。有两种形式:在它们之外建立信息交换表示,或发布信息交换的通用标准。

(8) 在软件工具酶上添加转换器,使其与底物连接,达到两部分之间的正常交互。这其实是在连接的两方之间增加一个中介部件(连接器),负责完成数据和协议等实现机制的转换,以协调连接双方的行为,消除连接的不匹配。

(9) 把软件工具酶通过代理而包装起来,使其最终的部件模拟要求的连接。包装而形成的新的连接软件工具酶的行为消除了不匹配。

(10) 保持软件工具酶和底物的工作版本始终一致,这样可有效避免产生非预期的不匹配。

5) 与底物的连接方式

软件工具酶与底物连接有四种方式:过程调用、远程过程调用、事件触发、服务连接。过程调用表是实现更复杂过程调用关系的方法。

(1) 过程调用方式。即部件与部件之间通过对方的过程、函数或方法的显式调用实现连接的方法。这是最普通和常用的方法,它是通过硬件 CPU 提供的 CALL 和堆栈机制实现的。为了实现调用,必须知道对方部件的标识和对方部件所对外提供的操作过程标识及其参数设置。

(2) 过程调用表方式。过程调用表(见图 5-26)是通过过程表格系统地进行管理过程调用的方法。各过程按照标识排列在一个过程表中,建立起标识和具体执行代码之间的对应。具体过程的调用可以按照过程标识或过程标识在表中位置的号码通过转换进行。按照过程标识调用时,经过标识的搜索确定执

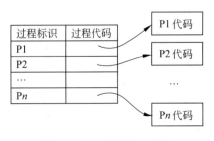

图 5-26 过程调用表方式

行代码后转入过程的运行。按照过程标识在表中位置的过程号码调用时,直接根据号码确定执行代码后转入过程的运行。

(3)中断部件触发方式。中断部件触发方式(见图 5-27)是通过硬件提供的中断及其控制机制实现部件连接的方法。在该方法中,部件操作的调用是通过中断设置和中断触发实现的。中断设置是将特定的中断号码的中断指针指向待操作的代码入口,并允许接受所关心号码的中断请求。当相应号码的中断发生后,随即在参数参与下执行对应操作。用特定名称标识中断号码,就形成事件触发的部件连接方式。消息传递是建立在此方式之上的更加系统和复杂、更易于用户控制的事件触发机制。

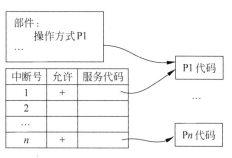

图 5-27 中断部件触发方式

(4)过程链接方式。过程链接(见图 5-28)也称作操作链接或责任链传递结构。这是对具有相同标识,但操作代码各不相同的多个过程或事件操作的链接方法。相同的过程或事件标识标明控制要转到相同的代码中。为了实现不同过程或事件的操作,需要增加额外的控制标识。在过程或事件标识被识别后,控制标识作为参数起到进一步完成控制转向的作用。为了实现链接,通常在过程或事件的主代码中采用条件语句,或开关语句,或过程调用表控制结构,并要求在代码结尾处用特定代码将不同控制标识的操作代码块链接起来,而形成过程链接方式。

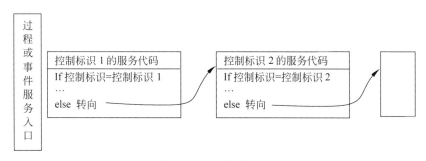

图 5-28 过程链接方式

(5)服务连接方式。服务连接方式(见图 5-29)的服务部件由接口、分析器、执行器构成。其他部件与服务部件进行交互是通过接口进行的。分析器按照指定的句法形式对接口收到的服务请求信息进行分析,确认正确后交执行器完成操作,并将结果返回给请求部件。

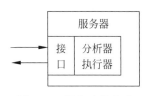

图 5-29 服务连接方式

(6)远程过程调用。远程过程调用(见图 5-30)即 RPC(Remote Procedural Call)。这是网络分布运行状态下的过程调用。为了实现远程过程调用,需要在操作请求端建立一个被请求部件 2 的代理部件。部件 1 的所有请求都发送给代理部件。代理部件通过连接网络建立与部件 2 的联系,把操作请求发送给部件 2。部件 2 处理完操作后,又通过连接网络将结果返回给代理部件,并最终传送给部件 1。

学科前沿 ★★

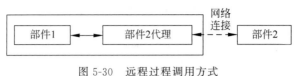

图 5-30　远程过程调用方式

5.3.4　专用工具酶,集成及演化

1. 需求分析工具酶的结构

需求分析工具酶应用于软件生命周期的第一个阶段,即软件开发的需求分析阶段。它是能够辅助系统分析人员对用户的需求进行提取、整理、分析并最终得到完整而正确的软件需求分析式样,从而满足用户对所构建系统的各种功能、性能需求的辅助手段。

根据以上提出的需求分析工具酶的功能,现抽象简化后归纳为以下几点:用户界面,信息仓库,辅助需求的描述,需求分析说明书生成,见图 5-31。

2. 设计工具酶的结构

(1) 结构化的设计工具酶。根据以上提出的需求分析工具酶的功能,现抽象简化后归纳结构化的设计工具酶的功能点为:用户界面,信息仓库,多种方法设计工具,结构图编辑功能,一致性检查功能,设计文档说明书生成,见图 5-32。

图 5-31　需求分析工具酶结构　　　　图 5-32　结构化设计工具酶结构

(2) 面向对象的软件工程方法设计工具酶。根据以上提出的需求分析工具的功能,现抽象简化后归纳面向对象的软件工程方法设计工具酶功能点为:用户界面,信息仓库,多种设计方法工具,视图的生成和编辑功能,对象和类定义描述,框架代码生成,设计文档说明书生成,见图 5-33。

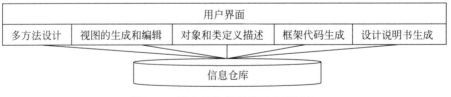

图 5-33　面向对象的设计工具酶结构

3. 代码生成器

代码生成器(Code Generator)的基本任务是根据设计要求,自动或者半自动地产生相应的某种语言的程序。图 5-34 是代码生成器工作的基本轮廓。它的输出是程序代码,而输入有三个方面:信息库中存储的有关信息、使用者通过人机界面输入的命令、参数及其他要求和用于生成代码的程序框架及组件。

输出程序代码是这个模块的目标。输出的代码有两种情况:某种高级程序设计语言的代码或某种机器(包括硬件和操作系统)环境下可运行的机器指令。

生成代码时依据的是三个方面的材料：首先是信息库里已有的资料；其次，代码生成器还要利用各种标准模块的框架和构件；第三是使用者临时通过屏幕前操作送入的信息。

4．测试工具酶

作为软件测试工具酶，一般认为其构成最少包括五方面的要素：用户接口，系统配置管理子系统，软件评价方法编辑子系统，软件评测子系统和评测报告生成子系统，见图5-35。

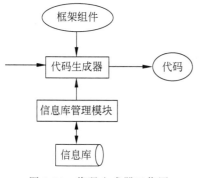

图 5-34　代码生成器工作图　　　　　　图 5-35　测试酶结构

（1）用户接口。最好采用基于 GUI 的界面方式，通过统一的交互式用户接口以协调其他各子系统的工作。

（2）系统配置管理子系统。对评测系统的系统参数进行管理，通过修改这些参数可以重新配置评测系统和对软件进行不同验收标准的测试。

（3）软件评价方法编辑子系统。可以编辑对语言描述进行评价的方法。该系统可进行词法分析、语法分析和错误检查，从而形成软件评价方法的内部表现形式，并将其存放于软件评测方法库中。

（4）软件评测子系统。对被评测软件进行分析和测试，通过调用软件评测方法库中的方法和评测标准对被评测软件进行评测。软件评测子系统应该既可采用人机交互的方式进行评测，又可采用自动方式进行评测并将软件评测数据放入评测数据库中。

（5）评测报告生成子系统。创建、编辑评测报告的模板，放入评测报告模板库中，用户可以根据具体模板生成符合特定需要的测试报告。

5．项目管理工具酶

20 世纪 90 年起，软件工具酶理论中，项目管理占有一定的地位。根据前面的讨论，项目管理的目标有六点：进度控制，费用控制，质量控制，合同管理，信息管理和协调沟通，见图 5-36。

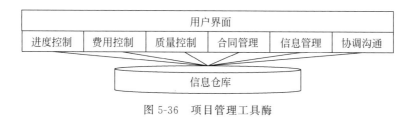

图 5-36　项目管理工具酶

学科前沿 ★★

思 考 题

一、名词解释

1. 软件产品线
2. 网构软件
3. 生物酶
4. 软件工具酶
5. 演化计算
6. 软件基因
7. 软件基因组

二、简答题

1. 简单介绍软件工程的发展历程。
2. 简单介绍软件产品线的结构。
3. 软件工具酶有什么作用？其作用机制是什么？
4. 软件工具酶有哪些催化特点？
5. 简单介绍软件转换法则。

三、分析题

1. 详细分析软件工具酶与底物结合的两种模式。
2. 对未来软件的开发模式做简单的分析。
3. 分析国内最新网构软件的发展与研究。

第二部分
应用技术

第6章 CASE 环境与工具的开发与选用

本章将介绍 CASE 环境与工具的开发、CASE 环境与工具的采购过程、CASE 环境与工具的使用和维护,以及 CASE 环境和工具的评价。通过本章的学习,学生需要了解 CASE 环境与工具的开发方法、CASE 环境与工具的采购方法、CASE 环境与工具的使用和维护方法,以及如何进行 CASE 环境和工具的评价。

6.1 CASE 环境与工具的开发

6.1.1 CASE 的开发方式

CASE 的开发方式有联合开发策略、应用软件包策略和外包策略这几种。

1. 联合开发策略

联合开发是指某一个组织(订购 CASE 环境与工具的一方)的 IT 人员和软件开发公司(开发 CASE 环境与工具的一方)的技术人员一起工作,共同完成(CASE 环境与工具)开发任务。该策略适合于企业有一定的信息技术人员,但可能对 CASE 环境和工具开发规律不太了解,或者是整体优化能力较弱,希望通过 CASE 环境和工具的开发完善和培养自己的技术队伍,以便于后期的系统维护工作。

联合开发方式需要成立一个临时的项目开发小组,由企业业务骨干(甲方人员)与开发人员(乙方人员)共同组成,项目负责人可由甲方担任或由乙方担任,或者双方各出一位负责人,项目负责人直接对企业的"一把手"负责,紧紧围绕项目开发这一任务开展工作。该项目组是一个结构松散的组织,其人员与运作方式随着项目开发阶段的不同而不同,可根据需要随时增减人员与调整工作方式。

项目组应严格挑选与控制人员,经验告诉我们,在 CASE 环境和工具开发这种特殊的项目中随意增加人员,并不能加快系统开发的进程。该方式强调在开发过程中通过共同工作,逐步培养企业自身的人才。项目开发任务完成后,项目组一般会自行解散,后期的系统维护工作将主要由企业自身的人员承担。

另外,该方式还强调合作双方关系的重要性,建立一种诚信的、友好的合作关系对完成项目是至关重要的。

由于联合开发方式具有很强的针对性与灵活性,在我国被广泛采用。它的优点是相对于委托开发方式比较节约资金,可以培养、增强企业的技术力量,便于系统维护工作。缺点是双方在合作中易出现扯皮现象,需要双方及时达成共识,进行协调和检查。

2. 应用软件包策略

应用软件包策略是通过购买应用软件包的办法建设某一个组织的 CASE 环境和工具，这是目前广泛采用的方法。软件包(Application Software Package)是由软件供应商提供预先编写好的应用软件以及相应的系统建设服务方法。应用软件包提供的范围可以是一个简单的任务，也可以是复杂的大型系统的全部管理业务。

应用软件包之所以被广泛采用，一是因为对于很多组织来说，都有共同的特性。实际上，很多组织都具有标准、统一的工作程序。二是应用软件包策略减少开发时间和费用。当存在一个适合的软件包时，组织就可以直接使用，这样减少了很多开发过程的浪费。三是软件供应商在提供软件的时候，一般都提供大量的持续的系统维护和支持，可以满足用户不断适应市场变化的需要。四是软件供应商提供了先进的工作流程。

对于组织的特殊要求，软件供应商还可以提供定制服务。定制服务允许改变软件包来满足一个组织的特殊需求，而无须破坏该软件包的完整性。一些软件包采用组件开发思想，允许顾客从一组选项中仅选择他们所需要的处理功能的模块。

但是，没有一个软件包的方案是完美的。无论多么优秀的软件在解决具体企业的具体问题的时候，都会存在软件中找不到对应的功能部分的问题。因此，软件的二次开发是难免的。即都存在定制的要求，大量的定制给项目建设带来风险和困难，因此，选择合适的软件是应用软件包策略首要考虑的问题。其次，如果定制要求很多，系统建设费用将成倍增长。而这些费用属于隐藏费用，软件包最初的购买价格往往具有欺骗性。另外，项目建设中的有效管理是控制过程成本的有效途径。

3. 外包策略

如果一个组织没有内部资源来建立 CASE 环境和工具或者运转 CASE 环境和工具，可以雇佣专门从事这些服务的组织来做这些工作，这种把应用开发转给外部供应商的过程叫作外包。外包是 CASE 环境和工具建设的方式之一。主要是因为多数组织认为外包是一种低成本建设 CASE 环境和工具的策略。尤其是对于那些业务波动的组织，外包策略提供给他们的是使用后付费方式，有效地降低了组织的成本。对于软件供应商来说，外包也使他们从规模经营中获得效益。通过提供具有竞争力的服务，外包软件的供应商获得稳定的收益。外包策略有很多优点：①降低成本；②获得标准流程的服务支持；③减少技术人员的需求；④降低 CASE 环境和工具建设的风险。

外包是组织资源外部化的一种方式，因此，外包常常引发一系列问题，如组织可能失去对 CASE 环境和工具的控制，甚至是组织关键资源的控制。当 CASE 环境和工具的控制转向外部的时候，往往意味着组织商业秘密的外部化。如果组织不限制外包供应商为其竞争对手提供服务或开发软件的话，可能会给组织带来危害。因此，组织需要对外包 CASE 环境和工具进行管理，还需要建立一套评价外包供应商的评鉴标准，并建立相应的约束机制，如在合同中写明提供给其他客户类似的服务要征得该组织的同意等条款。认真设计外购合同是减少风险的一种有效办法。

6.1.2 基于组件技术的 CASE 开发

面向对象技术衍生了组件技术，组件技术为软件开发提供了改良的方法，这些原理共同建立了一种主要的新的技术趋势。组件技术据称是近几十年来软件领域最大的成就。组件具有两个特点：分布性和可重用性。组件原理包括：组件的下层构造、软件模式、软件架构、基于组件的开发。

1. 组件与对象的对比

组件是软件系统中具有相对独立功能、接口由契约指定、和语境有明显依赖关系、可独立部署、可组装的软件实体。C++ Builder 中，一个组件就是一个从 TComponent 派生出来的特定对象。组件可以有自己的属性和方法。属性是组件数据的简单访问者。方法则是组件的一些简单而可见的功能。使用组件可以实现拖放式编程、快速的属性处理以及真正的面向对象的设计。VCL 和 CLX 组件是 C++ Builder 系统的核心。

组件可以被认为是面向对象和其他软件技术的化身。区分组件和其他先前的技术有四个原则：封装（Encapsulation）、多态性（Polymorphism）、后期连接（Late binding）和安全性（Safety）。这个列表与面向对象是重复的，除了删除了继承（Inheritance）这个重点。在组件思想中，继承是紧密耦合的、白盒（White-box）关系，对于大多数形式的包装和重复使用都是不适合的。组件通过调用其他的对象和组件重复使用功能，代替了从它们那儿继承。在组件术语中，这些调用称作委托（Delegations）。

所有组件都拥有与它们的实现对应的规范。这种规范定义了组件的封装（例如它为其他组件提供的公共接口）。组件规范的重复使用是多态性的一种形式，它受到高度鼓励，组件技术是软件的可重用性的基础。理想情形是，组件规范是本地的或全局的标准，它在系统、企业或行业中被广泛地重复使用。

组件利用合成（Composition）来建立系统。在合成中，两个或多个组件集成到一起以建立一个更大的实体，而它可能是一个新组件、组件框架或整个系统。合成是组件的集成。结合的组件从要素组件中得到了联合的规范。

如果组件符合了客户端调用和服务的规范，那么它们不需要额外编写代码就能够实现交互操作（Interoperate）。这一般被称为即插即用（Plug-and-Play）集成。在运行时间执行的时候，这是后期连接的一种形式。例如，某个客户端组件可以通过在线目录发现组件服务器（类似 CORBA Trader 服务）。组件符合客户端和服务接口规范后，就能够建立彼此之间的运行时绑定，并通过组件的下部构造无缝地交互作用。

理想的情形是，所有组件都完全符合它们的规范，并且从所有的缺陷中解放了出来。组件的成功运行和交互操作依赖于很多内部和外部因素。安全性属性可能是有用的，因为它可以最小化某个组件环境中的全部类的缺陷。随着社会日益依赖于软件技术，安全性已经成为一种重要的法定利害关系，并成为计算机科学研究中的最重要课题之一。例如，Java 的垃圾收集（Garbage Collection）特性保证了内存的安全性，或者说从内存分配缺陷（在 C++ 程序中这是有问题的）中解放出来了。其他类型的安全性包括类型安全性（Type Safety，用于保证数据类型的兼容性）和模块安全性，控制着软件扩展和组件合成的效果。

2. 组件的构造

很多平台厂商都把自己的未来寄托在组件产品线上。特别地，Microsoft、Sun、IBM 和 CORBA 社团都已经通过大量的技术和市场投资建立了重要的组件下部构造。这些组件下部构造（Microsoft 公司的.NET 和 Sun 公司的 Enterprise JavaBeans 包含 CORBA）都是与行业中面向对象的企业应用程序开发部分竞争的主要的下部构造。这些技术通过共同支持的 XML、Web 服务和其他企业应用程序开发的标准把互相之间的交互操作进行了很大的扩充。

在很多了解 Internet 的组织中，Java 应用程序服务器已经取代了 CORBA 的角色。CORBA 缺乏的是对可伸缩性、可靠性和可维护性的直接支持。现在这些能力都是大多数 Java 应用程序服务器支持的标准特征了。

组件的下部构造对于软件开发有重要的影响。在很多方面，这些下部构造正在向成为主流开发平台的方向前进。因为它们都变成了可以交互操作的(通过 CORBA IIOP)，下部构造模型之间的关系都很好理解了。它们的相似点远远大于它们的专利的差异。

下部构造的选择是讨论得最多的一个问题，但是对于组件的实现而言，其重要性却最低。对于共同开发者来说，最重要的问题会在选择下部构造之后遇到。这些问题包括如何掌握使用这种技术进行设计、如何架构系统、如何协调彼此之间的开发工作。

3. 组件软件的设计模式

软件设计模式由能够应用于所有组件下部构造的软件知识的共同主体组成。软件设计模式是检验过的用于解决特定类别的结构上的软件问题的设计方法，它们已经备案以供其他开发者重复使用。其他重要的模式类别还包括分析模式和 Anti-Patterns。分析模式定义了对业务信息进行建模的检验过的方法，它可以直接应用于新软件系统和数据库的建模。

软件设计模式是组件的一个必要的元素。新的、可以重复使用的组件的开发要求的设计、规范和实现都有专家级的质量。经过检验的设计方案对于建立成功的应用程序系列的组件架构和框架是有必要的。通常，在没有检验过的设计观念中偶然性变数太多了。

软件设计模式的流行可以看作对面向对象在实践中的缺点的反映。Anti-Patterns 解释了人们开发面向对象软件系统(以及其他类型的系统)的时候通常犯的错误。想要建立成功的系统不仅需要基础的面向对象的原理。设计模式解释了有效的软件设计所需要的额外的、改善的想法。分析模式提出了概念和数据的有效建模所必须包含的改善的想法。

在软件开发中彻底改造设计思想仍然是很普遍的，这导致了"实验-错误"实验法的风险和延迟。实际上，大多数软件方法鼓励彻底地改造，把它作为开发的一般模式。给定了需求的改变、技术革新和分布式计算的挑战压力之后，彻底改造对于很多环境都是不必要的风险。这种意见特别适用于组件的开发，在这种情形中缺陷和重新设计的代价可能影响多个系统。

总而言之，软件设计模式可以用知识的重复使用来描述。有趣的是，大多数模式都被认为像专家级开发者的常识一样简单。但是，对于大多数开发者来说，模式是技术训练中必要的部分，它可以帮助开发者获得世界级的结果。

4. 组件软件的架构

软件的架构涉及从早期的系统概念到开发和操作范围内的系统结构的计划和维护。好的架构是稳定的系统结构，其可以适应需求和技术的改变。好的架构确保了系统的生命周期中人们需求(例如质量)的持续的满意度。可以重复使用的组件是良好的架构的例子。它们支持稳定的接口规范，可以适应改变，是在很多系统环境中重复使用的结果。

软件架构在组件的设计、规范和使用中扮演着重要角色。软件的架构提供了组件设计和重复使用的设计环境。组件在软件架构的预定义方面扮演一定的角色。例如，组件框架就可能预定义了系统的某个重要部分的架构。

6.1.3 开发管理的内容与步骤

在具体实施 CASE 环境和工具开发项目管理时,可按下面 5 个步骤来进行。

1. 任务分解

任务分解(Work Breakdown Structure,WBS),又叫任务划分或工作分解结构,是把整个 CASE 系统的开发工作定义为一组任务的集合,这组任务又可以进一步划分成若干个子任务,进而形成具有层次结构的任务群。使任务责任到人,落实到位,运行高效。任务划分是实现项目管理科学化的基础,虽然进行任务划分要花费一定的时间和精力,但是在整个系统开发过程中将会越来越显示出它的优越性。

任务划分包括的内容有:任务设置,资金划分,任务计划时间表,协同过程与保证完成任务的条件。任务设置是在统一文档格式的基础上详细说明每项任务的内容、应该完成的文档资料、任务的检验标准等。资金划分是根据任务的大小、复杂程度、所需的硬件、软件、技术等多种因素确定完成这项任务所需的资金及分配情况。任务计划时间表是根据所设置的任务确定完成的时间。协同过程与保证完成任务的条件是指在任务划分时要考虑为了完成该项任务所需要的外部和内部条件,即哪些人需要协助、参与该项任务,保证任务按时完成的人员、设备、技术支持、后勤支持是什么等。在进行了任务划分之后,将这些任务落实到具体的人,并建立一张任务划分表,在这张表中标明任务编号、任务名称、完成任务的责任人,其中,任务编号是按照任务的层次对任务进行编码,最高度的任务为 1,2,3,…,对任务 1 的分解为 1.1,1.2,1.3,…,对任务 2 的分解为 2.1,2.2,2.3,…,以此类推。

任务分解的主要方法有以下三种。

(1) 按 CASE 系统开发项目的结构和功能进行划分。即可以将整个 CASE 系统分为硬件系统、系统软件、应用软件系统。CASE 硬件系统可分为服务器、工作站、计算机网络环境等,考虑这些硬件的选型方案、购置计划、购置管理、检验标准、安装调试计划等内容,制定相应的任务;CASE 系统软件可划分为网络操作系统软件、后台数据库管理系统、前台开发平台等,考虑这些软件的选型、配件、购置、安装调试等内容并制定相应的任务;对于 CASE 软件可将其划分为输入、显示、查询、打印、处理等功能,考虑对系统进行需求分析、总体设计、详细设计、编程、测试、检验标准、质量保证、审查等内容并制定相应的任务。

(2) 按 CASE 系统开发阶段进行划分。即按照系统开发中的系统分析、系统设计、系统实施及系统实施中的编程、系统测试、系统安装调试、系统试运行、系统运行等各个阶段划分出每个阶段应该完成的任务、技术要求、软硬件系统的支持、完成的标准、人员的组织及责任、质量保证、检验及审查等项内容,同时还可根据完成各阶段任务所需的步骤将这些任务进行更细一级的划分。

(3) 将(1)与(2)结合起来进行划分。采用这种方法主要是从实际应用考虑,兼顾两种方法的不同特点而进行。

在进行任务划分过程中应特别注意以下两点。一是划分任务的数量不宜过多,但也不能过少。过多会引起项目管理的复杂性与系统集成的难度;过少会对项目组成员,特别是任务负责人有较高的要求,而影响整个开发,因此应该注意任务划分的恰当性。二是在任务划分后应该对任务负责人赋予一定的职权,明确责任人的任务、界限、对其他任务的依赖程度、确定约束机制和管理规则。

2. 计划安排

依据任务划分即可制定出整个 CASE 项目管理计划,并产生任务时间计划表。开发计划可以划分为配置计划、CASE 软件开发计划、测试和评估计划、验收计划、质量保证计划、系统工程管理计划和项目管理计划等。

(1) 计算机硬件系统、系统软件配置计划包括建立系统基准,配置、选型、购置、安装调试过程,在变化的情况下如何保持系统基准的稳定,最终产品的文档。

(2) CASE 软件开发计划包括将用户需求转换为相应的项目,软件开发过程,集成软件的过程,测试软件的过程。

(3) 测试和评估计划包括整个 CASE 的集成,整个 CASE 的测试,给用户展示系统的工作情况,准备给用户使用系统。

(4) 验收计划包括准备验收文档,如何将最终系统提供给用户。

(5) 质量保证计划包括验证开发质量,确定外部产品质量。

(6) CASE 工程管理计划包括管理全部系统开发任务,跟踪用户对系统开发的需求。

(7) 项目管理计划包括何时及如何完成任务,建立完成的策略和标准,各种计划的协调。

计划安排还包括培训计划、安装计划、安全性保证计划等。当这些计划制定出来后,可以画出任务时间计划表,表明任务的开始时间、结束时间,表明任务之间的相互依赖程度。这个任务时间计划表可以按照任务的层次形成多张表,系统开发的主任务可以形成一张表,它是所有子任务时间计划表建立的基础。这些表是所有报告的基础,同时还可以帮助对整个计划实施监控。任务时间计划表的建立可以有多种方法,它可以采用表格形式,也可以使用图形来表达,也可以使用软件工具,其表达方式取决于实际的应用需求。

3. 项目经费管理

项目经费管理是 CASE 开发项目管理的关键因素,项目经理可以运用经济杠杆来有效控制整个 CASE 开发工作,达到事半功倍的效果。在项目管理中,赋予任务负责人一定职责的同时,还要赋予其相应的支配权,也要对其进行适当的控制。

在经费管理中要制定两个重要的计划,即经费开支计划和预测计划。

经费开支计划包括完成任务所需的资金分配;确认任务的责权和考虑可能的超支情况;系统开发时间表及相应的经费开支;如果需要变动,及早通知项目经理。

预测开支计划包括估计在不同的时间所需的经费情况,了解项目完成的百分比,与经费开支计划相比较,允许项目经理做有计划的经费调整。

4. 项目审计与控制

项目审计与控制是整个 CASE 项目管理的重要部分,它对于整个 CASE 开发能否在预算的范围内按照任务时间表来完成相应的任务起着关键的作用。相应的管理内容和步骤如下。

(1) 制定 CASE 系统开发的工作制度。按照所采用的开发方法,针对每一类开发人员制定出其工作过程中的责任、义务、完成任务的质量标准等。

(2) 制定审计计划。按照总体目标和工作标准制定出进行审计的计划。

(3) 分析审计结果。按计划对每项任务进行审计,分析执行任务计划表和经费的变化情况,确定需要调整、变化的部分。

（4）控制。即根据任务时间计划表和审计结果，掌握项目进展情况，及时处理开发过程中出现的问题，及时修正开发工作中出现的偏差，保证系统开发工作的顺利进行。

对于 CASE 开发中出现的变化情况，项目经理要及时与用户和主管部门联系，取得他们的理解和支持，及时针对变化情况采取相应的对策。

5. 项目风险管理

CASE 开发项目实施过程中，尽管经过前期的可行性研究以及一系列管理措施的控制，但其效果一般来说还不能过早地确定，它与风险联系着，可能达不到预期的效果，费用可能比计划的高，实现时间可能比预期的长，而且，硬件和软件的性能可能比预期的低，等等。因此，任何一个 CASE 开发项目都应具有风险管理，这样才能充分体现出成本分析的优点，在风险管理中应注意的是：①技术方面必须满足需求，应尽量采用商品化技术，这样可以降低系统开发的风险；②开销应尽量控制在预算范围之内；③开发进度应尽量控制在计划之内；④应尽量与用户沟通，不要做用户不知道的事情；⑤充分估计到可能出现的风险，注意倾听其他开发人员的意见；⑥及时采纳减少风险的建议。总之，风险管理也是项目管理的重要内容，是项目经理的特别职责。

风险管理过程可以划分为以下几个步骤。

（1）第一步，风险辨识。首先列出一个潜在问题表，然后再考虑其中有哪些问题会出现风险。风险的确定应听取技术专家和广大用户的意见。潜在的风险源包括：①在总体规划和系统分析阶段所进行的需求分析不完全、不清楚、不稳定、不可行，最终影响 CASE 软件集成和系统集成。设计结果的可用性、可实施性、可测试性较差，影响系统的后续开发工作。②在程序设计过程中，可能出现的非一致性或系统的支持较差。③在整个开发过程中，遇到困难和问题时，开发人员可能出现的矛盾和不协调性将影响系统开发的质量和开发进度。④在实施项目管理过程中，计划的准确性、可监控性、经费运用及分配情况等都将对整个开发工作产生影响。

（2）第二步，风险分析。对辨识出的风险进行进一步的确认后分析风险概况，即假设某一风险出现后，分析是否会有其他风险出现，或是假设这一风险不出现，分析它将会产生什么情况，然后确定主要风险出现最坏情况后，如何将此风险的影响降低到最小，同时确定主要风险出现的个数及时间。

（3）第三步，风险缓和。通过对风险的分析确定出风险的等级，对高级的风险要制定出相应的对策，采取特殊的措施予以处理，并指定专人负责重要风险项目的实施，同时在风险管理计划中进行专门的说明。

（4）第四步，风险跟踪。对辨识后的风险在 CASE 系统设计开发过程中进行跟踪管理，确定还会有哪些变化，以便及时修正计划。具体内容包括：①实施对重要风险的跟踪；②每月对风险进行一次跟踪；③风险跟踪应与项目管理中的整体跟踪管理相一致；④风险的内容和对项目开发的影响应随着时间的不同而相应地变化。

因此，在项目实施管理过程中，随时研究项目风险并做出相应的对策是管理工作不可缺少的。通常影响项目内在风险的因素有三个：项目的规模、业务的结构化程度以及项目的技术难度。

项目管理中风险管理方法，是根据项目风险水平进行组织和管理。为了搞好项目，管理可采用四种措施和技术：①项目组与用户结合的外部结合措施和技术。例如，用户项目管理组织、用户参加的项目小组和用户指导委员会。②项目组协调工作的内部结合措施和技术。例如,项目评审会、备忘录和项目组参与决策。③任务结构化、条理化的规范的计划措施和技术。例如,关键路线图、抓重大事件以及项目审批程序等。④估计项目进程的规范化控制措施和技术。例如,具有差异分析的一系列正式的状态报告。

通常,任务的结构化程度越低,越需要外部与用户的高度结合。采用难度大的高技术项目通常借助高度的内部项目结合和规范化很低的计划和控制。规范化高的计划和控制对技术难度低而规模大的项目最为有用。

如果一个风险高的项目获得成功,将能得到最大的期望效益。当冒着某种风险去实现规模大、非结构化的高技术项目时,把具有不同风险和不同项目组织管理的一些项目结合起来,可以使企业获得令人满意的结果。

对 CASE 系统的建设来说,项目管理中风险管理十分重要,因其涉及方方面面的开发人员和广大的最终用户。为了保证系统开发的顺利进行,除了要建立一整套的管理职责和规范,坚持将一种正确的开发方法贯穿始终外,还要做好各类人员的思想沟通,"使开发项目组的全体人员自始至终都能保持一个声音说话"。

6.2 CASE 环境与工具的采购过程

6.2.1 CASE 环境与工具采购选择的过程

随着软件开发新技术、新方法和新概念的不断涌现和发展,各类新 CASE 工具层出不穷。由于大多数 CASE 环境和工具仅支持软件生存周期过程中的特定活动,因此按软件过程的活动工具通常可分为:第一,支持软件开发过程的工具,如需求分析工具、需求跟踪工具、设计工具、编码工具、排错工具、测试和集成工具等;第二,支持软件维护过程的工具,如版本控制工具、文档工具、开发信息库工具、再工程工具(包括逆向工程工具、代码重构与分析工具)等;第三,支持软件管理和支持过程的工具,如项目计划工具、项目管理工具、配置管理工具、软件评价工具、度量和管理工具等。

通常,软件组织为提高工作效率,提高软件质量而选用 CASE 环境和工具时,对需要什么样的工具,哪一种工具是最适合的,工具如何满足组织的目标,如何与组织的文化背景和应用环境相融合等问题常常是比较盲目的,缺乏充分依据,因而往往造成一些不必要的时间或资源的浪费。越来越多的实践表明,采用一种客观的 CASE 环境和工具的评价、选择与采用机制,对软件组织选用合理的 CASE 环境和工具,提高生产率,改进软件开发过程是十分必要的。

为了规范 CASE 环境和工具的采用工作,指导软件组织成功地选择适用的工具,国际标准化组织和国际电工委员会于 2007 年发布了 ISO/IEC TR 14471—2007《信息技术 CASE 工具的采用指南(第二版)》标准,2014 年,中华人民共和国国家标准化指导性技术文件 GB/Z 18914—2014《信息技术 软件工程 CASE 工具的采用指南》发布,代替 GB/Z18914—2002,其全面、综合地给出了 CASE 环境和工具的采购选择可能会遇到的各种问题。CASE 环境和工具的采购选择过程工作可划分为 4 个主要过程、4 个子过程和 13 个活动。这 4 个主要过程分别如下(如图 6-1 所示)。

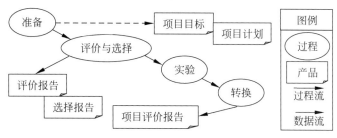

图 6-1　CASE 环境和工具采用过程

（1）准备过程。其主要工作是定义采用 CASE 环境和工具的目标,将诸如提高软件组织的竞争地位、提高生产率等高层的商业目标分解细化为改进软件过程、提高设计质量等具体的任务和目标,分析、确定经济和技术上的可行性和可测量性,制定一个具体的执行计划,包括有关里程碑、活动和任务的日程安排,对所需资源及成本的估算,以及监督控制的措施等内容。这一过程由下面 4 个活动组成:①设定目标;②验证可行性和可测量性;③制定方针;④制定计划。在此过程中,需要考虑若干关键成功因素,比如采用过程的目标是否清晰并且是可测量的,管理层的支持程度,工具在什么范围内使用的策略,是否制定了在组织内推广使用工具的计划,工具的典型用法能否调整为与软件组织现行的工作流程或工作方法一致,是否制定了与采用过程有关的员工的培训内容,以及新旧两种工作方式转换时能否平稳进行,等等。制定方针时,组织可以剪裁这些关键成功因素,以满足自己的商业目标。

（2）评价和选择过程。该过程是为了从众多的候选工具中确定最合适的工具,以确保推荐的工具满足组织的要求。这是一个非常重要的过程。其中最关键的是要将组织对 CASE 环境和工具的需求加以构造,列出属于 CASE 环境和工具的若干特性或子特性,并对其进行评价和测量,软件组织根据对候选工具的评价结果决定选择哪一种工具。这一过程由 4 个子过程组成:启始过程、构造过程、评价过程、选择过程。

（3）实验项目过程。该过程是帮助软件组织在它所要求的环境中为 CASE 环境和工具提供一个真实的实验环境。在这个实验环境中运用选择的 CASE 工具,确定其实际性能是否满足软件组织的要求,并且确定组织的管理规章、标准和约定等是否适当。它由 4 个活动组成:①启始实验;②实验的性能;③评价实验;④下一步决策。

（4）转换过程。该过程是为了从当前的工作流程或工作习惯转为在整个组织内推广使用新的 CASE 环境和工具的过程。在此过程中,软件组织充分利用实验项目的经验,尽可能地减少工作秩序的混乱状况,以达到最大地获取 CASE 技术的回报,最小地减少 CASE 环境和工具技术的投资风险的目的。这一过程由下述 5 个活动组成:①初始转换过程;②培训;③制度化;④监控和持续支持;⑤评价采用项目完成情况。

上述 4 个主要过程对大多数软件组织都是适用的,它覆盖了采用 CASE 环境和工具所要考虑的各种情况和要求,并且不限于使用特定的软件开发标准、开发方法或开发技术。在具体实践中,软件组织可以结合自己的要求以及环境和文化背景的特点,对采用过程的一些活动进行适当的剪裁,以适应组织的需要。

6.2.2　CASE 产品如何评价和选择

作为采用过程的重要一步——CASE 环境和工具的评价与选择,是对 CASE 环境和工具的质量特性进行测量和评级,以便为最终的选择提供客观的和可信赖的依据。

CASE 环境和工具作为一种软件产品,不仅具有一般软件产品的特性,如功能性、可靠性、易用性、效率、可维护性和可移植性,而且还有其特殊的性质,如与开发过程有关的需求规格说明支持和设计规格说明支持、原型开发、图表开发与分析、仿真等建模子特性;与管理过程有关的进度和成本估算、项目跟踪、项目状态分析和报告等特性;与维护过程有关的过程或规程的逆向工程、源代码重构、源代码翻译等特性;与配置管理有关的跟踪修改、多版本定义与管理、配置状态计数和归档能力等特性;与质量保证过程有关的质量数据管理、风险管理特性,等等。所有这些特性与子特性都是 CASE 工具的属性,是能用来评定等级的可量化的指标。

1995 年,国际标准化组织和国际电工委员会发布了 ISO/IEC 14012《信息技术 CASE 工具的评价与选择指南》标准;2000 年,中华人民共和国国家标准化推荐性技术文件 GB/T 18234—2000《信息技术 CASE 工具的评价与选择指南》发布。这些标准要求:软件组织若想在开发工作开始时选择一个最适当的 CASE 工具,有必要建立一组评价与选择 CASE 工具的过程和活动。

技术评价过程的目的是提供一个定量的结果,通过测量为工具的属性赋值,评价工作的主要活动是获取这些测量值,以此产生客观的和公平的选择结果。评价和选择过程由 4 个子过程和 13 个活动组成。

1. 初始准备过程

这一过程的目的是定义总的评价和选择工作的目标和要求,以及一些管理方面的内容。它由以下三个活动组成。

(1) 设定目标。提出为什么需要 CASE 环境和工具? 需要一个什么类型的工具? 有哪些限制条件(如进度、资源、成本等方面)? 是购买一个,还是修改已有的,或者开发一个新的工具?

(2) 建立选择准则。将上述目标进行分解,确定作出选择的客观和量化准则。这些准则的重要程度可用作工具特性和子特性的权重。

(3) 制定项目计划。制定包括小组成员、工作进度、工作成本及资源等内容的计划。

2. 构造过程

构造过程的目的是根据 CASE 环境和工具的特性,将组织对工具的具体要求进行细化,寻找可能满足要求的 CASE 环境和工具,确定候选工具表。构造过程由以下 3 个活动组成。

(1) 需求分析。了解软件组织当前的软件工程环境情况,了解开发项目的类型、目标系统的特性和限制条件、组织对 CASE 技术的期望,以及软件组织将如何获取 CASE 环境和工具的原则和可能的资金投入等。明确软件组织需要 CASE 环境和工具做什么? 希望采用的开发方法,如面向对象还是面向过程? 希望 CASE 环境和工具支持软件生存期的哪一阶段? 以及对 CASE 环境和工具的功能要求和质量要求,等等。根据上述分析,将组织的需求按照所剪裁的 CASE 环境和工具特性与子特性进行分类,为这些特性加权。

（2）收集 CASE 环境和工具信息。根据组织的要求和选择原则，寻找有希望被评价的 CASE 环境和工具，收集工具的相关信息，为评价提供依据。

（3）确定候选的 CASE 环境和工具。将上述需求分析的结果与找到的 CASE 环境和工具的特性进行比较，确定要进行评价的候选工具。

3. 评价过程

评价过程的目的是产生技术评价报告。该报告将作为选择过程的主要输入信息，对每个被评价的工具都要产生一个关于其质量与特性的技术评价报告。这一过程由以下 3 个活动组成。

（1）评价的准备。最终确定评价计划中的各种评价细节，如评价的场合、评价活动的进度安排、工具子特性用到的度量、等级，等等。

（2）评价 CASE 环境和工具。将每个候选工具与选定的特性进行比较，依次完成测量、评级和评估工作。测量是检查工具本身特有的信息，如工具的功能、操作环境、使用和限制条件、使用范围等。可以通过检查工具所带的文档或源代码（可能的话）、观察演示、访问实际用户、执行测试用例、检查以前的评价等方法来进行。测量值可以是量化的或文本形式的。评级是将测量值与评价计划中定义的值进行比较，确定它的等级。评估是使用评级结果及评估准则对照组织选定的特性和子特性进行评估。

（3）报告评价结果。评价活动的最终结果是产生评价报告。可以写出一份报告，涉及对多个工具的评价结果，也可以对每个所考虑的 CASE 环境和工具分别写出评价报告。报告内容应至少包括：关于工具本身的信息、关于评价过程的信息，以及评价结果的信息。

4. 选择过程

选择过程应该在完成评价报告之后开始。其目的是从候选工具中确定最合适的 CASE 环境和工具，确保所推荐的工具满足软件组织的最初要求。选择过程由以下 4 个活动组成。

（1）选择准备。其主要内容是最终确定各项选择准则，定义一种选择算法。常用的选择算法有：基于成本的选择算法、基于得分的算法和基于排名的算法。

（2）应用选择算法。把评价结果作为选择算法的输入，与候选工具相关的信息作为输出。每个工具的评价结果提供了该工具特性的一个技术总结，这个总结归纳为选择算法所规定的级别。选择算法将各个工具的评价结果汇总起来，给决策者提供了一个比较。

（3）推荐一个选择决定。该决定推荐一个或一组最合适的工具。

（4）确认选择决定。将推荐的选择决定与组织最初的目标进行比较。如果确认这一推荐结果，它将能满足组织的要求。如果没有一种合适的工具存在，也应能确定开发新的工具或修改一个现有的工具，以满足要求。

ISO/IEC14102 和 GB/T 18234—2000 标准所提出的这一评价和选择过程，概括了从技术和管理需求的角度对 CASE 环境和工具进行评价与选择时所要考虑的问题。在具体实践中软件组织可以按照这一思路进行适当的剪裁，选择适合自己特点的过程、活动和任务。不仅如此，该标准还可仅用于评价一个或多个 CASE 工具，而不进行选择。例如，开发商可用来进行自我评价，或者构造某些工具知识库时所做的技术评价等。

6.2.3 招标与投标

CASE 环境和工具的采购中可以采取招标和投标的方式。招标和投标是一种竞价方式。既可以用于拍卖,也可以用于采购。其中用于采购时,也有人将其称为反向拍卖。招标投标通常采取公开的形式,有大量投标人参与,使得招标人能够选择比较,选取最优方案。整个过程也利于监督审计。

各国对招标投标这种广泛采用的交易方式均制定了法律法规。2000 年,我国颁布实施《招标投标法》,以及随后的《招标投标法实施条例》;2017 年,《招标投标法》被修正实施。目前,工程建设项目包括所需的货物和服务,均需按照这部法律进行招标采购。企业可以按照法律进行招标投标,利用这种交易方式,同时保护自己的权益。

1. 招投标的基本法律主体

一般而言,招标投标作为当事人之间达成协议的一种交易方式,必然包括两方主体,即招标人和投标人。某些情况下,还可能包括他们的代理人,即招标投标代理机构。这三者共同构成了招标投标活动的参加人和招标投标法律关系的基本主体。

1) 招标人

招标人,也叫招标采购人,是采用招标方式进行货物、工程或服务采购的法人和其他社会经济组织。

(1) 招标人享有的权利一般包括:①自行组织招标或者委托招标代理机构进行招标;②自由选定招标代理机构并核验其资质证明;③委托招标代理机构招标时,可以参与整个招标过程,其代表可以进入评标委员会;④要求投标人提供有关资质情况的资料;⑤根据评标委员会推荐的候选人确定中标人。

(2) 招标人应该履行下列义务:①不得侵犯投标人的合法权益;②委托招标代理机构进行招标时,应当向其提供招标所需的有关资料并支付委托费;③接受招标投标管理机构的监督管理;④与中标人签订并履行合同。

2) 投标人

投标人是按照招标文件的规定参加投标竞争的自然人、法人或其他社会经济组织。投标人参加投标,必须首先具备一定的圆满履行合同的能力和条件,包括与招标文件要求相适应的人力、物力和财力,以及招标文件要求的资质、工作经验与业绩等。

(1) 投标人享有的权利一般包括:①平等地获得招标信息;②要求招标人或招标代理机构对招标文件中的有关问题进行答疑;③控告、检举招标过程中的违法行为。

(2) 投标人应该履行下列义务:①保证所提供的投标文件的真实性;②按招标人或招标代理机构的要求对投标文件的有关问题进行答疑;③提供投标保证金或其他形式的担保;④中标后与招标人签订并履行合同,非经招标人同意不得转让或分包合同。

3) 招标投标代理机构

招标投标代理机构,在我国是独立核算、自负盈亏的从事招标代理业务的社会中介组织。招标投标代理机构必须依法取得法定的招标投标代理资质等级证书,并依据其招标投标代理资质等级从事相应的招标代理业务。招标投标代理机构受招标人或投标人的委托开展招标投标代理活动,其行为对招标人或投标人产生效力。

(1) 作为一种民事代理人,招标投标代理机构享有的权利包括:①组织和参与招标投标活动;②依据招标文件规定,审查投标人的资质;③按照规定标准收取招标代理费;④招标人或投标人授予的其他权利。

(2) 招标代理机构也应该履行相应的义务:①维护招标人和投标人的合法权益;②组

织编制、解释招标文件或投标文件；③接受招标投标管理机构和招标投标协会的指导、监督。

2. 投标有效期

招标生效后到投标截止日期,是招标的有效期。这个期限也是投标准备期。在投标有效期内,招标人不得随意撤回、修改或变更招标文件。招标有效期的长短,一般视招标项目的大小和复杂程度而定,总的要求是,要保证投标人有足够的时间准备投标文件。例如,欧盟采购规则中规定,招标人应在招标公告中规定投标截止日期,从招标公告发布之日起至提交投标截止日期止,不得少于 52 天。如果在此期间有大量的招标文件需要提供,或者承包商有必要勘察工程现场或审查招标文件,招标人应当展延投标截止日期。

招标人确定有效期,基本要求是要能保证在开标后有足够的时间进行评标、上报审批、中标人收到中标通知。一般少则几天,多则几十天不等。投标生效后,遇有下列情形之一,投标失效,投标人不再受其约束:①投标人不符合招标文件的要求;②投标有效期届满;③投标人终止,如死亡、解散、被撤销或宣告破产等。

如何确定投标的有效期,一直有争议。由于我国有关法律无明文规定,因此在实践中便出现多种情况:有的到中标通知日止,有的到合同签订日止,有的到投标截止日后多少日止。有人认为,由于招标文件包含订立合同的主要条款、技术规格、投标须知等重要内容,因此,根据我国的到达主义原则,招标生效应从投标人收到或购买到招标文件时开始。

为了明确招标投标各方当事人的权利义务,应明确规定投标有效期应至招标文件规定的一个有效日期止。这样规定,有利于约束招标人在投标有效期内,抓紧时间,认真评标,择优选定中标人;防止在评标和审批中举棋不定,无休止地争论和拖延,以保护投标人的利益;也有利于约束投标人在投标有效期内,保证不随意变更或撤销投标。

3. 中标与合同成立

民法学理论认为,合同成立的一般程序从法律上可以分为要约和承诺两个阶段。民法学界普遍认为,招标投标是当事人双方经过要约和承诺两阶段订立合同的一种竞争性程序。

招标是订立合同的一方当事人(招标人)通过一定方式,公布一定的标准和条件,向公众发出的以订立合同为目的的意思表示。招标人可以向相对的几个自然人、法人或其他经济组织发出招标的意思表示,通过投标邀请书的方式将自己的意思表达给相对的人;也可以向不特定的自然人、法人或其他经济组织发出招标的意思,通过招标公告的方式完成这种意思表达。前者为邀请招标或议标,招标人的选择范围有限;后者为公开招标,招标人的选择范围较大。

关于招标的法律性质,通常认为,由于招标只提出招标条件和要求,并不包括合同的全部主要内容,标底不能公开,因而招标一般属于要约引诱的性质,不具有要约的效力。但也有人认为不可一概而论,如果招标人在招标公告可投标邀请书中明确表示必与报价最优者签订合同,则招标人负有在投标后与其中条件最优者订立合同的义务,这种招标的意思表达可以视为要约。

投标是投标人按照招标人提出的要求,在规定期间内向招标人发出的以订立合同为目的的意思表示。就法律性质而言,通常认为投标属于要约,因此应具备要约的条件并发生要约的效力。所以,在投标文件送达招标人时生效,同时对招标人发生效力,使其取得承诺的资格。但招标人无须承担与某一投标人订约的义务,除在招标公告或投标邀请书中有明确相反表示外,招标人可以废除全部投标,不与投标人中的任何一人订约。发生这种情况的主要原因有:①最低评标价大大超过标底或合同估价,招标人无力接受投标;②所有投标人在实质上均未响应招标文件的要求;③投标人过少,没达到预期。

4. 定标

定标是招标人从投标人中决定中标人。从法律性质上看,定标即招标人对投标人的承诺。但是,招标人的定标也可以不完全同意投标人的条件,需要与中标人就合同的主要内容进一步谈判、协商。此时,招标只是选定合同相对人的方式,定标不能视为承诺。一般认为:为了保证竞争的公平性,开标应公开进行。开标后,招标人须进行评标,从中评选出条件最优者,最终确定中标人。中标人之选定意味着招标人对该投标人的条件完全同意,双方当事人的意思表示完全一致,合同即告成立。

招标生效后,遇有下列情形之一的,招标失效,招标人不再受其约束:①招标文件发出后,在招标有效期内无任何人响应;②招标已圆满结束,招标人选定合适的中标人并与其签订合同;③招标人终止,如死亡、解散、被撤销或宣告破产等。

5. 招标中需注意的问题

招标的采购方式给人以客观、公平、透明的印象,很多管理者认为采取招标方式,可以引入竞争,降低成本,也就万事大吉了。但有时候招标也不是"一招就灵"。为什么要招标?什么情况下该招标?还有什么情况可以采用更合适的采购方式?这涉及采购方式选择的问题。目前,常用的采购方式有很多。常用的主要有:招标采购、竞争性谈判、询价采购、单一来源采购等。

(1)招标采购。除了最终用户及相关法规要求必须实行招标的情况以外,在对采购内容的成本信息、技术信息掌握程度不够时,最好采用招标的方法,这样做的目的之一是获得成本信息、技术信息。

(2)竞争性谈判。招标时可能会遇到这样的情况:或者投标人数量不够,或者投标人价格、能力等不理想,有时反复招标还是不成,是否继续招标,很是让人苦恼——招也不是,不招也不是。其实,这时候没有必要非认准招标不可,大可以采取"竞争性谈判"的方式。竞争性谈判的方法与招标很接近,作用也相仿,但程序上更灵活,效率也更高一些,可以作为招标采购的补充。

(3)询价采购。如果已经掌握采购商品(包括物资或服务)的成本信息和技术信息,有多家供应商竞争,就可以事先选定合格供方范围,再在合格供方范围内用"货比三家"的询价采购方式。

(4)单一来源采购。如果已经完全掌握了采购商品的成本信息和技术信息,或者只有一两家供应商可以供应,公司就应该设法建立长期合作关系,争取稳定的合作、长期价格优惠和质量保证,在这个基础上可以采用单一来源采购的方式。合理运用多种采购方式,还可以实现对分包商队伍的动态管理和优化。例如,最初对采购内容的成本信息、技术信息不够了解,就可以通过招标来获得信息、扩大分包商备选范围。等到对成本、技术和分包商信息有了足够了解后,转用询价采购,不必再招标。再等到条件成熟,对这种采购商品就可以固定一两家长期合作厂家了。反过来,如果对长期合作厂家不满意,可以通过扩大询价范围或招标来调整、优化供应商或对合作厂家施加压力。

6.3 CASE 环境与工具的使用和维护

6.3.1 CASE 环境与工具的使用

1. 系统切换的准备工作

（1）管理部门制定切换计划书。制定详细的系统切换计划书，包括系统切换各个阶段的进展时间、参与人员、设备到位、资金配备等。CASE 环境与工具的切换涉及整个开发团队，甚至软件开发企业。在切换过程中，各个部门必须对所涉及的业务流程进行审核、模拟、确认和协调，所以在整个过程中要有企业权威的管理部门和领导负责，并且相关业务部门都要有专人参与进来。

（2）切换人员培训。在系统切换前，需要对整个开发团队从上到下进行动员，让每个员工了解新工具特点，及系统切换将会带来哪些变化和改善。新系统的使用人员中的大多数来自于原来的系统，他们熟悉原来的业务处理方式，但是缺乏对新系统的了解。因此，为了保障新系统的顺利转换和运行，必须对有关人员进行培训，使他们了解新系统能为他们提供什么服务以及个人应当对系统负什么责任，要真正从技术、心理、习惯上完全适应新系统。

（3）数据准备。数据准备是系统切换工作中的一项基础工作，也是一项艰巨的任务。首先要对老系统的数据进行备份，然后对重要数据要有专人进行核对，以杜绝老系统中的错误数据的导入及在老系统中导出过程中可能发生的意外，同时也对一些细节的数据进行检查。有的数据可能是旧系统没有的，需要手工录入；有的数据需要从旧系统经过合并、转换导入新系统。不管是哪种情况，都需要工作人员认真、细致地完成。否则，问题会在系统切换时集中爆发，后悔莫及。

（4）制定系统切换的应急预案。该应急预案主要是为了处理在系统切换过程中可能发生的各种问题，一方面保障系统平稳切换，另一方面在新系统无法正常运行时快速切回老系统，以保障各项业务正常开展。

2. 工具的切换和运行方案选择

新的 CASE 环境与工具开发完成或购买安装后，经过调试与测试，可以准备投入运行。这时，必须将所有的业务从原有的老系统切换到新建立的系统。从旧系统到新系统的切换问题，即系统切换。系统进行切换时，不纯粹是技术的问题，项目管理方面的问题也是系统切换必须注意的。对于一个大系统，可以根据各个子系统的不同情况，采取不同的切换通常有以下三种方法。

（1）直接切换。直接切换是在指定时刻，旧的 CASE 环境和工具停止使用，同时新的系统立即开始运行，没有过渡阶段。这种方案的优点是转换简便，节约人力、物力、时间。但是，这种方案是三种切换方案中风险最大的。一方面，新系统虽然经过调试和联调，但隐含的错误往往是不可避免的。因此，采用这种切换方案就是背水一战，没有退路可走，一旦切换不成功，将影响正常工作。另一方面，切换过程中数据准备、人员培训、技术更新等都可能造成切换失败。此外，任何一次新旧交替，都会面临来自多方面的阻力，许多人不愿抛弃已经得心应手的旧系统而去适应新系统。当新系统出现一些瑕疵，他们就会把抱怨、矛盾都转移到对新系统的使用上,这样,将大大降低系统切换成功的概率。为了降低直接切换的风险,除了充分做足准备工作之外,还应采取加强维护和数据备份等措施,必须做好应急预案,以保证在新系统切换不成功时可迅速切换回老系统。这种方式一般适用于一些处理过程不太复杂、数据不很重要的情况,见图 6-2。

（2）并行切换。并行切换是在一段时间内,新、旧系统各自独立运行,完成相应的工作,并可以在两个系统间比对、审核,以发现新系统问题进行纠正,直到新系统运行平稳了,再抛弃旧系统。并行切换的优点是转换安全,系统运行的可靠性最高,切换风险最小。但是该方式需要投入双倍的人力、设备,转换费用相应增加。另外,对于不愿抛弃旧系统的人来说,他们使用新系统的积极性、责任心不足,会延长新旧系统并行的时间,从而加大系统切换代价,见图 6-3。

（3）分段切换。分段切换是指分阶段、分系统地逐步实现新旧系统的交替。这样做既可避免直接方式的风险,又可避免并行运行的双倍代价,但这种逐步转换对系统的设计和实现都有一定的要求,否则是无法实现这种逐步转换的。同时,这种方式接口多,数据的保存也总是被分为两部分,见图 6-4。

图 6-2　直接切换　　　　图 6-3　并行切换　　　　图 6-4　分段切换

6.3.2　CASE 环境与工具的维护

CASE 环境和工具投入运行之后,就进入了系统运行与维护阶段。一般 CASE 环境和工具的使用寿命,短则 4～5 年,长则 10 年以上。在软件工具整个使用过程中,都将伴随着 CASE 环境和工具维护工作的进行。

1. 软件工具维护的必要性和目的

（1）必要性。CASE 环境和工具需要在使用中不断完善,维护的必要性有：①经过调试的 CASE 环境和工具难免有不尽如人意的地方,或有的地方效率可以提高,或有使用不够方便的地方；②管理环境的新变化,对软件工具提出了新的要求。

（2）维护的目的。CASE 环境和工具维护的目的是保证 CASE 环境和工具正常而可靠地运行,并能使 CASE 环境和工具不断得到改善和提高,以充分发挥作用。因此,CASE 环境和工具维护就是为了保证系统中的各个要素随着环境的变化而始终处于最新的、正确的工作状态。

2. CASE 环境与工具维护的类型

按照每次进行维护的具体目标,维护可分为以下 4 类。

（1）完善性维护。完善性维护就是在 CASE 环境和工具使用期间为不断改善和加强系统的功能和性能,以满足用户日益增长的需求所进行的维护工作。在整个维护工作量中,完善性维护居第一位,约 50%。

（2）适应性维护。适应性维护是指为了让 CASE 环境和工具适应运行环境的变化而进行的维护活动。适应性维护工作量约占整个维护工作量的 25%。

（3）纠错性维护。纠错性维护的目的在于，纠正在开发期间未能发现的遗留错误。对这些错误的相继发现，并对它们进行诊断和改正的过程称为纠错性维护。这类维护约占总维护工作量的 21%。

（4）预防性维护。其主要思想是维护人员不应被动地等待用户提出要求才做维护工作。

3. CASE 环境与工具维护的内容

（1）程序的维护。程序的维护是指修改一部分或全部程序。在系统维护阶段，会有部分程序需要改动。根据运行记录，发现程序的错误，这时需要改正；或者是随着用户对软件工具的熟悉，用户有更高的要求，部分程序需要修改；或者是由于环境的变化，部分程序需要修改。

（2）数据文件的维护。数据是 CASE 环境和工具中最重要的资源，CASE 环境与工具提供的数据全面、准确、及时程度是评价系统优劣的决定性指标。因此，要对 CASE 环境和工具中的数据进行不断更新和补充，如业务发生了变化，从而需要建立新文件，或者对现有文件的结构进行修改。

（3）代码的维护。随着 CASE 环境和工具的环境变化，旧的代码不能适应新的要求，必须进行改造，制定新的代码或修改旧的代码体系。代码维护困难不在代码本身的变更，而在于新代码的贯彻使用。当有必要变更代码时，应由代码管理部门讨论新的代码方案。确定之后用书面形式写出交由相关部门专人负责实施。

（4）机器、设备的维护。CASE 环境和工具正常运行的基本条件之一，就是保持计算机及其外部设备的良好运行状态，这是 CASE 环境与工具运行的物质基础。机器、设备的维护包括机器、设备的日常维护与管理。一旦机器发生故障，要有专门人员进行修理，保证系统的正常运行。有时根据业务需要，还需对硬件设备进行改进或开发。同时，应该做好检修记录和故障登记的工作。

（5）机构和人员的变动。CASE 环境和工具使用时，人工处理占有重要地位，为了使 CASE 环境与工具的流程更加合理，有时有必要对机构和人员进行重组和调整。

4. CASE 环境与工具维护的管理

CASE 环境和工具的修改往往会“牵一发而动全身”。程序、文件、代码的局部修改，都可能影响 CASE 环境与工具的其他部分。因此，CASE 环境和工具的维护必须有合理的组织与管理。其具体流程如下。

（1）提出修改要求。使用人员以书面形式向主管领导提出某项工作的维护要求。

（2）领导批准。主管领导进行一定的调查后，根据 CASE 环境和工具情况，考虑维护要求是否必要、是否可行，做出是否修改和何时修改的批示。

（3）分配任务。主管向有关维护人员下达任务，说明修改内容、要求及期限。

（4）验收成果。主管对修改部分进行验收。验收通过后，再将修改的部分加入到系统中，取代原有部分。

（5）登记修改情况。登记所做的修改，作为新的版本通报用户和操作人员，指明新软件工具的功能和修改的地方。

6.4 CASE 环境与工具的评价

评价是对一个 CASE 环境和工具的功能、性能和使用效果进行全面估计、检查、测试、分析和评审,包括:检查系统的目标、功能及各项指标是否达到了设计要求,满足程度如何,差距如何;检查系统中各种资源的利用程度,包括人、财、物,以及硬件、软件资源的利用情况。

6.4.1 CASE 环境与工具评价方法

1. 评价体系

对于不同的项目,评价的目的和内容不尽相同。作为投资者来说,最关心投资效益;作为用户来说,主要关心新系统是否在功能上满足要求;而作为开发者,则希望通过评价来认可他们的工作。因此,CASE 环境和工具的评价属于多目标评价问题。

从不同的角度可以建立不同的指标体系。下面列出了从建设运行维护、用户和对外部影响三个角度建立的指标体系。

(1) 从 CASE 环境和工具建设、运行维护角度评价的指标。评价指标有:人员情况、领导支持、先进性、管理科学性、可维护性、资源利用情况、开发效率、投资情况、效益性、安全可靠。

(2) 从 CASE 环境和工具用户角度考虑的指标。评价指标有:重要性、经济性、及时性、友好性、准确性、实用性、安全可靠性、信息量、效益性、服务程度。

(3) 从 CASE 环境和工具对外部影响考虑的指标。评价指标有:共享性、引导性、重要性、效益性、信息量、服务程度。

2. 评价方法

1) 多因素加权平均法

多因素加权平均评价方法是以领域专家的主观判断为基础的一类评价方法。其中,评分法就是通常所说的 Delphi 法,即组织专家根据预先拟定的评分标准及专家经验和主观认识各自对评价对象的各个指标进行打分,然后用一定的方法对分数进行综合。该方法具有操作简单、直观性强的特点,一般用多位专家评价等措施来克服主观性强及准确度不高的缺点。该方法具体步骤如下。

(1) 建立指标体系:根据系统的目标与功能要求提出若干评价指标,形成 CASE 环境和工具评价的多指标评价体系。

(2) 评审指标体系:组织专家对整个评价指标体系进行分析与评审。确定单项指标的权重,权重的确定要能反映出 CASE 环境和工具目标与功能的要求。

(3) 进行单项指标评价:确定系统在各个评价指标上的优劣程度的值。对于定性的指标可以利用效果来估算。

(4) 指标综合:进行单项评价指标的综合,得出某一类指标的价值。进行大类指标的综合,依次进行,直到得出 CASE 环境和工具的总价值。

2) 层次分析法评价方法

层次分析法(AHP)是由美国运筹学家 T. L. Saaty 提出的一种实用的多准则决策方法,

主要用于解决难以用其他定量方法进行决策的复杂系统的问题。该方法将定量与定性相结合,充分重视决策者和专家的经验和判断,将决策者的主观判断用数量形式表达和处理,能大大提高决策的有效性、可靠性和可行性,是针对现代管理中存在的许多复杂相关关系如何转换为定量分析进行评价的一种层次权重决策分析方法。

运用层次分析法解决实际问题时首先要对问题有明确的认识,弄清问题的范围、要达到的目标、所包含的因素、因素之间的相互关系等,据此进行层次设计,构建问题的阶层模型。其次要进行评估,这种评估是基于成对的比较,经过计算得到针对上一层某元素而言,本层与之有关联的各元素之间重要性次序的数值。最后得到最低层方案的所有元素相对于最高层的重要性的加权值,从而作为方案和措施选择的依据。该方法非常适合于 CASE 环境和工具的评价,尤其适合于多个 CASE 环境和工具的比较。

层次分析法分为五个步骤:①建立层次结构模型;②构造判断矩阵;③层次单排序及其一致性检验;④层次总排序;⑤层次总排序的一致性检验。

3) 经济效果评价方法

CASE 环境和工具的经济效果评价,可以从直接经济效果和间接经济效果两方面来分析。直接经济效果就是通过可直接计量的经济指标来衡量的企业经济效益,通常采用年收益增长额、投资效果系数、投资总额等指标来计算。间接经济效果是指使用了 CASE 环境和工具以后,提高了管理水平,增长了企业效益。

成本效益分析法是 CASE 环境和工具经济效果评价方法中的一种重要方法。该方法集中于 CASE 环境和工具的成本及效益的量化和度量,计算出表明成本效益的指标,并在各备选项之间进行比较权衡。一般而言,成本效益分析还应该包括那些不可量化的和非财务的效果,如对社会和制度等方面的无形效果。但是在多数情况下,重点放在可量化的成本和效益的权衡上。成本效益分析为决策者提供了一个量度,这个量度就是用系统所消耗的资源去衡量所获得的效益。典型的成本效益分析方法有四个主要步骤:①选出与一个项目相关的成本和效益;②把这些条目加以数量化,并确定其价值;③计算有用的指标;④权衡成本和效益,对项目的利弊得失和可行性做出最后结论。

6.4.2 CASE 环境与工具评价内容

评价方法主要有定量/定性方法和动态/静态方法。对 CASE 环境和工具进行全面、正确、公正的评价,必须有一个科学的评价指标体系,其指标包含定量、定性、动态、静态指标。这种多指标评价体系根据各指标参数对 CASE 环境和工具的贡献,通过加权等方法组合成一个综合指标体系。这个指标体系是评价 CASE 环境和工具的依据。CASE 环境和工具评价的内容可以从三方面考虑:系统的技术效果、系统的管理效果和系统的经济效果。

1. CASE 环境和工具的技术效果

对 CASE 环境和工具技术方面的评价主要是针对 CASE 环境和工具的性能,包括 CASE 环境和工具的可靠性、高效性、适应性、可维护性、易用性和可移植性等。①CASE 环境和工具的可靠性取决于软/硬件可靠性和数据可靠性,以及其安全保密性。②CASE 环境和工具的高效性涉及 CASE 环境和工具平均无故障时间、联机响应时间、数据处理速度和信息吞吐量等指标。③CASE 环境和工具的适应性一方面是指 CASE 环境和工具适应运行环境的广泛性,能适应不同的硬件接口或操作系统;另一方面是 CASE 环境和工具能适应用户需求等客观因素变化的能力,以及 CASE 环境和工具的可扩充性,体现在性能和功能的可扩充性。④CASE 环境和工具的可维护性要求 CASE 环境和工具的模块化程度要高,通过提高每个模块的内聚度,使系统设计和实施达到简明、高效、易于操作、易于修改。⑤CASE 环境和工具的易用性遵循"用户是上帝"的原则,CASE 环境和工具应该具有友好的界面和简便快速的输入方法。新用户能在短时间内学会操作;老用户能快速完成操作。⑥CASE 环境和工具的可移植性是指 CASE 环境和工具能通过很少的工作量就移植到新的软/硬件环境中去。

2. CASE 环境和工具的管理效果

管理效果反映在企业管理水平的提高。主要表现在管理体制合理化,管理方法有效化,管理效果最优化,基础数据的完整和统一,管理人员摆脱烦琐的事务性工作,真正用主要精力从事信息的分析和决策等创造性工作,提高了企业管理现代化水平。同时,要考虑以下几个方面:①领导、管理人员对 CASE 环境和工具的态度;②CASE 环境和工具的使用者对系统的态度;③外部环境对 CASE 环境和工具的评价。

3. CASE 环境和工具的经济效果

经济效果的评价可以从 CASE 环境和工具的费用、系统收益和投资回收期等经济指标进行考核。对经济效果的评价是企业必然要考虑的内容,包括运用货币指标和消费货币指标来评价系统的投资额、运行费用、运行带来的新增效益、投资回收期等。

1)对企业经济效果的评价

(1)成本和效益的比较分析:通过将 CASE 环境和工具成本与效益进行比较分析,确定 CASE 环境和工具给企业带来的货币指标下的经济效益,如降低供应成本、减少生产或服务成本、增加利润、扩大市场份额等,尽量对本系统的各分系统效益加以定量化。

(2)风险的估量:这会使企业在选择实施 CASE 环境和工具策略时,减少和避开风险,以保证 CASE 环境和工具达到预期的收益。

(3)对无形资产影响力的评价:包括 CASE 环境和工具对企业形象的改观、员工素质的提高所起的作用;对企业的体制与组织结构的改革、管理流程的优化所起的作用;对企业各部门间、人员间协作精神的加强所起的作用。

2)对 CASE 环境和工具经济效果的评价

主要包括经济方面和性能方面评价的内容。经济方面评价的内容主要是效果和产生的效益。CASE 环境和工具的性能方面的评价主要有:数据一致性、准确性;操作方便性、灵活性;安全保密性;可扩充性。性能指标主要包括:①对 CASE 环境和工具总体水平的评价,如系统的总体结构、地域与网络的规模、所采用技术的先进性、系统的功能与层次、信息资源开发利用的程度等;②对 CASE 环境和工具实用性的评价,考察系统对实际管理工作流是否实用,如可使用性、正确性、扩展性、通用性和可维护性等;③对 CASE 环境和工具设备运行效率的评价;④对 CASE 环境和工具安全与保密性的评价;⑤对 CASE 环境和工具文档保存的完整性及备份状况的评价;⑥对现有硬件和软件使用情况的评价。

思 考 题

一、名词解释

1. 招标
2. 投标
3. 竞争性谈判
4. 询价采购
5. 单一来源采购

二、简答题

1. 采购过程包括哪些基本活动？
2. CASE 环境和工具部署有哪几种方式？
3. CASE 环境与工具的维护包括哪几个方面？
4. 简述 CASE 环境与工具维护的步骤。
5. 经济效果评价包括哪几个方面？

三、分析题

1. CASE 环境和工具的采购过程是怎样的？
2. CASE 环境和工具如何评价与选择过程？
3. CASE 环境与工具如何部署实施？
4. CASE 环境与工具从哪几个方面进行评价？

第7章 典型软件开发工具与环境介绍

本章将介绍统一建模语言及其工具、需求分析与设计工具、编程工具、多媒体开发工具、软件质量管理与控制工具。通过本章的学习，学生需要了解统一建模语言，RUP 开发方法，Rational Rose 工具；有哪些需求分析工具设计工具，都有什么功能；有哪些典型编程工具，其特点是什么，相互之间有什么差异；有哪些图形图像处理软件、动画制作软件、多媒体编制工具、图文混排软件、音频和视频编辑软件；有哪些软件测试工具和软件配置管理工具。经过本章的学习，学生需要学会如何挑选比较合适的软件工具。

7.1 统一建模语言及其工具

7.1.1 统一建模语言

随着软件系统复杂性的不断增加和面向对象技术应用的推广，市场上涌现出许多建模语言，UML 便是其中之一。本节将介绍 UML 的定义、内容及组成、特点与应用。

1. 什么是 UML

UML 是一种用于软件系统制品规约的、可视化的构造及建档语言，也可用于业务建模以及其他非软件系统。Grandy Booch、James Rumbaugh 以及 Ivar Jacobson 在其所著的 *The Unified Modeling Language Users Guide*（《UML 使用手册》）一书中介绍，统一建模语言（UML）可以定义为以下几点。

（1）UML 是编写软件蓝图的标准语言。

（2）UML 是以可视化方式制定、建构以及记录软件为主的系统产出。

（3）UML 的目标是以面向对象的方式描述任何类型的系统，是一种统一的建模语言，它不局限于软件开发，具有宽泛的应用领域。UML 最常用的用途是建立软件系统的模型，它还可以用于描述非软件领域的系统，如机械系统、企业机构或业务过程以及处理复杂数据的信息系统、具有实时要求的工业系统或工业过程等。总之，UML 是一个通用的标准建模语言，可以对任何具有静态结构和动态行为的系统进行建模。但要注意的重要一点是，一个 UML 模型只描述了一个系统要做什么，并没说明系统信息是如何被安排的。

（4）UML 是一种较完整的建模语言，因此它支持建模过程的各个阶段，对于软件开发来说，无论是需求分析阶段还是设计阶段，还是最后的安装调试、测试阶段，UML 都可以提供很强的支持。

2. UML 的内容及组成

作为一种语言，UML 的定义包括语义和表示法两个部分。

（1）UML 语义。语义描述基于 UML 的元模型定义。元模型为 UML 所有元素在语法和语义上提供了简单、一致、通用的定义性说明，使开发者能在语义上取得一致，消除了因人而异的最佳表达方法所造成的影响。此外，UML 还支持对元模型的扩展定义。

（2）UML 表示法。定义了各种 UML 符号、元素、框图及其使用方法。为开发者或开发工具使用这些图形符号和文本语法为系统建模提供了标准。UML 提供了两大类，共 9 种图形支持建模。其分类和各个图形的作用如表 7-1 所示。

表 7-1　UML 图形及其作用

类　　别	图 形 名 称	作　　用
静态建模	① 用例图（Use Case Diagram）	描述系统实现的功能
	② 类图（Class Diagram）	描述系统的静态结构
	③ 对象图（Object Diagram）	描述系统在某时刻的静态结构
	④ 构件图（Component Diagram）	描述实现系统组成构件上的关系
	⑤ 配置图（Deployment Diagram）	描述系统运行环境的配置情况
动态建模	⑥ 顺序图（Sequence Diagram）	描述系统某些元素在时间上的交互
	⑦ 协作图（Collaboration Diagram）	描述系统某些元素之间的协作关系
	⑧ 状态图（Statechart Diagram）	描述某个用例的工作流
	⑨ 活动图（Activity Diagram）	描述某个类的动态行为

3. UML 的特点

UML 主要具有以下 4 个特点。

（1）统一的建模语言。UML 吸取面向对象及一些非面向对象方法的思想。它使用统一的元素及其表示符号，为用户提供无二义性的设计模型交流方法。

（2）支持面向对象。UML 支持面向对象思想的主要概念，并提供了能够简洁明了表示这些概念及其关系的图形元素。

（3）支持可视化建模。UML 是一种图形化语言，支持可视化建模。此外，UML 还支持扩展机制，用户可以通过它自定义建模元素的各种属性。

（4）表达能力较强。UML 提出了新的概念，例如，模板、进程和线程、并发和模式等。这些概念可有效支持各种抽象领域和系统内核机制的建模。UML 表达能力使它可以对各种类型的软件系统建模。

4. 统一建模语言 UML 的应用

UML 是一种通用的标准建模语言，可以对任何具有静态结构和动态行为的系统进行建模。此外，UML 适用于系统开发过程中从需求规格描述到系统完成后测试的不同阶段。

（1）在需求分析阶段，可以用用例来捕获用户需求。通过用例建模，描述对系统感兴趣的外部角色及其对系统（用例）的功能要求。分析阶段主要关心问题域中的主要概念（如抽象、类和对象等）和机制，需要识别这些类以及它们相互间的关系，并用 UML 类图来描述。为实现用例，类之间需要协作，这可以用 UML 动态模型来描述。在分析阶段，只对问题域的对象（现实世界的概念）建模，而不考虑定义软件系统中技术细节的类（如处理用户接口、数据库、通信和并行性等问题的类）。这些技术细节将在设计阶段引入，因此设计阶段为构造阶段提供更详细的规格说明。

（2）在编程（构造）阶段，其任务是用面向对象编程语言将来自设计阶段的类转换成实际的代码。在用 UML 建立分析和设计模型时,应尽量避免考虑把模型转换成某种特定的编程语言。因为在早期阶段,模型仅仅是理解和分析系统结构的工具,过早考虑编码问题十分不利于建立简单正确的模型。

(3) 在测试阶段,UML 模型还可作为测试的依据。系统通常需要经过单元测试、集成测试、系统测试和验收测试。不同的测试小组使用不同的 UML 图作为测试依据:单元测试使用类图和类规格说明;集成测试使用构件图和协作图;系统测试使用用例图来验证系统的行为;验收测试由用户进行,以验证系统测试的结果是否满足在分析阶段确定的需求。

总之,UML 适用于以面向对象技术来描述任何类型的系统,而且适用于系统开发的不同阶段,从需求规格描述直至系统完成后的测试和维护。

7.1.2 RUP 开发方法

RUP(Rational Unified Process,统一软件过程)是当今比较流行的几种软件开发过程之一。

1. RUP 概述

RUP 是一种软件工程化过程,是文档化的软件工程产品。它主要由 Ivar Jacobson 的 The Objectory Approach 和 The Rational Approach 发展而来,吸收了多种开发模型的优点,具有良好的可操作性和实用性。其借助 Booch、Ivar Jacobson 和 Rumbaugh 思想理念,统一建模语言的集成,多种 CASE 工具的支持,以及不断的升级与维护,在业界被广泛认同。越来越多的组织和机构将其作为软件开发模型框架。

RUP 是一个面向对象且基于网络的程序开发方法论。它可以为程序开发提供指导方针、模板以及对事例的支持。RUP 产品,例如面向对象的软件过程(OOSP),以及 OPEN Process 都是理解性的软件工程工具,把开发中面向过程的方面(例如定义的阶段、技术和实践)和其他开发的组件(例如文档、模型、手册以及代码等)整合在一个统一的框架内。

RUP 中定义了一些核心概念:①角色,即描述某个人或者一个小组的行为与职责,RUP 预先定义了很多角色;②活动,是一个有明确目的的独立工作单元;③工件,是活动生成、创建或修改的一段信息。

RUP 是根据行业标准 UML 开发的流程,其特点主要表现为如下 6 个方面:①开发复用,减少开发人员的工作量,并保证软件质量,在项目初期可降低风险;②对需求进行有效管理;③可视化建模;④使用组件体系结构,使软件体系架构更具有弹性;⑤贯穿整个开发周期的质量核查;⑥对软件开发的变更控制。

2. RUP 的各个阶段和里程碑

Rational 公司提供的 RUP,以迭代式开发为基础,解决了瀑布模型不可回溯的缺点,同时保留了瀑布模型规则化、流程化的优点。RUP 中的软件生命周期在时间上被分解为 4 个顺序的阶段,分别是:初始阶段(Inception)、细化阶段(Elaboration)、构建阶段(Construction)和交付阶段(Transition)。每个阶段结束是一个主要的里程碑(Major Milestones);在每个阶段结尾时,进行一次评估以确定这个阶段的目标是否已经满足。如果评估结果令人满意,可以允许项目进入下一个阶段。

(1) 初始阶段。初始阶段参与的主要成员是项目经理和系统设计师,其主要任务是完成系统的可行性分析,创建基本需求来界定系统范围,以及识别软件系统的关键任务。本阶段确定所设立的项目是否可行,具体要做如下工作:①对需求有一个大概的了解,确定系统中的大多数角色,给出系统体系结构的概貌,细化到主要子系统即可;②识别影响项目可行性的风险;③考虑时间、经费、技术、项目规模和效益等因素;④关注业务情况,制定出开发计划。本阶段具有非常重要的意义,因为在这个阶段中关注的是整个项目工程化中的任务和需求方面的主要风险。初始阶段的焦点是需求和工作流分析。此阶段的评价要确定项目基本的生存能力。

(2)细化阶段。细化阶段的主要目标是分析问题领域建立健全的体系结构基础,编制项目计划,剔除项目中的最高风险元素。本阶段是开发过程中最重要的阶段,因为以后的阶段是以细化的结果为基础。细化阶段的焦点是需求、工作流的分析和设计。本阶段要做的工作:①识别出剩余的大多数用例,对当前迭代的每个用例进行细化,分析用例的处理流程、状态细节以及可能发生的状态改变;②细化流程,可以使用程序框图和协作图,还可以使用活动图、类图分析用例;③对风险进行识别,主要包括需求风险、技术风险、技能风险和政策风险;④进行高层分析和设计,并作出结构性政策;⑤为构造阶段制定计划。阶段性评审要检验详细的系统目标和范围、结构的选择以及主要风险的解决方案。

(3)构建阶段。构建阶段的主要目标是完成所有的需求、分析和设计。细化阶段的产品将演化成最终系统,构建的主要问题是维护本系统框架的完整性。构建阶段的焦点是实现工作流。构建阶段结束时是第三个重要的里程碑:初始功能(Initial Operational)里程碑。初始功能里程碑决定了产品是否可以在测试环境中进行部署。此刻,要确定软件、环境、用户是否可以开始系统的运作。此时的产品需要提供软件的 beta 版。

(4)交付阶段。移交产品给用户,包括开发、交付、培训、支持及维护,直到用户满意。移交阶段以产品发布版本为里程碑结束,也是整个周期的结束。在交付阶段的终点是第四个里程碑:产品发布(Product Release)里程碑。此时,要确定目标是否实现,是否应该开始另一个开发周期。在一些情况下,这个里程碑可能与下一个周期的初始阶段的结束重合。

3. RUP 裁剪

RUP 是一个通用的过程模板,包含开发指南、支撑信息、开发过程所涉及的角色说明,由于它非常庞大,所以对具体的开发机构和项目,在使用 RUP 时,要进行裁剪,也就是要对 RUP 进行配置。RUP 就像一个元过程,通过对 RUP 进行裁剪可以得到很多不同的开发过程,这些软件开发过程可以看作 RUP 的具体实例。RUP 裁剪可以分为以下几步。

(1)确定本项目需要哪些工作流。RUP 的 9 个核心工作流并不总是全部都需要的,可以取舍。

(2)确定每个工作流需要哪些阶段性成果。

(3)确定 4 个阶段之间如何演进。确定阶段间演进要以风险控制为原则,决定每个阶段要哪些工作流,每个工作流执行到什么程度,阶段性成果有哪些,每个阶段性成果完成到什么程度。

(4)确定每个阶段内的迭代计划。规划 RUP 的 4 个阶段中每次迭代开发的内容。

(5)规划工作流内部结构。工作流涉及角色、活动及阶段性成果,它的复杂程度与项目规模即角色多少有关。最后规划工作流的内部结构,通常用活动图的形式给出。

4. RUP 的核心工作流

RUP 中有 9 个核心工作流,分为 6 个核心过程工作流(Core Process Workflows)和

3个核心支持工作流(Core Supporting Workflows)。尽管 6 个核心过程工作流可能使人想起传统瀑布模型中的几个阶段,但应注意迭代过程中的阶段是完全不同的,这些工作流在整个生命周期中一次又一次被访问。9 个核心工作流在项目中轮流被使用,在每一次迭代中以不同的重点和强度重复。

(1) 商业建模(Business Modeling)工作流。商业建模工作流描述了如何为新的目标组织开发一个构想,并基于这个构想在商业用例模型和商业对象模型中定义组织的过程、角色和责任。

(2) 需求(Requirements)工作流。需求工作流的目标是描述系统应该做什么,并使开发人员和用户就这一描述达成共识。为了达到该目标,要对需要的功能和约束进行提取、组织、文档化;最重要的是理解系统所解决问题的定义和范围。

(3) 分析和设计(Analysis & Design)工作流。分析和设计工作流将需求转换成未来系统的设计,为系统开发一个健壮的结构并调整设计使其与实现环境相匹配,优化其性能。分析设计的结果是一个设计模型和一个可选的分析模型。设计模型是源代码的抽象,由设计类和一些描述组成。设计类被组织成具有良好接口的设计包(Package)和设计子系统(Subsystem),而描述则体现了类的对象如何协同工作实现用例的功能。设计活动以体系结构设计为中心,体系结构由若干结构视图来表达,结构视图是整个设计的抽象和简化,该视图中省略了一些细节,使重要的特点体现得更加清晰。体系结构不仅是良好设计模型的承载媒介,而且在系统的开发中能提高被创建模型的质量。

(4) 实现(Implementation)工作流。实现工作流的目的包括以层次化的子系统形式定义代码的组织结构;以组件的形式(源文件、二进制文件、可执行文件)实现类和对象;将开发出的组件作为单元进行测试以及集成由单个开发者(或小组)所产生的结果,使其成为可执行的系统。

(5) 测试(Test)工作流。测试工作流要验证对象间的交互作用,验证软件中所有组件的集成是否正确,检验所有的需求已被正确实现,识别并确认缺陷在软件部署之前被提出并处理。RUP 提出了迭代的方法,意味着在整个项目中进行测试,从而尽可能早地发现缺陷,从根本上降低了修改缺陷的成本。测试类似于三维模型,分别从可靠性、功能性和系统性能来进行。

(6) 部署(Deployment)工作流。部署工作流的目的是成功地生成版本并将软件分发给最终用户。部署工作流描述了那些与确保软件产品对最终用户具有可用性相关的活动,包括:软件打包、生成软件本身以外的产品、安装软件、为用户提供帮助。在有些情况下,还可能包括计划和进行 beta 测试版、移植现有的软件和数据以及正式验收。

(7) 配置和变更管理(Configuration & Change Management)工作流。配置和变更管理工作流描绘了如何在多个成员组成的项目中控制大量的产物。配置和变更管理工作流提供了准则来管理演化系统中的多个变体,跟踪软件创建过程中的版本。工作流描述了如何管理并行开发、分布式开发,如何自动化创建工程。同时也阐述了对产品修改原因、时间、人员保持审计记录。

(8) 项目管理(Project Management)工作流。软件项目管理平衡各种可能产生冲突的目标,管理风险,克服各种约束并成功交付使用户满意的产品。其目标包括:为项目的管理提供框架,为计划、人员配备、执行和监控项目提供实用的准则,为管理风险提供框架等。

（9）环境（Environment）工作流。环境工作流的目的是向软件开发组织提供软件开发环境，包括过程和工具。环境工作流集中于配置项目过程中所需要的活动，同样也支持开发项目规范的活动，提供逐步的指导手册并介绍如何在组织中实现过程。

5. RUP 管理实施

在管理中如何充分利用 RUP？RUP 首先将软件过程中的活动和所拥有的文档抽象成许多不同的角色，每一个角色通常由一个人或作为团队相互协作的多个人来实现。

RUP 把软件开发过程中的活动分为分析员角色集、开发员角色集、测试员角色集、经理角色集。其中，分析员角色集包括业务流程分析员、业务设计员、业务模型复审员、系统分析员、用户界面设计员。开发员角色集包括构架设计师、构架复审员、代码复审员、数据库设计人员、系统设计员、设计复审员、实施员、集成员。测试员角色集包括测试设计员、测试员。经理角色集包括变更控制经理、配置经理、部署经理、流程工程师、项目经理、项目复审员。RUP 对每一个角色集中的每一个成员所应负责的工作、应具备的素质、能力与如何配备这些人员都给出了一些参考性的指导原则，这为管理者正确选择人员、配备人员、管理人员提供了很好的参考。

7.1.3　Rational Rose 工具

UML 提供了一种可视化面向对象的建模机制。但其图形元素较多，各种框图也比较复杂。一个好的软件开发方法，需要自动化工具的支持才能适应软件开发过程中复杂多变的要求，对于 UML 来说尤为如此。IBM 公司的 Rational Rose、Microsoft 公司的 Visio 和 Borland 公司的 Model Maker 等工具都不同程度提供了对 UML 建模的支持。其中，Rational Rose 功能强大，性能优越。

1. Rose 概念

Rational Rose 是 IBM 公司开发的软件系统建模工具，它是一种可视化的、功能强大的面向对象系统分析与设计的工具。它可以用于对系统建模、设计与编码，还可以对已有的系统实施逆向工程，实现代码与模型的转换，以便更好地开发与维护系统。

用于可视化建模和公司级水平软件应用的组件构造。就像一个戏剧导演设计一个剧本一样，一个软件设计师使用 Rational Rose，以演员（数字）、使用拖放式符号的程序表中的有用的案例元素（椭圆）、目标（矩形）和消息/关系（箭头）设计多个种类，来创造（模型）一个应用的框架。当程序表被创建时，Rational Rose 记录下这个程序表然后以设计师选择的 C++，Visual Basic，Java，Oracle，CORBA 或者数据定义语言（Data Definition Language，DDL）来产生代码。

Rational Rose 包括统一建模语言（UML），OOSE，以及 OMT。Rose 支持几乎所有的 UML 图形元素和各种框图，是一个设计信息图形化的软件开发工具。

Rational Rose 是能满足所有建模环境（Web 开发，数据建模，Visual Studio 和 C++）的一套解决方案。Rose 允许开发人员、项目经理、系统工程师和分析人员在软件开发周期内将需求和系统的体系架构转换成代码，消除浪费的消耗，对需求和系统的体系架构进行可视化、理解和精练。通过在软件开发周期内使用同一种建模工具可以确保更快更好地创建满足客户需求的、可扩展的、灵活的并且可靠的应用系统。

2. Rose 的功能及特点

（1）Rose 的功能。Rose 支持 UML 建模过程中使用的多种模型或框图，如业务用例图、用例图、交互图、类图、状态图、构件图、配置图等。多数应用程序除了满足系统功能外，还通常涉及数据的存储所使用的数据库，以便解决对象持久化问题。因此 Rose 不仅能够对应用程序进行建模，而且能够方便地对数据库建模。它还可以创建并比较对象模型和数据模型，并且还可以进行两种模型间的相互转换。另外，也可以创建数据库各种对象，以及实现从数据库到数据模型的逆向工程。

（2）Rose 的特点。Rose 有以下 5 个特点：①支持三层结构方案；②为大型软件工程提供可塑性和柔韧性极强的解决方案；③支持 UML、OOSE 及 OMT；④支持大型复杂项目；⑤与多种开发环境无缝集成。

Rose 能够提供许多并非 UML 建模需要的辅助软件开发的功能。例如，Rose 通过对目前多种程序设计语言的有效集成帮助开发人员产生框架代码。

Rose 具有逆向转出工程代码的功能，根据现有的系统产生模型。这样一来，如果修改了代码，可以利用它将这些改变加到模型中；如果改变了模型，Rose 也可以修改相应的代码，从而保证设计模型和代码的一致性。

利用 Rose 自带的 Rose Script 脚本语言，可以对 Rose 进行扩展、自动改变模型、创建报表、完成 Rose 模型的其他任务等。Rose 提供的控制单元和模型集成功能允许进行多用户并行开发，并对他们的模型进行比较或合并操作。

通过 Rose 模型将用户的需求形成不同类型的文档，使开发人员和用户都了解系统全貌，以便开发人员之间、开发人员与用户之间进一步交流，并尽快地澄清和细化用户需求，使专业人员明确自己的职责范围，避免了需求不明确和开发人员了解不全面造成错误，导致软件失败。

7.2 需求分析与设计工具

7.2.1 需求分析工具

1. 典型工具 PSL/PSA 介绍

PSL/PSA（Problem Statement Language/Problem Statement Analyzer，问题描述语言/问题描述分析器）是早年国际上软件工程工具方面的杰出代表之一，它是信息处理系统和软件工程的需求分析、逻辑设计等方面的计算机辅助设计工具，由美国 Michigan 大学 ISDOS / PRISE 软件工程研究室于 1973 年研制成功，经过十年的试用及改进，于 1983 年正式投放国际市场。有美洲、亚洲、非洲的多个国家和地区的多个单位采用，如美国国防部、财政部、IBM 公司、AT&T 公司、石油公司等。PSL/PSA 是一个较成功的信息系统辅助设计工具，它的报告格式、文档格式及描述语言的语法等也已被广大用户接受。

PSL/PSA 可应用于软件开发周期的各个阶段的自动文档生成，产生需求分析报告，对目标系统提供一致性和完整性检查。它适用于软件工程中的各种方法学和设计技术，特别是开发大型软件系统时，该系统能有效地减少投资和错误。例如，在用 SA（Structure Analysis）方法进行软件需求分析时，用户一边将数据处理功能描述做自顶向下的分解，一边将分析过程中遇到的数据流、文件、加工等对象用 PSL 描述出来，并将这些描述输入到 PSA 数据库中。PSA 系统将对输入信息进行一致性和完整性检查，并保存这些描述信息。用户可随时根据这些信息产生各种最新的系统分析报告和需求规格文档。

2. PSL/PSA 的组成

(1) PSL 需求规范描述语言。PSL 是系统提供给用户的，用于描述目标系统的非过程化语言，其结构类似于自然语言，具有易学易懂、描述方便的特点。它提供了 18 种目标类型及各目标类型间的 60 余种关系描述。

(2) PSA 数据库。PSA 数据库是 PSL/PSA 系统的核心，为一个网络数据库。它用于储存用户对目标系统所描述的所有内容。每个项目可以建立自己的 CPSA 数据库，以便建立项目管理。当新的有关信息投入使用并录入数据库时，系统中关系的变化将被自动检查以保证目标系统描述的完整性和一致性。存储在 PSA 数据库中的内容涉及目标系统的结构、动态、数据流、项目管理信息、规模、频率、资源消耗以及用户定义的属性等。所包含的内容超过了数据字典所能表达的信息。

(3) 数据库修改命令。PSA 是一个命令交互式的系统，它提供了三个修改数据库内容的命令：① IPSL——输入 CPSL 语句；② RPSL——置换 CPSL 语句；③ DPSL——删除 CPSL 语句。当用户用 PSL 写好目标系统的描述语句后就可以用 ICPSL 命令将这些描述语句输入数据库，也可以用 RPSL 及 DPSL 命令替换或删除数据库中已有的目标或关系。

(4) PSA 分析报告。PSA 能输出 37 种格式的分析报告。所谓分析报告，就是系统自动地对 PSA 数据库中的目标及关系进行检查，判断系统的一致性及完整性，并以方框图、矩阵图及报表等格式描述出系统的结构、流程、相关作用等。PSA 根据系统结构及数据结构的分解规则、上下文语义逻辑及所采用的方法学的规定自动进行一致性检查，解决描述中的不一致性或二义性冲突。同时用户可根据所采用的方法学来选择检查目标系统一致性及完整性的标准，并据此标准对照相应的输出报告及文档进行检查。例如，系统中模块的所有输入/输出都分解为其子模块的输入/输出，而所有子模块的输入/输出应正好是其父模块的输入/输出，这是 PSA 自动检查数据结构一致性的一个标准。

(5) DOCGEN(Document Generator)文档生成。目标系统的文档可由两部分组成，即 PSA 分析报告及用户描述。当文档的内容需要修改时，用户只需改变 PSA 数据库中的内容，重新输出一次文档，这样就不会引起系统描述不一致，也不会造成重复劳动。文档生成可以提供如下几个方面的描述：系统结构、数据结构、数据字典、数据流程图、处理链以及各类数据与处理间关系分析报告。用户可以自由选择报告以便按自己的文档标准组织文档。

中国科学院软件研究所与美国 Michigan 大学 PRISE 实验室合作，对其产品进行了汉化，并于 1988 年在 Apoll 工作站上和 PC 上实现。

7.2.2 设计工具

1. BPwin 简介

BPwin 是美国 Computer Association 公司出品的用于业务流程可视化、分析和提高业务处理能力的建模 CASE 环境。采用 BPwin 不但能降低与适应业务变化相关的总成本和风险，还使企业能识别支持其业务的数据并将这些信息提供给技术人员，保证他们在信息技术方面的投资与企业目标一致。因此，BPwin 作为信息化的业务建模工具被广泛地、成功地应用于许多企业及政府部门。BPwin 的特色体现在以下几个方面。

(1) 提供功能建模、数据流建模和工作流建模。BPwin 可使项目分析员的分析结果从 3 大业务角度(功能、数据及工作流)满足功能建模人员、数据流建模人员和工作流建模人员的需要。功能建模人员可以利用 BPwin 系统地分析业务,着重于规律性执行的任务(功能),保证它们正常实施的控件,实施任务所需要的资源,任务的结果,任务实施的输入(原材料)等。数据流建模人员可将 BPwin 分析结果用于软件设计中,重点设计不同任务间的数据流动,包括数据如何存储,使可用性最大化及使反应时间最小化。工作流建模人员可用 BPwin 分析特殊的过程,分析涉及的个别任务以及影响它们过程的决定。

(2) 将与建立过程模型有关的任务自动化。BPwin 可将与建立过程模型有关的任务自动化,并提供逻辑精度以保证结果的正确一致。BPwin 保留了图形间的箭头关联,因此当模型变更时它们仍会保持一致。高亮的动态对象可引导用户建立模型,并防止出现常见的建模错误。BPwin 还支持用户定义属性(User Defined Properties),以便让用户抓取所需要的相关信息。

(3) 为复杂项目的项目分析小组成员提供统一的分析环境。BPwin 成员可方便地共享分析结果,且 BPwin 可利用内部策略机制,理解并判断业务过程分析结果,自动优化业务过程分析结果,对无效、浪费、多余的分析行为进行改进、替换或消除。

(4) 可与模型管理工具 Model Mart 集成使用。不论从管理方面还是安全方面,BPwin 与 Model Mart 集成使用都会使得设计大型复杂软件的工作变得十分方便。Model Mart 会为 BPwin 分析行为增加用户安全性、检入(Checkin)、检出(Checkout)、版本控制和变更管理等功能。

(5) 可与数据建模工具 ERwin 集成使用。BPwin 可与数据库工具 ERwin 双向同步。使用 BPwin 可进一步验证 ERwin 数据模型的质量和一致性,抓取重要的细节,如数据在何处使用,如何使用,并保证需要时有正确的信息存在。这一集成保证了新的分布式数据库和数据仓库系统在实际中对业务需求的支持。

(6) 符合美国政府 FIPS 标准和 IEEE 标准。支持美国军方系统的 IDEF0 和 IDEF3 方法,使得开发人员能够从静态和动态角度对企业业务流程进行建模,支持传统的结构化分析方法并能根据 DFD 模型自动生成数据字典。此外,BPwin 还支持模型和模型中各类元素报告的自动生成,生成的文档能够被 Microsoft Word 和 Excel 等编辑。

(7) 易于使用,支持 Unicode。可以在各种不同语言环境的 Windows 平台上使用。

2. Power Designer 简介

Power Designer 是 Sybase 公司的 CASE 工具集,使用它可以方便地对软件系统进行分析设计,它几乎包括数据库模型设计的全过程。利用 Power Designer 可以制作数据流程图、概念数据模型、物理数据模型,可以生成多种客户端开发工具的应用程序,还可为数据仓库制作结构模型,也能对团队设计模型进行控制。它可与许多流行的数据库设计软件,如 Power Builder、Delphi、VB 等相配合使用来缩短开发时间和使系统设计更优化。

1) Power Designer 主要功能

Data Architect 是一个强大的数据库设计工具,使用 Data Architect 可利用实体-关系图为一个信息系统创建概念数据模型——(Conceptual Data Model,CDM),并且可根据 CDM 产生基于某一特定数据库管理系统(例如 Sybase System)的物理数据模型(Physical

Data Model，PDM）。还可优化 PDM，产生为特定 DBMS 创建数据库的 SQL 语句并可以文件形式存储以便在其他时刻运行这些 SQL 语句创建数据库。另外，Data Architect 还可根据已存在的数据库反向生成 PDM、CDM 及创建数据库的 SQL 脚本。

Process Analyst 用于创建功能模型和数据流图，创建处理层次关系。

App Modeler 为客户端/服务器应用程序创建应用模型。

ODBC Administrator 用来管理系统的各种数据源。

2）Power Designer 的 4 种模型文件

（1）概念数据模型（CDM）。CDM 表现数据库的全部逻辑的结构，与任何的软件或数据存储结构无关。一个概念模型在物理数据库中经常会包括不能实现的数据对象。但它给出运行计划或业务活动的数据一个正式表现方式。

（2）物理数据模型（PDM）。PDM 叙述数据库的物理实现。

（3）面向对象模型（OOM）。一个 OOM 包含一系列包、类、接口，以及它们的关系。这些对象一起形成一个软件系统的逻辑的设计视图的类结构。一个 OOM 本质上是软件系统的一个静态的概念模型。

（4）业务程序模型（BPM）。BPM 描述业务的各种不同内在任务和内在流程，以及客户如何以这些任务和流程互相影响。BPM 是从业务合伙人的观点来看业务逻辑和规则的概念模型，使用一个图表描述程序、流程、信息和合作协议之间的交互作用。

7.3 编 程 工 具

7.3.1 典型编程工具的特点

1. BASIC 语言与 Visual Basic

BASIC 是人机交互语言，1964 年由达特茅斯学院约翰·凯梅尼（John G. Kemeny）与托马斯·卡茨（Thomas E. Kurtz）发布，1975 年比尔·盖茨把它移植到 PC 上。1991 年 4 月 Visual Basic 1.0 for Windows 版本由微软发布。

优点：①BASIC 简单易学，很容易上手；②Visual Basic 提供了强大的可视化编程能力；③众多的控件让编程变得像垒积木一样简单；④Visual Basic 提供全部汉化环境。

缺点：①Visual Basic 不是真正的面向对象的开发工具；②Visual Basic 的数据类型太少，而且不支持指针，这使得它的表达能力很有限；③Visual Basic 不是真正的编译型语言，它产生的最终代码不是可执行的，是一种伪代码，它需要一个动态链接库去解释执行，这使得 Visual Basic 的编译速度大大变慢。

综述：适合初涉编程的用户，对用户的要求不高，几乎每个人都可以在比较短的时间里学会 VB 编程，并用 VB 作出自己的作品。对于那些把编程当作游戏的用户来说，VB 是其最佳选择。

2. Pascal 语言与 Delphi

Pascal 语言由瑞士苏黎世联邦工业大学的 Niklaus Wirth（尼古拉斯·沃斯）于 20 世纪 60 年代末设计。1971 年以计算机先驱帕斯卡（Pascal）的名字为之命名。Pascal 语言语法严谨，层次分明，程序易写，可读性强，是第一个结构化编程语言。早年用于数据结构的教学。Delphi 是 Borland 公司于 1995 年开发的 Windows 平台下图形用户界面应用程序开发工具和可视化编程环境,以 Pascal 语言为基础。

优点:①Pascal 语言结构严谨,可以培养一个人良好的编程习惯;②Delphi 是一门真正的面向对象的开发工具,并且是完全的可视化;③Delphi 使用了真编译,可以让代码编译成为可执行的文件,而且编译速度非常快;④Delphi 具有强大的数据库开发能力,可以轻松地开发数据库。

缺点:Delphi 几乎可以说是完美的,只是 Pascal 语言的过于严谨让用户感觉有点儿烦。

综述:比较适合那些具有一定编程基础并且学过 Pascal 语言的用户。

3. C 语言与 Visual C++

20 世纪 60 年代,C 语言诞生于美国 AT&T 公司贝尔实验室(AT&T Bell Laboratories),由丹尼斯·里奇(Dennis Mac Alistair Ritchie)以肯·汤普森(Kenneth Lane Thompson)设计的 B 语言为基础发展而来。Microsoft Visual C++ 1.0 于 1992 年由软件推出。

优点:①C 语言灵活性好,效率高,可以接触到软件开发比较底层的东西;②微软的 MFC 库博大精深,学会它可以随心所欲地进行编程;③VC 是微软制作的产品,与操作系统的结合更加紧密。

缺点:对用户的要求比较高,既要具备丰富的 C 语言编程经验,又要具有一定的 Windows 编程基础,它的过于专业使得一般的编程爱好者学习起来会有一定困难。

综述:VC 是程序员使用的工具,需要在编程上投入很多的精力和时间。

4. C++语言与 C++ Builder

C++ Builder 是由 Borland 公司推出的一款可视化集成开发工具。

优点:①C++语言的优点全部被继承;②完全的可视化;③极强的兼容性,支持 OWL、VCL 和 MFC 三大类库;④编译速度非常快。

缺点:学习资料不多。

综述:C++ Builder 是最好的编程工具之一,它既保持了 C++语言编程的优点,又做到了完全的可视化。

5. Power Builder

Power Builder 是 Sybase 公司推出的图形化的应用程序开发环境。

优点:①支持应用系统同时访问多种数据库;②完全可视化的数据库开发工具;③适合初学者快速学习,又适用于有经验的开发人员开发;④客户端/服务器开发的完全的可视化开发环境;⑤跨平台开发。

缺点:①熟悉 PB 的人相对较少;②资料不多。

6. Java 语言

1996 年 1 月 Sun 公司发布了 Java 的第一个开发工具包(JDK 1.0)。Java 是一种面向对象编程语言,不仅吸收了 C++语言的各种优点,还摒弃了 C++中难以理解的多继承、指针等概念,因此 Java 语言具有功能强大和简单易用两个特征。

优点:①平台无关性;②安全性;③分布式;④健壮性。

缺点:①指针,C 语言的指针操作是很重要的,因为指针能够支持内存的直接操作。Java 完整地限制了对内存的直接操作;②垃圾回收,是 Java 对于内存操作的限制之一,这大大解放了程序员的手脚,但存在内存泄漏问题。

7.3.2　编程工具之间的比较

1. Java 与 C/C++ 语言

Java 提供了一个功能比较强大的语言。C++ 安全性不好，但 C 和 C++ 被大家广泛接受，所以 Java 设计成 C++ 形式，让大家很容易学习。Java 去掉了 C++ 语言的许多功能，让 Java 的语言功能很精炼，并增加了一些很有用的功能，如自动收集碎片。

Java 是在 C++ 的基础上开发的，而 C++ 是在 C 的基础上开发的。因此，Java 和 C、C++ 具有许多相似之处，它继承了 C、C++ 的优点，增加了一些实用的功能，并让 Java 语言更加精炼；摒弃了 C、C++ 的缺点，去掉了 C、C++ 的指针运算、结构体定义、手工释放内存等容易引起错误的功能和特征，增强了 Java 的安全性，也让 Java 更容易被接受和学习。

虽然 Java 是在 C++ 的基础上开发的，但并不是 C++ 的增强版，也不是用来取代 C++ 的。Java 与 C++ 既不向上兼容，也不向下兼容，两者将长时间共存。Java 在理论和实践上都与 C++ 有着重要的不同点。Java 是独立于平台的、面向 Internet 的分布式编程语言，Java 对 Internet 编程的影响如同 C 和 C++ 对系统编程的影响。Java 的出现改变了编程方式，但 Java 并不是孤立存在的一种语言，而是计算机语言多年来演变的结果。

Java 实现了 C++ 的基本面向对象技术并有一些增强，Java 处理数据的方式和用对象接口处理对象数据的方式一样。

Java 与 C++ 语法的不同主要包括以下几点。

（1）全局变量。Java 程序不能定义程序的全局变量，而类中的公共、静态变量就相当于这个类的全局变量。这样就使全局变量封装在类中，保证了安全性，而在 C/C++ 语言中，由于不加封装的全局变量往往会由于使用不当而造成系统的崩溃。

（2）条件转移指令。C/C++ 语言中用 goto 语句实现无条件跳转，而 Java 语言没有 goto 语句，通过例外处理语句 try、catch、finally 来取代它，提高了程序的可读性，也增强了程序的鲁棒性。

（3）指针。指针是 C/C++ 语言中最灵活，但也是最容易出错的数据类型。用指针进行内存操作往往造成不可预知的错误，而且，通过指针对内存地址进行显式类型转换后，可以访问类的私有成员，破坏了安全性。在 Java 中，程序员不能进行任何指针操作，同时，Java 中的数组是通过类来实现的，很好地解决了数组越界这一 C/C++ 语言中不做检查的缺点。但也不是说 Java 没有指针，虚拟机内部还是使用了指针，只是外人不得使用而已，这有利于 Java 程序的安全。

（4）内存管理。在 C 语言中，程序员使用库函数 malloc() 和 free() 来分配和释放内存，C++ 语言中则是运算符 new 和 delete。再次释放已经释放的内存块或者释放未被分配的内存块，会造成系统的崩溃，而忘记释放不再使用的内存块也会逐渐耗尽系统资源。在 Java 中，所有的数据结构都是对象，通过运算符 new 分配内存并得到对象的使用权。无用内存回收机制保证了系统资源的完整，避免了内存管理不周而引起的系统崩溃。Java 程序中所有的对象都是用 new 操作符建立在内存堆栈上，这个操作符类似于 C++ 的 new 操作符。

（5）数据类型的一致性。在 C/C++ 语言中，不同的平台上，编译器对简单的数据类型如 int、float 等分别分配不同的字节数。在 Java 中，对数据类型的位数分配总是固定的，而不管是在任何的计算机平台上，因此就保证了 Java 数据的平台无关性和可移植性。

典型软件开发工具与环境介绍

（6）类型转换。在 C/C++语言中,可以通过指针进行任意的类型转换,不安全因素大大增加。而在 Java 语言中系统要对对象的处理进行严格的相容性检查,防止不安全的转换。在 C++中有时出现数据类型的隐含转换,这就涉及自动强制类型转换问题。例如,在 C++中可将一浮点值赋予整型变量,并去掉其尾数。Java 不支持 C++中的自动强制类型转换,如果需要,必须由程序显式进行强制类型转换。

2. JSP 与 ASP 的比较

JSP 与 Microsoft 的 ASP 技术非常相似。两者都提供在 HTML 代码中混合某种程序代码、由语言引擎解释执行程序代码的能力。在 ASP 或 JSP 环境下,HTML 代码主要负责描述信息的显示样式,而程序代码则用来描述处理逻辑。普通的 HTML 页面只依赖于 Web 服务器,而 ASP 和 JSP 页面需要附加的语言引擎分析和执行程序代码。程序代码的执行结果被重新嵌入到 HTML 代码中,然后一起发送给浏览器。ASP 和 JSP 都是面向 Web 服务器的技术,客户端浏览器不需要任何附加的软件支持。

ASP 的编程语言是 Microsoft VBScript 之类的脚本语言,JSP 使用的是 Java。

ASP 与 JSP 两种语言引擎用完全不同的方式处理页面中嵌入的程序代码。在 ASP 下,VBScript 代码被 ASP 引擎解释执行;在 JSP 下,代码被编译成 Servlet 并由 Java 虚拟机执行,这种编译操作仅在对 JSP 页面的第一次请求时发生。

执行 JSP 代码需要在服务器上安装 JSP 引擎。

JSP 和 ASP 技术明显的不同点:开发人员对两者各自软件体系设计的深入了解的方式不同。JSP 技术基于平台和服务器的互相独立,输入支持来自广泛的、专门的、各种工具包、服务器的组件和数据库产品开发商所提供。相比之下,ASP 技术主要依赖微软的技术支持。

JSP 技术依附于一次写入,之后,可以运行在任何具有符合 JavaTM 语法结构的环境。取而代之过去依附于单一平台或开发商,JSP 技术能够运行在任何 Web 服务器上并且支持来自多家开发商提供的各种各样的工具包。

由于 ASP 是基于 ActiveX 控件技术提供客户端和服务器端的开发组件,因此 ASP 技术基本上局限于微软的操作系统平台之上。ASP 主要工作环境是微软的 IIS 应用程序结构,又因 ActiveX 对象具有平台特性,所以 ASP 技术不能很容易地实现在跨平台的 Web 服务器的工作。尽管 ASP 技术通过第三方提供的产品能够得到组件和服务实现跨平台的应用程序,但是 ActiveX 对象必须事先放置于所选择的平台中。

从开发人员的角度来看,ASP 和 JSP 技术都能使开发者实现通过单击网页中的组件制作交互式的、动态的内容和应用程序的 Web 站点。ASP 仅支持组件对象模型(COM),而 JSP 技术提供的组件都是基于 JavaBeansTM 技术或 JSP 标签库。由此可以看出,两者虽有相同之处,但其区别是很明显的。

3. .NET 和 Java 的区别

它们都是面向对象的语言,都比较简单,且都有大公司为其提供技术支撑。两者的不同点主要包括:①Java 是从 C++演变而来,.NET 是从 Java 演变而来;②它们的应用领域不同,.NET 主要应用在中小型公司网站开发及桌面应用程序开发,Java 主要应用在大中型企业网站开发、银行网站开发及手机嵌入式游戏开发;③在学习方面.NET 相对较为简单,Java 偏难,不容易掌握;④掌握 Java 的程序员工资待遇较高,掌握.NET 的程序员找工作相对容易。另外,.NET 普及度不高与微软的垄断有关,其软件开源性不强,这将导致很多大企业联合抵制.NET。但在小型企业中.NET 应用较好,因为其比 JPS 简单。而 Java 具有一次编译处处运行和跨平台的优点。

7.3.3 Python 语言与 R 语言

1. Python 编程语言

1990 年,Python 语言由 Guido van Rossum 设计,它是一个面向对象、解释型的编程语言,可作为多种平台上编程序写脚本和快速开发应用项目的语言使用。它是一款免费、开源的软件。Python 已被移植到多个平台,如 Linux、Windows、FreeBSD、Macintosh、Solaris、OS/2、Amiga、AROS、AS/400、BeOS、OS/390、Z/OS、Palm OS、QNX、VMS、Psion、Acom RISC OS、VxWorks、PlayStation、Sharp Zaurus、Windows CE、PocketPC、Symbian、Android 平台。作为面向对象的语言,其函数、模块、数字、字符串都属于对象性质,支持继承、重载、派生、多继承,有益于增强源代码的复用性。Python 支持重载运算符和动态类型。

Python 语言的简洁性、易读性以及可扩展性较好,其提供了丰富的 API 和工具,以便程序员可轻松使用 C 语言、C++、Python 编写的扩充模块。Python 编译器也可以被集成到其他需要脚本语言的程序内。因此,Python 被称为“胶水语言”。Python 与其他语言可以进行集成和封装,其解释器易于扩展,可用于定制化软件中的扩展程序语言。Python 庞大的标准库可以帮助处理各种工作,比如正则表达式、文档生成、单元测试、线程、数据库、网页浏览器、CGI、FTP、电子邮件、XML、XML-RPC、HTML、WAV 文件、密码系统、GUI(图形用户界面)、Tk 和其他与系统有关的操作。Python 丰富的标准库,提供了适合于各类主要系统平台的源码或机器码。Python 的科学计算能力较强,其科学计算软件包提供了 Python 的调用接口以及计算机视觉库 OpenCV、三维可视化库 VTK、医学图像处理库 ITK。另外,Python 的专用科学计算扩展库包括 NumPy、SciPy 和 Matplotlib 等,其具有快速数组处理、数值运算和绘图功能,适合工程技术、科研人员处理实验数据、制作图表,以及科学计算应用程序的开发。Python 强制缩进的方式使程序代码具有较好的可读性。Python 程序编写的设计限制使编程习惯不好的代码不能通过编译。其中很重要的一项就是 Python 的缩进规则。与其他大多数语言(如 C 语言)不同的是,一个模块的界限,完全是由每行的首字符在这一行的位置来决定。通过强制程序缩进,使 Python 程序更清晰和美观。

2. R 编程语言

R 语言于 1980 年由 AT&T 贝尔实验室开发,它是一种用来进行数据探索、统计分析和作图的解释型语言。后由 MathSoft 公司的统计科学部完善。新西兰奥克兰大学的 Robert Gentleman 和 Ross Ihaka 等人将其开发成为 R 系统。

R 是用于统计分析、绘图的语言和操作环境。R 是属于 GNU 系统的一个自由、免费、源代码开放的软件,它是一个用于统计计算和统计制图的工具。R 可在 UNIX、Windows 和 Macintosh 操作系统上运行,其帮助系统较强,属于一款完全免费、开放源代码的软件。R 的安装程序包含 8 个基础模块,其他外在模块可以通过 CRAN 获得。其网站中可下载任何有关的安装程序、源代码、程序包及其源代码、文档资料。标准的安装文件自身就带有许多模块和内嵌统计函数,安装好后可以直接实现许多常用的统计功能。R 的函数和数据集可随程序包下载。其中的程序包有:base 基础模块、mle 极大似然估计模块、ts 时间序列分析模块、mva 多元统计分析模块、survival 生存分析模块等。

R 的交互性较强。除图形输出是在另外的窗口处,它的输入/输出窗口都是在同一个窗口进行的,输入语法中如果出现错误会马上在窗口中得到提示,对以前输入过的命令有记忆功能,可以随时再现、编辑修改以满足用户的需要。输出的图形可以直接保存为 JPG、BMP、PNG 等图片格式,还可以直接保存为 PDF 文件。另外,R 和其他编程语言和数据库之间有很好的接口。

R 是一套由数据操作、计算和图形展示功能整合而成的套件,包括有效的数据存储和处理功能,一套完整的数组(特别是矩阵)计算操作符,拥有完整体系的数据分析工具,为数据分析和显示提供的强大图形功能,一套(源自 S 语言)完善、简单、有效的编程语言(包括条件、循环、自定义函数、输入/输出功能)。

R 是一套完整的数据处理、计算和制图软件系统。其功能包括:数据存储和处理系统;数组运算工具(其向量、矩阵运算方面的功能尤其强大);完整连贯的统计分析工具;优秀的统计制图功能;可操纵数据的输入和输出,可实现分支、循环,用户可自定义功能。

如果加入 R 的帮助邮件列表,每天可收到几十份关于 R 的邮件资讯。全球统计计算方面的专家可进行各种问题讨论,这使之成为全球最大、最前沿的统计学的交流平台。

7.3.4 典型网页设计工具

设计一个好的网页绝非易事,它涉及众多领域的知识,体现了设计者的基本素质和综合能力。对于不同网页制作基础的制作者,可以考虑选取不同的网页设计工具。本节主要针对网页制作初学者和具有一定制作基础的制作者推荐几种网页设计工具。

1. 入门级软件

对于网页制作初学者,可以选择以下几种网页设计工具。

1) Microsoft FrontPage

只要对 Word 很熟悉,那么用 FrontPage 进行网页设计就不会有什么问题。使用 FrontPage 制作网页,能真正体会到"功能强大,简单易用"的含义。页面制作由 FrontPage 中的 Editor 完成,其工作窗口由 3 个标签页组成,分别是"所见即所得"的编辑页、HTML 代码编辑页和预览页。FrontPage 带有图形和 GIF 动画编辑器,支持 CGI 和 CSS。向导和模板都能使初学者在编辑网页时感到非常方便。FrontPage 最强大之处是其站点管理功能。在更新服务器上的站点时,不需要创建更改文件的目录。FrontPage 会为用户跟踪文件并复制那些新版本文件。FrontPage 是现有网页制作软件中唯一既能在本地计算机上工作,又能通过 Internet 直接对远程服务器上的文件进行工作的软件。尽管 2006 年微软停止了该软件的销售,但其用户依然很多。

2) Netscape 编辑器

Netscape Communicator 和 Netscape Navigator Gold 3.0 都带有网页编辑器。用户可以像使用 Word 那样编辑文字、字体、颜色,改变主页作者、标题、背景颜色或图像,定义锚点,插入链接,定义文档编码,插入图像,创建表格等。Netscape 编辑器是网页制作初学者很好的入门工具。

3) Adobe Pagemill

Pagemill 功能不算强大,但使用很方便,适合初学者制作较为美观而不是非常复杂的主页。如果用户的主页需要很多框架、表单和 Image Map 图像,那么 Adobe Pagemill 是首选。Pagemill 另一大特色是有一个剪贴板,可以将任意多的文本、图形、表格拖放到里面,需要时再打开,很方便。

4）Claris Home Page

如果使用 Claris Home Page 软件,可以在几分钟之内创建一个动态网页。它是创建和编辑 Frame(框架)的工具。Claris Home Page 3.0 集成了 File Maker 数据库,增强的站点管理特性还允许用户检测页面的合法连接。

2. 提高级软件

如果用户对网页设计已经有了一定的基础,对 HTML 又有一定的了解,那么可以选择下面的几种软件来设计用户的网页。

1）Dreamweaver

Dreamweaver 是一个很酷的网页设计软件,它包括可视化编辑、HTML 代码编辑的软件包,并支持 ActiveX、JavaScript、Java、Flash、Shockwave 等特性,而且它还能通过拖曳从头到尾制作动态的 HTML 动画,支持动态 HTML(Dynamic HTML)的设计,使得页面没有 plug-in 也能够在 Netscape 和 IE 4.0 浏览器中正确地显示页面的动画。同时,它还提供了自动更新页面信息的功能。Dreamweaver 还采用了 Roundtrip HTML 技术,这项技术使得网页在 Dreamweaver 和 HTML 代码编辑器之间进行自由转换,HTML 句法及结构不变。这样,专业设计者可以在不改变原有编辑习惯的同时,享受可视化编辑的功能。

2）HotDog Professional

HotDog 是较早基于代码的网页设计工具,其最具特色的是提供了许多向导工具,能帮助设计者制作页面中的复杂部分。HotDog 的高级 HTML 支持插入 marquee,并能在预览模式中以正常速度观看。HotDog 对 plug-in 的支持超过了其他产品,它提供的对话框允许用户以手动方式为不同格式的文件选择不同的选项。但对中文的处理不是很方便。HotDog 是个功能强大的软件,对于那些希望在网页中加入 CSS、Java、RealVideo 等复杂技术的高级设计者,是一个很好的选择。

3）HomeSite

Allaire 的 HomeSite 是一个小巧而全能的 HTML 代码编辑器,有丰富的帮助功能,支持 CGI 和 CSS 等,并且可以直接编辑 Perl 程序。HomeSite 工作界面可以用户自己设置。HomeSite 比较适合那些比较复杂和精彩页面的设计。如果用户希望能完全控制制作页面的进程,HomeSite 是上佳选择,但其对技术要求较高。

4）HotMetal Pro

HotMetal 既提供"所见即所得"图形制作方式,又提供代码编辑方式。但初学者需要熟知 HTML,才能得心应手地使用这个软件。HotMetal 具有强大的数据嵌入能力,利用它的数据插入向导,可以把外部的 Access、Word、Excel 以及其他 ODBC 数据提取出来,放入页面中。

5）Fireworks

Fireworks 具有网络图像设计的能力和支持网络出版功能,比如 Fireworks 能够自动切图、生成鼠标动态感应的 JavaScript。而且 Fireworks 具有十分强大的动画功能和网络图像生成器(Export 功能)。它增强了与 Dreamweaver 的联系,可以直接生成 Dreamweaver 的

典型软件开发工具与环境介绍

Library 甚至能够导出为配合 CSS 式样的网页及图片。

6) Flash

它是用在互联网上动态的、可互动的 Shockwave。其优点是体积小,可边下载边播放,这样可避免用户长时间等待。可以用其生成动画,还可在网页中加入声音。这样就能生成多媒体的图形和界面,而文件的体积却很小。Flash 虽然不可以像一门语言一样进行编程,但用其内置的语句并结合 JavaScript,就可以设计出互动性很强的主页。

7.4 多媒体开发工具

7.4.1 图形图像处理软件

1. Photoshop

Photoshop 是 Adobe 公司开发的图像处理软件,主要用于图像处理和广告设计。早年在 Mac 上使用,后来开发出了 Windows 的版本。Photoshop 是点阵图设计软件,其优点是丰富的色彩及超强的功能。

从功能上看,Photoshop 可分为图像编辑、图像合成、校色调色及特效制作部分。

(1)图像编辑是图像处理的基础,可以对图像做各种变换,如放大、缩小、旋转、倾斜、镜像、透视等。也可进行复制、去除斑点、修补、修饰图像的残损等。其在图像处理制作中有非常大的用处,如果进行美化加工,可得到让人满意的效果。

(2)图像合成则是将几幅图像通过图层操作、工具应用合成完整的、传达明确意义的图像,这是美术设计的必经之路。Photoshop 提供的绘图工具让外来图像与创意很好地融合。

(3)校色调色是 Photoshop 的功能之一,可方便快捷地对图像的颜色进行明暗、色调的调整和校正,也可在不同颜色间进行切换以满足图像在不同领域如网页设计、印刷、多媒体等方面的应用。

(4)特效制作在 Photoshop 中主要由滤镜、通道及工具综合应用完成,包括图像的特效创意和特效字的制作,如油画、浮雕、石膏画、素描等常用的传统美术技巧都可藉由 Photoshop 特效完成。而各种特效字的制作更是很多美术设计师热衷于 Photoshop 研究的原因。

2. Illustrator

Illustrator 是 Adobe 公司推出的专业矢量绘图工具,是出版、多媒体和在线图像的工业标准矢量插画软件。Illustrator 具有以下功能特性:即时色彩、Adobe Flash 整合、绘图工具和控制项、橡皮擦工具、分离模式、Flash 符号、文件描述档、裁切区域工具等。它与 Photoshop 配合使用,处理图像效果会更好。

3. FreeHand

早年,FreeHand 由 Altsys 公司开发,后由 Aldus 公司收购,1994 年 9 月 Adobe 公司并购了 Aldus 公司。由于反垄断的裁决,FreeHand 则由 Macromedia 购得,继续和 Illustrator 竞争。2005 年,Adobe 公司收购 Macromedia 公司。FreeHand 是一款功能强大的平面矢量图形设计软件,在广告创意、书籍海报、机械制图、建筑蓝图绘制等方面都有所应用。Adobe 的智能文档技术使 FreeHand 文档处理能力提高。

4. CorelDRAW

CorelDRAW Graphics Suite 是一款由加拿大 Corel 公司开发的图形图像软件。其广泛用于商标设计、标志制作、模型绘制、插图描画、排版及分色输出等诸多领域。有 Mac 版和 Windows 版。

CorelDRAW Graphics Suite 的支持应用程序,除了 CorelDRAW(矢量与版式)、Corel PHOTO-PAINT(图片与美工)两个主程序之外,还包含应用程序和整合式服务。

CorelDRAW 界面设计友好,空间广阔,操作精微细致。它提供给设计者一整套的绘图工具,包括圆形、矩形、多边形、方格、螺旋线等,并配合塑形工具,对各种基本图形作出更多的变化,如圆角矩形、弧、扇形、星形等。同时也提供了特殊笔刷,如压力笔、书写笔、喷洒器等,以便充分地利用计算机处理信息量大、随机控制能力高的特点。

CorelDRAW 的实色填充提供了各种模式的调色方案以及专色的应用、渐变、图纹、材质、网格的填充,颜色变化与操作方式更是其他软件都不能及的。而 CorelDRAW 的颜色匹配管理方案让显示、打印和印刷达到颜色的一致。

CorelDRAW 的文字处理与图像的输入/输出构成了排版功能。文字处理是迄今所有软件中最为优秀的。其支持了绝大部分图像格式的输入与输出,几乎与其他软件可畅行无阻地交换共享文件。所以大部分利用 PC 作美术设计的用户都直接在 CorelDRAW 中排版,然后分色输出。

7.4.2 动画制作软件

1. Maya

Maya 是 Autodesk 公司出品的三维动画软件,应用对象是专业的影视广告、角色动画、电影特技等。Maya 功能完善,易学易用,制作效率极高,渲染真实感强,是电影级的高端制作软件。Maya 集成了 Alias/Wavefront 最先进的动画及数字效果技术,不仅包括一般三维和视觉效果制作的功能,而且还与建模、数字化布料模拟、毛发渲染、运动匹配技术相结合。Maya 可在 Windows 上运行。

2. Flash

Flash 是 Macromedia 公司所设计的一种二维动画软件,用于设计和编辑 Flash 文档。Macromedia Flash Player 用于播放 Flash 文档。Flash 已经被 Adobe 公司购买。Flash 被广泛用于互联网网页的矢量动画设计。全世界 97% 的网络浏览器都内设 Flash 播放器。

3. 3d Max

3d Studio Max,常简称为 3d Max 或 MAX,是 Autodesk 公司开发的基于 PC 的三维动画渲染和制作软件。其广泛应用于广告、影视、工业设计、建筑设计、多媒体制作、游戏、辅助教学以及工程可视化等领域,比如片头动画和视频游戏的制作。在国内,建筑效果图和建筑动画制作中,3d Max 的使用率占据绝对优势。

4. Creature Animation Pro

Creature Animation Pro 是一款二维动画制作软件,可为用户提供动画制作生成的工具。Creature 的皮肤和网格变形编辑器,支持调整动画曲线随着时间的推移变化的功能。Creature 还支持动作捕捉的视频源输入,动画人物跟随路径使用运动路径创建和编辑。可将动画导出为电影、GIF、FBX、Spritesheets 格式,适合游戏开发者、数字艺术家和网页设计师等使用。Creature Animation Pro 动画工具可以构建各种动画形象,通过骨骼和动作设定,使动画的效果十分逼真和细腻。

5. Lightscape

Lightscape 是一款光照渲染软件,它特有的光能传递计算方式和材质属性所产生的独特表现效果优于其他渲染软件。Lightscape 是一种先进的光照模拟和可视化设计系统,用于对三维模型进行精确的光照模拟和灵活方便的可视化设计。Lightscape 是世界上唯一同时拥有光影跟踪技术、光能传递技术和全息技术的渲染软件;可精确模拟漫反射光线在环境中的传递,获得直接和间接的漫反射光线;使用者不需要积累丰富的实际经验就能得到真实自然的设计效果。2005 年,Lightscape 被 Autodesk 公司收购以后,停止了软件开发,随后 Lightscape 的技术被融入到 3d Max 软件之中。

7.4.3 多媒体编制工具

1. Authorware

Authorware 是 Macromedia 公司开发的一种多媒体制作软件,在 Windows 环境下有专业版(Authorware Professional)与学习版(Authorware Star)。Authorware 是一个图标导向式的多媒体制作工具,使非专业人员快速开发多媒体软件成为现实。它无需传统的计算机语言编程,只通过对图标的调用来编辑一些控制程序走向的活动流程图,将文字、图形、声音、动画、视频等各种多媒体项目数据汇在一起,就可达到多媒体软件制作的目的。Authorware 最初由 Michael Allen 于 1987 年创建,是一种解释型、基于流程的图形编程语言。Authorware 被用于创建互动的程序,可以整合声音、文本、图形、简单动画,以及数字电影。1992 年,Authorware 与 MacroMind-Paracomp 合并,组成了 Macromedia 公司。2005年,Adobe 与 Macromedia 合并。2007 年,Adobe 停止 Authorware 的开发。

2. Toolbook

Toolbook 软件是一款由 Asymetric 公司开发的多媒体制作工具,属于功能比较强的一款大型软件,它为用户提供了高级的互动行为和动作事件系统,属于课件制作工具。由 Allan Paul(与 Bill Gates 一同创建微软)离开微软后投资创建。其用户涉及行业涵盖服务业、航空航天、制造业、金融、零售、军事、政府部门和教育等。

3. Director

Director 是 Adobe 公司的一款软件,主要用于多媒体项目的集成开发,广泛应用于多媒体光盘、教学课件、工作汇报、触摸屏软件、网络电影、网络交互式多媒体查询系统、企业多媒体形象展示、游戏和屏幕保护软件等的开发制作。Director 可开发包括高品质图像、数字视频、音频、动画、三维模型、文本、超文本以及 Flash 文件在内的多媒体程序,可用于开发多媒体演示程序、单人(或多人)游戏、画图程序、幻灯片、平面(或三维)的空间演示。Director 最初是一个动画制作软件,后来添加了 Lingo 编程语言,该语言的诞生为 Director 动画加上了交互性,从此 Director 逐渐被用在多媒体的创作上。

1985 年,Director 由 Macromedia 公司开发,后被 Adobe 公司收购。1991 年增加了 Lingo 语言,这使得 Director 有了开发交互式多媒体的能力。1992 年,Macromedia 增加了对 QuickTime 格式的支持。这样多媒体软件可以直接使用存储在计算机内的视频文件,而不必再依赖程序控制外部录像机播放视频片段。1994 年实现跨平台,可用于苹果计算机、也可用于 Windows 平台。

4. Ark

Ark 是清华大学计算机科学与技术系开发的多媒体工具,先后推出 DOS、Windows 3.1 和 Windows 95 环境版本,其中,1996 年研制的 Windows 95 下的著作工具 Ark 在数据管理、对象同步、用户界面等方面有着较为充分的考虑。Ark 首先应用于国家八五科技攻关成果多媒体演示系统的制作。Ark 就是基于超媒体模型设计的软件,演示内容以"页"为单位组织起来,它相当于超媒体结构中的"结点",没有时间和容量的限制;一页就相当于一个容器,里面包含一个对象链表、背景信息和链接关系信息。对象链表是页中最重要的数据结构,上面挂着一些数据对象和控制对象;背景信息包括背景的样式、颜色等;链接关系信息是一个指针,指明本页播放完后将自动跳转到哪一页去。

7.4.4 图文混排软件

1. InDesign

Adobe InDesign 是 Adobe 公司的一个桌面出版应用程序,主要用于各种印刷品的排版编辑,并与 Photoshop、Illustrator 和 Acrobat 捆绑销售。InDesign 可以将文档直接导出为 Adobe 的 PDF 格式,而且有多语言支持。它也是第一个支持 Unicode 文本处理的主流 DTP 应用程序,率先使用新型 OpenType 字体、高级透明性能、图层样式、自定义裁切等功能。它与兄弟软件 Illustrator、Photoshop 等的联动功能、界面的一致性等特点都受到了用户的青睐。

2. PageMaker

PageMaker 由 Aldus 公司于 1985 年推出,升级至 5.0 版本时,被 Adobe 公司于 1994 年收购。最早的 PageMaker 属于桌面排版软件,由 PageMaker 设计制作出来的产品包括说明书、杂志、画册、报纸、产品外包装、广告手提袋、广告招贴等。随后,其演化成为用来生产专业、高品质出版刊物的工具。在 PageMaker 的出版物中,通过链接的方式置入图,可以确保印刷时的清晰度,这一点在彩色印刷时尤其重要。PageMaker 6.5 可以在 WWW 中传送 HTML 格式及 PDF 格式的出版刊物,同时还能保留出版刊物中的版面、字体以及图像等。在处理色彩方面也有很大的改进,提供了更有效率的出版流程。而其他的新增功能也同时提高了和其他公司产品的相容性。在 7.0 版本之后,Adobe 公司便停止了对其的更新升级,转向新一代排版软件 InDesign 的开发。

3. 北大方正飞翔排版软件

方正飞翔是北大方正推出的一款一体化专业桌面排版软件,可以帮助用户在编辑文章时进行快速排版,支持静态的排版、动态的排版、动态交互设计排版等。方正飞翔专业版功能强大、操作简便灵活,拥有图像图形和文本混排等功能,支持拖动、删除、复制等操作,拥有人性化的模板、向导以及预置样式等,提供 19 种富媒体效果,包括音视频、全景图、图像序列、动画、幻灯片等,可以广泛地应用于平面设计、排版输出、数码打印等领域。

7.4.5 音频和视频编辑软件

1. Adobe Audition 音频处理软件

Adobe Audition(前 Cool Edit Pro)是 Adobe Systems 公司(前 Syntrillium Software

Corporation)开发的一款功能强大、效果出色的多轨录音和音频处理软件。

1990年,Syntrillium公司由两名微软前雇员Robert Ellison和David Johnston成立,不久后Syntrillium公司开发出一款音频处理软件Cool Edit,随后又发布了Cool Edit的升级版Cool Edit Pro。2003年,Adobe公司购买了Cool Edit,并改名为Adobe Audition发布。2006年,Adobe Audition升级,并正式进入专业的数字音频制作领域。

2. Premiere Pro视频编辑软件

Adobe Premiere Pro,简称Pr,是由Adobe公司开发的一款视频编辑软件,广泛应用于广告制作和电视节目制作中。Premiere Pro是视频编辑爱好者和专业人士喜爱的视频编辑工具。Premiere提供了采集、剪辑、调色、美化音频、字幕添加、输出、DVD刻录的一整套流程,并和其他Adobe软件集成,可创建高质量的作品。

AE(After Effects)是Premiere的兄弟产品,它是一套动态图形的设计工具和特效合成软件。而Premiere是一款剪辑软件,用于视频段落的组合和拼接,并提供一定的特效与调色功能。Premiere和AE可以通过Adobe动态链接联动工作,满足日益复杂的视频制作需求。

7.5　软件质量管理与控制工具

7.5.1　软件测试工具

1. 功能测试工具WinRunner

WinRunner是Mercury公司开发的一种用于检验应用程序能否如期运行的企业软件功能测试工具。通过自动捕获、检测和模拟用户交互操作,WinRunner能识别出绝大多数软件功能缺陷,从而确保那些跨越了多个功能点和数据库的应用程序在发布时尽量不出现功能性故障。WinRunner的特点在于:与传统的手工测试相比,它能快速、批量地完成功能点测试;能针对相同测试脚本,执行相同的动作,从而消除人工测试所带来的理解上的误差;此外,它还能重复执行相同动作,测试工作中最枯燥的部分可交由机器完成;它支持程序风格的测试脚本,一个高素质的测试工程师能借助它完成流程极为复杂的测试,通过使用通配符、宏、条件语句、循环语句等,还能较好地完成测试脚本的重用;它针对大多数编程语言和Windows技术,提供了较好的集成、支持环境,这给基于Windows平台的应用程序实施功能测试带来了极大的便利。

2. 代码静态分析工具PC-LINT

PC-LINT是C/C++软件代码静态分析工具,不仅可以检查出一般的语法错误,还可以检查出不易发现的潜在的非语法错误。

PC-LINT主要进行更严格的语法检查功能,还完成相当程度的语义检查功能。可以这样认为:PC-LINT是一个更加智能、更加严格的编译器。PC-LINT在实现语法和某些语义规则检查时,是通过参数配置完成的,它的选项就有数百个之多,因此,在使用PC-LINT过程中,了解选项的含义也很重要。

PC-LINT能够帮助测试人员在程序动态测试之前发现编码错误,这大大降低了消除错误的成本。

3. 动态分析工具 VectorCAST

VectorCAST 是一种动态分析工具，主要功能是分析被测程序中每个语句的执行次数，主要包括两个部分：①检测部分，在被分析的程序部分插入检测语句，当程序执行时，这些语句收集和整理有关每个语句执行次数的信息；②显示部分，它汇集检测语句提供的信息，并以某种容易理解的形式打印出这些信息。

VectorCAST 能够扫描 Ada 语言、C/C++语言和嵌入式 C++语言源代码，自动生成宿主机和嵌入环境可执行的测试构架。其中，"动态分析-代码覆盖率"工具通过一套或多套测试实例数据，向用户显示已执行的源代码线路或源代码分支指令，生成的报告向客户显示其成套测试程序的完整性，并且向客户提交未覆盖的代码，客户很容易返回到设计测试实例中，去执行未覆盖的代码部分。

4. 数据库测试数据自动生成工具 TestBytes

在数据库开发的过程中，为了测试应用程序对数据库的访问，应当在数据库中生成测试用例数据，可能会发现当数据库中只有少量数据时，程序可能没有问题，但是当真正投入到运用中产生了大量数据时就出现问题了，所以应该尽早通过在数据库中生成大量数据来帮助开发人员发现问题。

TestBytes 是一个用于自动生成测试数据的工具，通过简单的单击式操作，就可以确定需要生成的数据类型（包括特殊字符的定制），并通过与数据库的连接来自动生成数百万行正确的测试数据，可以极大地提高数据库开发人员、QA 测试人员、数据仓库开发人员、应用开发人员的工作效率。

5. Web 测试工具 WebKing

WebKing 是一种基于 Web 应用的测试工具，用以帮助开发人员防止和检测多层次 Web 应用中的错误。

WebKing 的白盒测试用例对表格对象自动生成一组用户输入，然后显示生成的目录和动态页，分析网站的结构，找到测试的最佳途径。通过简单的操作，WebKing 就可以自动测试每一个静态和动态网页，并发现其构造错误。另外，WebKing 还可以检查所有的链接。

WebKing 执行黑盒测试以保证网站应用能满足功能要求，它的路径视图显示所有潜在的路径。可以建立自己的测试用例以测试特定的路径。

RuleWizard 的特性是让用户使用图形脚本语言建立监视动态网页内容的规则。虽然某些动态网页的内容依赖于用户输入，RuleWizard 将标识出不变的部分。当每次修改网站时，WebKing 能够自动执行回归测试，如果发现问题，会取消发布修改的内容。当发布时，WebKing 自动显示动态页，验证页面的准确性。同时，它检查链接、拼写、HTML、CSS 和 JavaScript。

WebKing 具有如下特性：①防止和检测动态网站中的错误；②测试一个动态网站中所有可能的路径；③强化 HTML、CSS 和 JavaScript 编程标准；④帮助建立自动监视动态页面内容的规则；⑤检查中断的链和孤立的文件；⑥防止含有错误的页面；⑦记录有关网站使用的各类文件统计信息；⑧集成各类插件和第三方工具；⑨发布网站时自动执行许多基本命令。

7.5.2　软件配置管理工具

近年来,各公司相继推出了各种基于单机或网络系统的集成化的软件配置管理工具,例如,ClearCase、CCC/Harvest 等比较优秀的配置管理工具。这些配置管理工具在推进软件工程化、确保软件质量方面发挥了积极的作用。目前,国内流行的软件配置管理工具主要有Microsoft 公司的 Visual SourceSafe、Rational 公司的 ClearCase、CA 公司的 CCC/Harvest。本节主要介绍几种典型的软件配置管理工具。

1. 配置管理工具 SourceSafe

Microsoft Visual SourceSafe 是 Microsoft 公司推出的配置管理工具,简称 VSS,是 Visual Studio 的套件之一。SourceSafe 是国内最流行的配置管理工具。

软件支持 Windows 系统所支持的所有文件格式,兼容 Check out-Modify-Check in(独占工作模式)与 Copy-Modify-Merge(并行工作模式)。VSS 通常与微软公司的 Visual Studio 产品同时发布,并且高度集成。VSS 最大的缺点是需要快速大量的信息交换,因此仅适用于快速本地网络,而无法实现基于 Web 的快速操作,尽管一个妥协的办法是可以通过慢速的 VPN。

SourceSafe 的主要局限性有:①只能在 Windows 下运行,不能在 UNIX、Linux 下运行。SourceSafe 不支持异构环境下的配置管理,对用户而言是个麻烦事。这不是技术问题,是微软公司产品战略决定的。②适合于局域网内的用户群,不适合于通过 Internet 连接的用户群,因为 SourceSafe 是通过"共享目录"方式存储文件的。

2. 配置管理工具 CVS

CVS(Concurrent Version System,并行版本系统)是开放源代码的配置管理工具。实际上,CVS 可以维护任意文档的开发和使用,例如共享文件的编辑修改,而不仅局限于程序设计。CVS 维护的文件类型,可以是文本类型也可以是二进制类型。CVS 用 Copy-Modify-Merge(复制、修改、合并)变化表支持对文件的同时访问和修改。它明确地将源文件的存储和用户的工作空间独立开来,并使其并行操作。CVS 基于客户端/服务器的行为使其可容纳多个用户,构成网络也很方便。这一特性使得 CVS 成为位于不同地点的人同时处理数据文件(特别是程序的源代码)时的首选。

CVS 的官方网站是 http://www.cvshome.org/。其官方提供的是 CVS 服务器和命令行程序,但是官方并不提供交互式的客户端软件。许多软件机构根据 CVS 官方提供的编程接口开发了各种各样的 CVS 客户端软件,最有名的当推 Windows 环境下的 CVS 客户端软件——WinCVS。WinCVS 是免费的,但是并不开放源代码。

3. 配置管理工具 ClearCase

Rational 公司的 ClearCase 是软件行业公认的功能最强大、价格最昂贵的配置管理软件。类似于 VSS 和 CVS 的作用,但是功能比 VSS 和 CVS 多,而且可以与 Windows 资源管理器集成使用,还可以与很多开发工具集成在一起使用。但是对配置管理员的要求比较高。

ClearCase 主要应用于复杂产品的并行开发、发布和维护,它在某些方式上和其他的软件配置管理系统有所不同,ClearCase 包含一套完整的软件配置管理工具而且结构透明、界面友好。其功能划分为四个范畴:版本控制(Version Control)、工作空间管理(Workspace Management)、构造管理(Build Management)和过程控制(Process Control)。

4. 配置管理工具 CCC/Harvest

CCC/Harvest(Change Configuration Control/Harvest)是 CA 公司开发的一个基于团队开发的提供以过程驱动为基础的包含版本管理、过程控制等功能的配置管理工具。它可帮助在异构的平台、远程分布的开发团队以及并发开发活动的情况下保持工作的协调和同步,不仅如此,它还可以有效跟踪复杂的企业级开发的各种变化(变更)的差异,从而使得可以在预定的交付期限内提交高质量的软件版本。

CCC/Harvest 的技术特性包括以下几点:①可提供自动化的变更提交,保证生产环境应用的运行,CCC/Harvest 提供集中化的管理,以实现分布式环境下软件变化的合理控制和协调。②可实现开发过程的自动化,通过简单的单击方式创建和改变开发过程的模型,并利用这个模型来保证软件变更得到控制,进度得到跟踪,每个成员都处于最新状态。③支持自动同步的并发开发。在 CCC/Harvest 中,通过一个简单的设置选项就可以让用户选择并发开发功能。④可管理用户对供应商提供的代码的修改。⑤具有灵活的定制功能。

思　考　题

一、名词解释

1. 多媒体开发工具
2. 项目管理
3. 软件项目管理
4. UML
5. RUP

二、简答题

1. 多媒体开发工具包括哪几类?
2. 介绍两种多媒体开发工具,并进行比较。
3. 项目管理软件有哪些特性?
4. 简单介绍 UML 的内容。
5. 简单介绍 UML 的特点。
6. RUP 的裁剪包括哪些步骤?
7. RUP 的核心工作流有哪些?

三、分析题。

1. 详细分析多媒体开发工具的特征与功能。
2. 如何选取最适合自己的项目管理软件?
3. 详细对比 UML 图,并对其功能进行简单的分析。
4. 详细分析 RUP 的各个阶段及里程碑。
5. 详细分析 Rose 的功能与特点。

第三部分
工具操作与开发

第8章

初级操作实验

本章将介绍 Visio 绘图工具和多媒体工具的操作。通过本章的学习,可以掌握 Visio 软件、Photoshop 图像处理工具、Flash 动画制作工具和 Project 软件操作的操作和使用。

8.1 Visio 绘图工具操作

8.1.1 Visio 简介

1. Office Visio 概述

Office Visio 是一款 Windows 操作系统下运行的专业办公绘图软件,是 Microsoft Office 软件的一部分,具有简单性与便捷性等关键特性。Office Visio 可以将用户的思想、设计与最终产品演变成形象化的图像进行传播,同时还可以制作出富含信息和吸引力的图标、绘图及模型,从而使文档的内容更加丰富,更容易克服文字描述与技术上的障碍,让文档变得更加简洁、易于阅读与理解。

Office Visio 提供了各种模板,如业务流程的流程图、网络图、工作流图、数据库模型图和软件图等,这些模板可用于可视化和简化业务流程、跟踪项目和资源、绘制组织结构图、映射网络、绘制建筑地图以及优化系统。可视化的 Office Visio 图表能够展现、分析和传达复杂信息、系统和流程,便于进行沟通,制定更好的决策。

Office Visio 具有如下三个主要作用。

(1)补充 Microsoft Office 业务。专业人员可以创建信息丰富的图表,以便补充和扩展他们用 Office 程序所做的工作。

(2)简化技术设计、部署和维护。技术专业人员可以用图表记录创意、信息和系统,以便简化 IT 部署、扩展开发工具的使用,甚至记录设备布局和工程计划。

(3)支持开发自定义的可视解决方案。Office Visio 使用户能够创建自定义的形状和模具来支持组织标准,还可以用来创建范围广泛的自定义可视解决方案。

2. Office Visio 的基本元素

尽管微软发布了 Office Visio 2019,但目前比较普及和常见的版本依然是 Microsoft Office Visio 2007。下面介绍 Office Visio 2007 的模板(Template)、模具(Stencil)与形状(Shape)等元素。

1)模板和模具

模板是一组模具和绘图页的设置信息,是一种专用类型的 Office Visio 绘图文件,是针对某种特定的绘图任务或样板而组织起来的一系列主控图形的集合,其扩展名为. vst。每一个模板都由设置、模具、样式或特殊命令组成。模板设置绘图环境,可以适合于特定类型的绘图。

模具是指与模板相关联的图件或形状的集合,其扩展名为.vss。模具中包含图件,而图件是指可以用来反复创建绘图的图形,通过拖动的方式可以迅速生成相应的图形。

2)形状

形状是在模具中存储并分类的图件,预先画好的形状叫作主控形状,主要通过拖放预定义的形状到绘图页上的方法进行绘图操作。其中,形状具有内置的属性,在 Office Visio 2007 中,用户可以通过手柄来定位、伸缩及连接形状,改变形状的属性。

3)连接符

在 Office Visio 2007 中,形状与形状之间需要利用线条来连接,该线条被称作连接符。连接符会随着形状的移动而自动调整,其起点和终点标识了形状之间的连接方向。Office Visio 2007 将连接符分为直接连接符与动态连接符两种:直接连接符是连接形状之间的直线,可以通过拉长、缩短或改变角度等方式来保持形状之间的连接;而动态连接符是连接或跨越连接形状之间的直线的组合体,可以通过自动弯曲、拉伸、直线弯角等方式来保持形状之间的连接。

8.1.2 Visio 的操作

1. Office Visio 的工作界面

Office Visio 2007 的界面如图 8-1 所示。

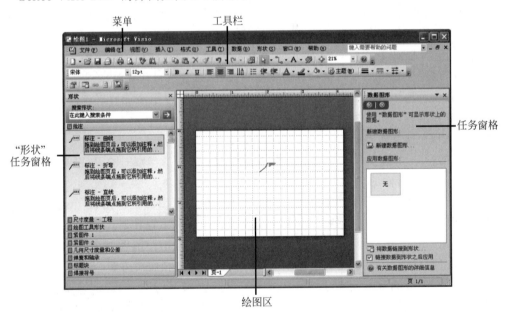

图 8-1 Office Visio 2007 的工作界面

1)菜单与工具栏

菜单与工具栏位于 Office Visio 2007 窗口的最上方,主要用来显示各级操作命令。Office Visio 2007 中的菜单与 Word 2003 中的菜单显示状态一致。对于使用者来讲,最快捷的使用方式便是将最常用的命令放置在工具栏中。Office Visio 2007 为用户提供了"常用"与"格式"工具栏。用户可通过单击工具栏右侧的"添加或删除"下拉按钮,来添加或删除工具栏中的命令。

2)任务窗格

用户可通过执行"视图"|"任务窗格"命令,来显示或隐藏各种任务窗格。该任务窗格位于屏幕的右侧,主要用于专业化设置。例如,"数据图形"任务窗格、"主题-颜色"任务窗格、"主题-效果"任务窗格与"剪贴画"任务窗格等。

3)绘图区

绘图区位于窗口的中间,主要显示了处于活动状态的绘图元素,用户通过执行"视图"菜单中的某窗口命令,即可切换到其他窗口中。绘图区主要可以显示绘图窗口、形状任务窗口、绘图资源管理器窗口、大小和位置窗口、形状数据窗口等。

(1)绘图窗口。绘图窗口主要用来显示绘图页,用户可通过绘图页添加形状或设置形状的格式。对于包含多个形状的绘图页来讲,用户可通过水平或垂直滚动条来查看绘图页的不同区域。另外,用户可以通过选择绘图窗口底端的标签,来查看不同的绘图页。为了准确地定位与排列形状,可以通过执行"视图"|"网格"命令或执行"视图"|"标尺"命令来显示网格和标尺,如图 8-2 所示。

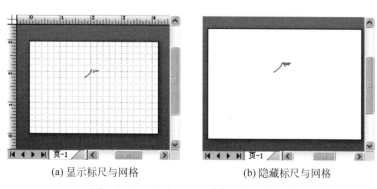

(a)显示标尺与网格　　　　(b)隐藏标尺与网格

图 8-2　显示/隐藏标尺与网格的绘图页

(2)形状任务窗口。形状任务窗口中包含多个模具,用户可通过拖动模具中的形状到绘图区的方法,来绘制各类图表与模型。根据绘图需要,用户可以重新定位"形状"任务窗格或单个模具的显示位置。同时,也可以将单个模具以浮动的方式显示在屏幕上的任意位置。

(3)大小和位置窗口。在设置含有比例缩放的绘图时,"大小和位置"窗口将是制作绘图的必备工具。用户可通过执行"视图"|"大小和位置窗口"命令,来显示或隐藏"大小和位置"窗口。在该窗口中,用户可以根据图表要求来设置或编辑形状的位置、维度或旋转形状。而"大小和位置"窗口中所显示的内容,会根据形状的不同而改变,如图 8-3 所示。

(4)绘图资源管理器窗口。用户可通过执行"视图"|"绘图资源管理器窗口"命令,来显示或隐藏"绘图资源管理器"窗口。该窗口具有分级查看的功能,可以用来查找、增加、删除或编辑绘图中的页面、图层、形状、形状范本、样式等组件,如图 8-4 所示。

(5)形状数据窗口。用户可通过执行"视图"|"形状数据窗口"命令,来显示或隐藏"形状数据"窗口。该窗口主要用来修改形状数据,其具体内容会根据形状的改变而改变。

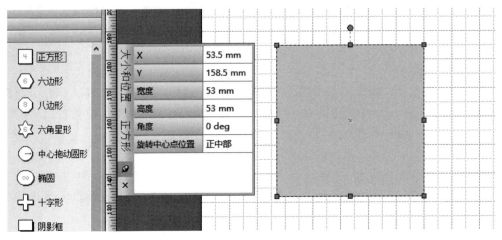

图 8-3　正方形的"大小和位置"窗口

2. Office Visio 的基本操作

1) 模板的选择

通过模板可快速绘制图形类型,模板包含创建图表所需的形状。Office Visio 2007 主要为用户提供了网络图、工作流图、数据库模型图、软件图等模板,如图 8-5 所示,即为软件和数据库类别中的部分模板展示图。

图 8-4　"绘图资源管理器"窗口

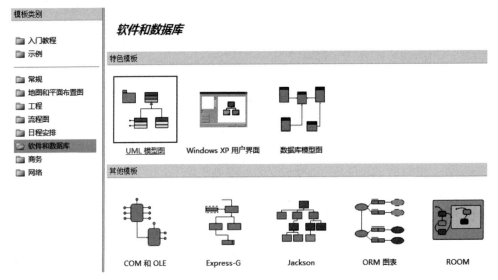

图 8-5　软件和数据库模板部分展示图

2) 创建图形

打开模板后,从模具中将形状拖到绘图页上来创建图表。另外,在 Office Visio 2007 中,可单击"格式"工具栏中的"主题"按钮,在弹出的"主题"任务窗格中选择主题样式为图表赋予专业外观。

3）编辑形状

这里的编辑形状主要是指移动形状、调整形状大小以及设置形状格式。设置绘制的形状格式的方法和设置任何其他形状格式的方法相同。只需选择它并使用"格式"菜单或工具栏上的"格式"按钮来选择格式选项。

4）添加文本

为了让图表有适当的解释，可以单击某个形状输入相关文本，也可以向绘图页中添加与任何形状无关的文本，例如标题或列表。这种类型的文本称为独立文本或文本块。使用"文本"工具单击绘图区进行输入。同样地，可以像在任何 Microsoft Office 系统程序中设置文本的格式一样，使用工具栏上的按钮或"格式"菜单上"文本"对话框中的选项进行文本格式编辑。

5）连接形状

除了使用"连接线"工具连接形状外，还可以使用模具中的连接线连接形状。例如，在框图中，可以从模具中拖动二维箭头，然后将它们与框相连。如果要在两个相连形状之间添加新形状，则可将新形状拖到连接线的顶部，所有三个形状即会自动连接。另外，Office Visio 2007 中有"自动连接"功能，用户只需单击，即可自动连接、均匀分布并准确地对齐形状，如图 8-6 所示。

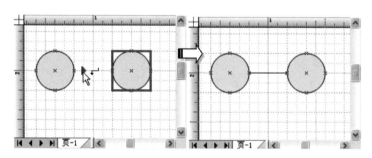

图 8-6　Visio 2007 中的自动连接功能

6）保存和打印图表

完成图表的创建后，可以如同保存在任何 Microsoft Office 系统程序中创建的文件那样来保存图表。打印图表之前，可以预览它以确保打印正确。在"打印预览"窗口中，灰色边界指示绘图页边距和打印页面的边缘。与此边界重叠的形状将不能完整打印。可以移动形状，也可以调整绘图页设置或打印机设置，例如方向、尺寸或边距。

7）将图表添加到 Microsoft Office 文件

可以将 Microsoft Office Visio 图表添加到在其他 Microsoft Office 系统程序中创建的文件中，例如 Microsoft Office Word 文档、Microsoft Office Excel 工作簿、Microsoft Office PowerPoint 演示文稿、Microsoft Office Outlook 电子邮件，等等。只需使用复制和粘贴操作便可将整个 Microsoft Office Visio 图表或几个形状添加到 Word 文档中。但要注意的是，粘贴到其他 Office 程序中的 Microsoft Office Visio 图表或形状将成为该文件的一部分。在该程序中修改图表或形状时，修改的只是粘贴的副本，而不是原始的图表或形状。

8.2 多媒体工具操作

8.2.1 Photoshop 图像处理工具

1. Photoshop 概述

Photoshop 是应用非常广泛的图像绘制与编辑工具。作为图像处理工具,Photoshop 可以绘制简单的图形和图像,可以用于对原始图片进行各种数字化的编辑和处理,着重在效果处理上。

Photoshop 的运行界面会显示标题栏、菜单栏、工具选项栏、工具箱、图像窗口、控制面板和状态栏等,如图 8-7 所示。

图 8-7 Photoshop 工作界面

(1) 标题栏。标题栏包括图像缩放比例、抓手工具、缩放工具、旋转视图工具、排列文档、屏幕模式、查看额外内容和启动 Bridge。

(2) 菜单栏。Photoshop 的菜单栏中包括 9 个主菜单,Photoshop 的绝大多数功能可以通过调用菜单实现。

(3) 工具选项栏。工具选项栏提供了每个工具可以设置的参数。

(4) 工具箱。工具箱提供了 20 多组工具,可以用于选取、绘制和修饰图形图像等,还提供了文字工具、钢笔和形状工具及一些辅助图形操作的工具,可以进行图形图像处理等。

(5) 状态栏。状态栏提供目前工作使用的文件信息,如文件大小、图像缩放比例等。

(6) 图像窗口。图像窗口是编辑图像的窗口,每打开一个文件就会有一个图像窗口,图形图像的编辑要在图像窗口中进行。

（7）控制面板。用户可以通过"窗口"显示或隐藏控制面板,其中的各种面板是可以调整显示和分布的。Photoshop 提供了十几种面板,包括图层面板、颜色面板、历史记录面板、动作面板、通道面板、蒙版等。

2. Photoshop 的图层和滤镜

1）图层

图层是一组可以用于绘制图像和存放图像的透明层,就像一张一张叠起来的透明胶片,每张透明胶片上都可以有不同的画面,对任一图层的操作都不会影响其他图层上的图像,改变图层的顺序可以改变最后呈现的图像效果。

图层面板如图 8-8 所示,显示了图像中的所有图层、图层组和图层效果。

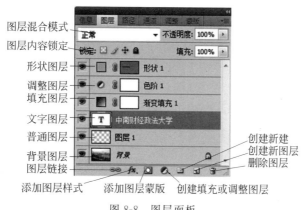

图 8-8　图层面板

（1）图层的类型。Photoshop 中主要有 6 种图层类型,每种图层的特点不同,具体如下。①背景图层:始终位于图层面板的最下面,一个图像文件至多只能有一个,而且操作受到限制,例如,不能移动、不能改变透明度等;②普通图层:用于绘制和编辑图像的图层,一般可进行任何操作;③文字图层:输入文字时会自动产生;④填充图层:用纯色、渐变或图案 3 种填充方式产生;⑤调整图层:用于调整其下方所有可见图层的色彩;⑥形状图层:用形状工具绘制形状时产生。

（2）图层的管理。在 Photoshop 中提供了很多可以对图层进行的操作:①选择图层,要对某个图层进行操作,就必须先选择图层,在图层面板上单击要选择的图层即可,按住 Ctrl 键可选择多个图层;②显示或隐藏图层,在图层面板中单击左边的眼睛图标就可隐藏图层内容;③改变图层顺序,在图层面板中拖动图层向上或向下就可以改变图层顺序;④链接图层,单击"图层链接"图标就可以将两个或两个以上的图层链接起来,锁定链接图层内容的相对位置;⑤锁定图层,在"图层内容锁定"栏单击锁定的图标即可锁定图层,防止误操作而改变图层内容;⑥合并图层,右击所选的图层,选择"向下合并"命令就可以把当前图层和位于它下面的图层合并。

（3）图层样式。右击所选的图层,选择"混合选项"就可以打开"图层样式",可以选择投影、内投影、外/内发光、斜面和浮雕、光泽、颜色叠加、渐变叠加、图案叠加和描边等样式。

2）滤镜

滤镜是 Photoshop 的特色之一。利用 Photoshop 提供的各种滤镜可以制作出奇妙的图像效果,如图 8-9 所示。根据来源不同,Photoshop 中的滤镜分为两种,一种是自带的滤镜效果,可以在滤镜菜单下看到;另一种是由第三方提供的滤镜效果,需要另外安装才能使用。根据滤镜的效果不同,Photoshop的滤镜又可以分为两种,一种是破坏性滤镜,另一种是校正性滤镜。

图 8-9　滤镜效果显示

3. Photoshop 的简单应用

利用 Photoshop 可以对图像进行处理,下面以制作晕映效果为例进行说明。

晕映效果是指图像具有柔和渐变的边缘效果,如图 8-10 所示。使用 Photoshop 的羽化功能可以实现晕映效果。具体操作步骤如下。

(1) 打开 Photoshop CS4,打开一张图像。

(2) 在工具栏中选择磁性套索工具。

(3) 利用磁性套索工具选取需要进行效果应用的部分,如图 8-11(a)所示。

(4) 右击选择"羽化"命令,设置羽化值,这里设置的羽化值为 5。

(5) 右击选择"反向选择"命令,如图 8-11(b)所示。

(6) 按 Delete 键删除未选中的区域,选择菜单栏中的"编辑"→"填充"命令填充背景色为白色,也可以选择其他颜色。

图 8-10　晕映效果

(a) 选择对象　　　(b) 反向选择区域

图 8-11　反选区域示例

8.2.2　Flash 动画制作工具

Flash 是目前影响最广泛的动画设计与制作软件,是集多媒体动画制作、矢量动画编辑、交互式动画制作三大功能于一体的专业软件,主要应用于制作 Web 站点动画、图像及应用程序。Flash 最重要的特点是:支持矢量图格式,采用流式播放技术,具有强大的交互性,脚本功能强,支持动画数据格式,可扩展性强。

1. Flash 的基本功能

1) 绘制矢量图形

计算机图形主要分为两大类,即位图图像和矢量图形。

(1) 位图图像。位图是由像素组成的,像素是位图最小的信息单元,存储在图像栅格中。每个像素都具有特定的位置和颜色值,按从左到右、从上到下的顺序来记录图像中每一个像素的信息,如像素在屏幕上的位置、像素的颜色等。位图图像的质量是由单位长度内像素的多少来决定的。单位长度内像素越多,分辨率越高,图像的效果越好。位图也称为"位图图像""点阵图像""数据图像""数码图像"。Flash 支持位图图像,并能对导入的位图图像进行优化,以减少动画文件的容量,还可以直接将位图图像转换为矢量图形。

(2) 矢量图形。矢量图形是根据几何特性来绘制图形,矢量可以是一个点或一条线,矢量图只能靠软件生成,文件占用内存空间较小。它的特点是放大后图像不会失真,和分辨率无关。Flash 是基于矢量的图形系统,制作时只需存储少量的矢量数据就可以描述一个看起来相当复杂的对象。

2) 元件功能

Flash 文件之所以占用空间小,除了是基于矢量图形外,还有一个重要原因就是在 Flash 中可以重复使用元件。元件可以是图像、按钮和动画,将其转换为元件后,就会放在"库"中作为模板,可以重复拖入场景中使用,还可以进行任意缩放。

3) 滤镜功能

从 Flash 8 开始就可以添加滤镜功能,该功能可以制作发光、投影、模糊等效果,不过只能用于文本、影片剪辑和按钮。

4) 动画功能

Flash 有两种主要动画类型:逐帧动画和过渡动画。其中,逐帧动画是每一帧都是关键帧,需要逐帧绘制。过渡动画则只需要提供开始和结束两个关键帧的内容,中间过程由软件自动完成,可以实现移动、缩放、旋转、形状渐变、色彩渐变等。

2. Flash CS4 的使用

1) 启动 Flash CS4

将 Flash CS4 安装成功之后,可以通过以下方式启动 Flash CS4。

(1) 选择"开始"|"程序"|Adobe Flash CS4 Professional 命令。

(2) 双击 Adobe Flash CS4 Professional 图标,也可以创建一个 Adobe Flash CS4 Professional 快捷方式,双击该快捷方式启动。

启动 Adobe Flash CS4 Professional 后,可看见 Adobe Flash CS4 Professional 的欢迎界面,如图 8-12 所示。在"新建文档"对话框中选择"Flash 文件(ActionScript 3.0)"。ActionScript 3.0 是 Flash 脚本语言的最新版本,可以使用它添加交互性动作。ActionScript 3.0 要求浏览器具有 Flash Player 9 或更高版本。

2) Flash CS4 主界面

默认情况下,Flash 会显示菜单栏、时间轴、舞台、工具箱、属性面板(如图 8-13 所示)。在 Flash 中工作时,可以打开、关闭、停放和取消停放面板,也可以在屏幕上四处移动面板。要返回到默认的工作区,可选择"窗口"|"基本功能",也可以选择其他模式,单击"基本功

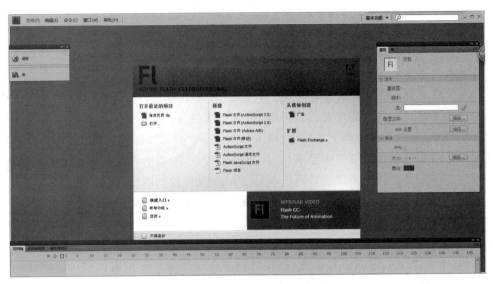

图 8-12　Flash CS4 的欢迎界面

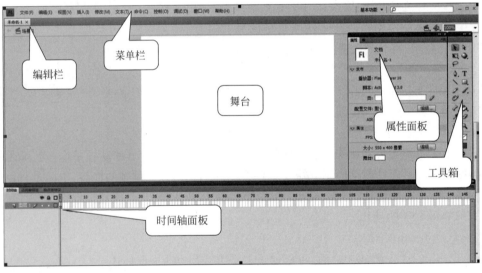

图 8-13　Flash CS4 主界面

能",可以切换到"设计人员""开发人员"模式等。

(1) 工具箱。绘图工具箱中包含十多种绘图工具,用户可以使用这些工具对图像或选定区域进行操作。

(2) 时间轴。在如图 8-13 所示的主界面中,依次选择菜单栏中的"窗口"|"时间轴"选项,可以打开时间轴面板,时间轴面板是协调动画时间流逝,在不同的层组织动画的工具。它的主要组件是时间轴、图层、帧、播放头和信息指示器,如图 8-14 所示。时间轴面板右边是"帧",控制动画发生的时间,帧是动画制作的基本单位,包含图形文字和声音等。帧分为 3 种类型:普通帧、关键帧和空白关键帧。普通帧是不起关键作用的帧,在时间轴中用灰色方块表示。关键帧是用来描述动画中关键画面的帧,用实心黑色圆圈表示。空白关键帧是

内容为空的帧,用空心的小圆圈表示。时间轴面板的左边是"图层",是组织动画内容的空间。图层像是一张透明的纸,上面可以绘制和书写任何文字,所有这些图层叠合在一起就组成了一个完整的画面(帧)。所以,帧可以是由多层的内容合成,而每一层都包含许多帧。

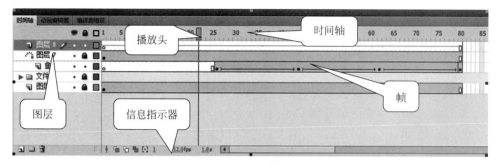

图 8-14　时间轴面板

（3）场景与舞台。在当前编辑的动画窗口中,动画内容编辑的整个区域叫作场景。舞台是绘制和编辑动画内容的矩形区域,是 Flash 最主要的编辑区域。Flash 动画就是舞台上的内容随着帧的流逝发生变化而产生的,具体如图 8-15 所示。

（4）属性和元件库。在如图 8-13 所示的主界面中,依次选择菜单栏中的"窗口"|"属性"选项,即可打开属性面板。属性面板的作用是根据选择对象的不同,提供相关的属性内容。在如图 8-13 所示的主界面中,依次选择菜单栏中的"窗口"|"库"选项,即可打开库面板,如图 8-16 所示。元件库用来存放和组织可重复利用的 Flash 动画元件,包括在 Flash 中绘制的图形、导入的声音、位图、视频等文件。元件库将它们转换成元件并存放起来。如果要在舞台上使用这些元件,可以直接把元件拖动至舞台上。

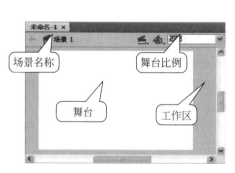

图 8-15　场景和舞台

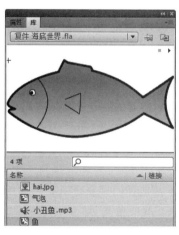

图 8-16　"库"面板

3. Action Script 脚本语言

Flash 可以利用 Action Script 脚本灵活地构建各种交互式动画,甚至整个网站。在多媒体交互动画的创作中,动作和行为是两个重要的概念,Action Script 动作脚本是构成交互的最基本元素。

Action Script 动作脚本是专为 Flash 设计的交互式脚本语言,是一种面向对象的编程语言,它提供了很多自定义函数和强大的数学函数、颜色、声音、XML 等对象的支持,通过它可以指定 Flash 动画中当一个事件发生时需要执行的下一个动作,也可以设定时间以引发脚本的运行。也就是说,Flash 的动作有两类:作用于帧的"动作-帧"和作用于实例的"动作-对象",前者将 Action Script 放置在关键帧中,后者将 Action Script 放置在物体上。

与其他计算机编程语言相似,Action Script 也有变量、函数、对象、操作符、保留关键字等语言元素,具有自己的语法规则。Action Script 还允许用户创建自己的对象和函数。Action Script 拥有自己的句法和标点符号使用规则,这些规则规定了一些字符和关键字的含义,以及它们的书写顺序。

1) Action Script 基本语法规则

(1) 大括号。Action Script 语句中大括号({})成对使用,将一段一段的程序隔开。

(2) 小括号。小括号使用的位置不同其作用不同。当用作定义函数时,在小括号内可以输入参数;当用在表达式中时,可以对表达式进行求值;使用小括号还可以表示表达式中命令的优先级。

(3) 分号。Action Script 语句用分号(;)结束,但如果省略语句结尾的分号,Flash 仍可以成功编译脚本。

(4) 点语法。Action Script 中用点(.)来指明与某个对象或电影剪辑相关的属性和方法。点语法表达式由对象或电影剪辑名开始,接着就是一个点,最后是要指定的属性、方法或变量。

(5) 注释。在动作面板中使用 comment(注释)语句给帧或按钮动作添加注释,注释符"//"就可以被插入脚本中。

(6) 关键字。Action Script 保留关键字不可用作变量、函数或标签的名字。

(7) 大小写字母。Action Script 中只有关键字区分大小写,也就是说,对于其余的 Action Script,可以使用大写字母或小写字母。但是遵守一致的大小写约定是一个很好的编程习惯。

Action Script 有一些常用的动作脚本,记住这些脚本有助于编程。①Play:激活一个动画或影片剪辑。当这个动作被执行时,Flash 按照时间线的顺序开始播放每一帧;②Stop:终止正在播放的动画或影片剪辑的进行,这个动作最常见的用法是用按钮控制影片剪辑;③goto And Play:从当前帧转到指定帧后继续播放;④goto And Stop:从当前帧转到指定帧后停止播放;⑤stop All Sound:是动画中播放的声音静音,但不能使声音永久失效;⑥get URL:用来链接到一个标准的网页、FTP 站点、另一个 Flash 动画、一个可执行文件或者其他任何存放在 Internet 或可访问系统上的信息;⑦load Movie:在播放源影片的同时将 SWF 或 JPEG 文件载入;⑧unload Movie:卸载一个载入的动画。

在 Flash 中,动作脚本既可以添加在时间轴的关键帧上,也可以添加到按钮上,还可以添加到影片剪辑上。当时间轴上的播放按钮移动到所有动作脚本的关键帧上时,关键帧上的动作脚本开始执行。

2) 动作面板

在 Flash 中,要打开动作面板,可以通过选择菜单栏中的"窗口"|"动作";或在"时间轴"上选择一个关键帧,右击选择"动作"命令;再或者也可以通过快捷键 F9 打开动作面板,输入与编辑代码。

动作面板由动作脚本窗口、脚本对象窗口和动作脚本编辑窗口三部分组成,每部分都为创建和管理 Action Script 提供支持,如图 8-17 所示。

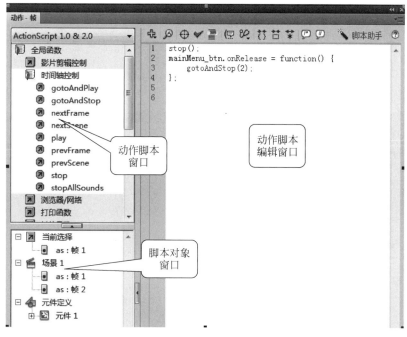

图 8-17　动作面板

（1）动作脚本窗口。包含 Flash 中所使用的 Action Script 脚本语言,并将不同的动作脚本分类存放,便于查找动作命令。

（2）脚本对象窗口。是 Flash 文件中相关联的帧动作、按钮动作具体位置的可视化表示形式,可以在这里浏览 Flash 文件中的对象以查找动作脚本代码。

（3）动作脚本编辑窗口。在这个窗口中输入 Action Script 脚本语言编程,也可以从动作脚本窗口中选择相应的动作脚本命令添加到这个窗口。

8.3　Project 软件操作

8.3.1　Project 简介

Microsoft Project(或 MSP)是由微软开发的项目管理软件程序。该软件设计的目的在于协助项目经理发展计划、为任务分配资源、跟踪进度、管理预算和分析工作量。

Office Project 有以下几个功能:①创建完善的工作计划,以便及时确认项目交付成果;②准确把握区域变化对项目造成的影响,以便对任务、日程、财务进行控制;③通过对项目信息进行有效的传递和报告来调整工作计划。

以下是几个 Office Project 的术语。①任务:有始有终的一项活动,项目是由任务组成的;②工期:完成任务所需的工作时间;③WBS:工作分解结构(Work Breakdown Structure),是指显示项目各个步骤的日程表,要制定出详尽的进度,必须要将项目分解成小的工序包；④任务级别：子任务与父任务的工作关系；⑤开始时间(完成时间)：在 Office Project 中，开始时间(完成时间)就是指计划开始时间(计划完成时间)。

8.3.2 Project 工作界面

Office Project 窗口与其他 Office 应用程序的主要界面元素很相似。下面简单介绍 Office Project 2007 的工作界面，如图 8-18 所示。

图 8-18　Microsoft Office Project 2007 工作界面

主菜单栏和快捷菜单提供 Office Project 指令。工具栏提供对常见任务的快速访问，大多数工具栏按钮对应于某一菜单栏命令。弹出的屏幕提示会描述所指向的工具栏按钮。Office Project 会根据使用特定工具栏按钮的频率来定制工具栏。最常用的按钮会在工具栏上显示，而较少使用的按钮则暂时隐藏。

"键入需要帮助的问题"框用于快速查找在 Office Project 中执行常见操作的命令。只需输入问题，按 Enter 键即可。Office Project 帮助系统会给出一些建议性的问题供读者在框中输入，以获得某特定的详细信息。如果计算机连接到 Internet，搜索查询会访问 Office Online(微软网站的一部分)，显示的结果会反映微软提供的最新内容。如果计算机没有连接到 Internet，搜索结果会局限于 Office Project 的帮助内容。

数据编辑栏位于屏幕的上部，在"常用"工具栏的下方。单击选择单元格，插入点会自动显示在数据编辑栏中。这时可以输入新的文字或编辑已有的文字，只要在数据编辑栏文本任意位置单击即可。

任务窗格是 Office 应用程序中提供常用命令的窗口，如图 8-19 所示。任务窗格作为一个特殊的工具栏，默认显示在工作窗口的左侧，其上部的弹出菜单中包括"开始工作""搜索结果""帮助""新建项目"和"共享工作区"5 个命令，选择不同的命令，任务窗格中将显示不同的内容。

图 8-19　Microsoft Office Project 2007 中的视图栏和任务窗格

因为单个视图难以显示出项目的全部信息，即很难把任务工期、任务之间的链接关系、资源配置情况、项目进度情况等方面的信息全部在一个视图中显示出来，所以 Office Project 提供了多种视图来显示项目信息。视图栏共有 9 个视图图标，单击视图栏底部的向下箭头可以看到其他更多的视图。如果视图栏没有出现，选择"视图"→"视图栏"菜单命令或者从工作区的右键快捷菜单中选择"视图栏"命令，即可显示视图栏；再次执行该命令可隐藏视图栏。

8.3.3　Project 的视图

Office Project 中的工作区称为视图。Office Project 包含若干视图，但通常一次只使用一个（有时是两个）视图。使用视图输入、编辑、分析和显示项目信息。默认视图（Office Project 启动时所见）是"甘特图"视图，如图 8-20 所示。

通常，视图着重显示任务或资源的详细信息。例如，"甘特图"视图在视图左侧以表格形式列出了任务的详细信息，而在视图右侧将每个任务图形化，以条形表示在图中。"甘特图"视图是显示项目计划的常用方式，特别是要将项目计划呈送他人审阅时。它对于输入和细化任务详细信息及分析项目是有利的。

"跟踪甘特图"显示出了项目偏移原始估计的程度，这样有助于确定如何调整计划来适应任何延迟。

单击"视图"菜单中的"资源工作表"，此时，"资源工作表"视图代替"甘特图"视图，如图 8-21 所示。"资源工作表"视图以行列格式（称为表）显示资源的详细信息，一行显示一个资源。此视图是工作表视图的一种。另一种工作表视图称为任务工作表视图，用于列出任

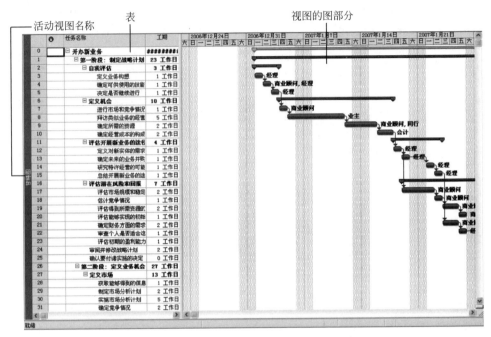

图 8-20 "甘特图"视图

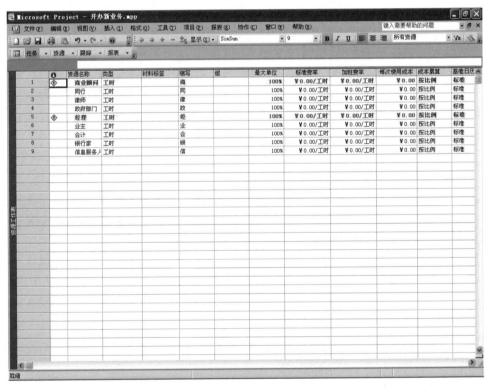

图 8-21 "资源工作表"视图

务的详细信息。注意,"资源工作表"视图并没有指明资源所分配到的任务的任何信息。如想查看此类信息,需要切换到不同视图。

单击"视图"菜单中的"资源使用状况","资源使用状况"视图代替"资源工作表"视图。此使用状况视图将每一个资源所分配到的任务组织在一起。另一种使用状况视图是"任务分配状况"视图,其用途与前一种视图相反,用于显示分配到每一个任务的所有资源。使用状况视图也可以将每一个资源的工时分配以不同时间刻度显示,如每天或每周。

单击"视图"菜单中的"任务分配状况"。此时,"任务分配状况"视图代替"资源使用状况"视图。在"标准"工具栏上单击"滚动到任务"按钮。视图的时间刻度一侧可滚动显示每一任务的工时值,如图 8-22 所示。

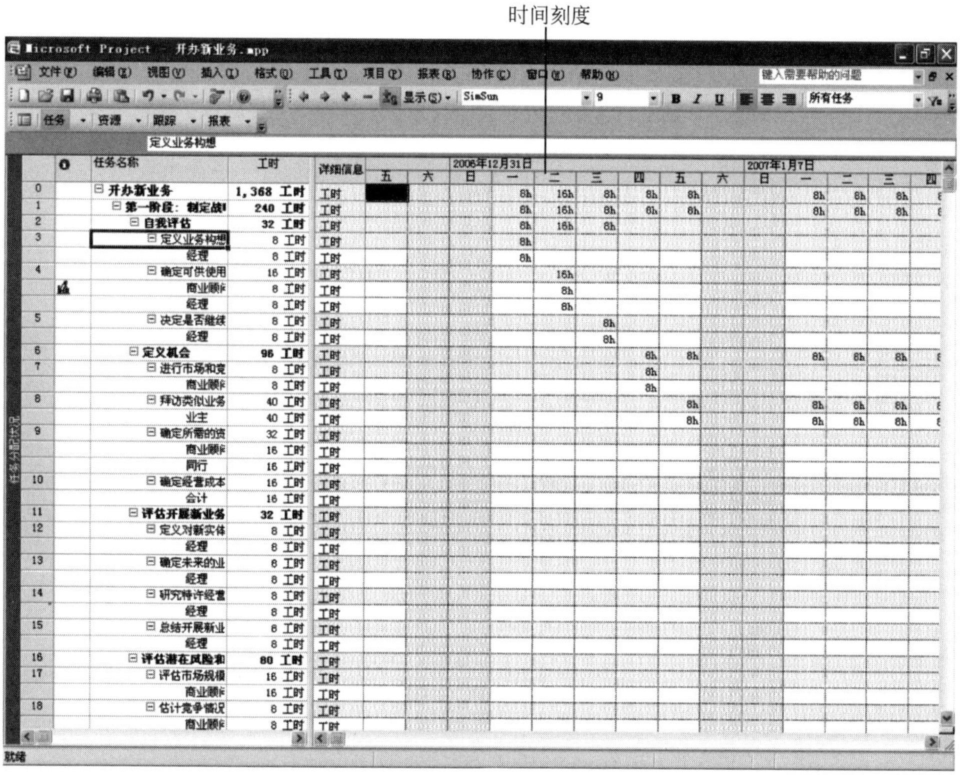

图 8-22　单击"滚动到任务"后的"任务分配状况"视图

"网络图"视图以流程图方式来显示任务及其相关性。一个框(有时称为结点)代表一个任务,框与框之间的连线代表任务间的相关性,如图 8-23 所示。

"日历"视图使用了以月为时间单位的日历格式,用天或周来计算任务时间,如图 8-24 所示。其中,非工作日呈灰色显示,尽管工期条线会穿越非工作日(周六和周日),但是工期时间并不包含非工作日。

除了上面提到的这些视图之外,还有各种资源视图、任务视图等,它们大都是单独显示在整个窗口中。不过,也可以根据需要在一个屏幕上分上下窗口同时显示两种视图,Office Project 将它称为"组合视图"。

如果要得到组合视图,选择"窗口"|"拆分"命令,窗口将被拆分为上下两部分。

197

第8章

198

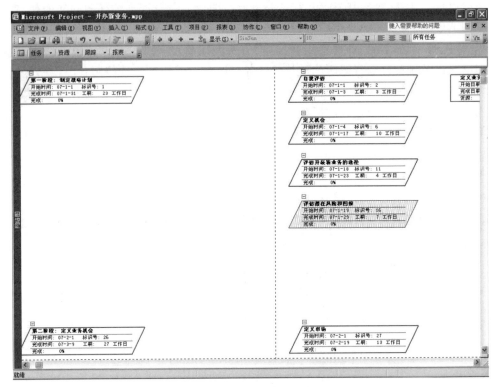

图 8-23　"网络图"视图

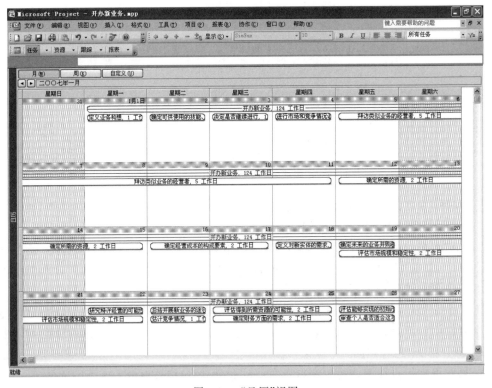

图 8-24　"日历"视图

例如,组合视图的上方窗口为"资源工作表"视图,下方窗口视图中显示了在上方窗口中选定资源的信息。在下方窗口中,还显示资源使用成本,分配了该资源的任务,以及与任务相关的工时。

8.3.4 用 Project 编制进度计划

1. 更改工作时间

Office Project 默认的工作时间一般包括周六、日。如果在编制进度计划时不考虑周六和周日,就要对 Project 中的默认工作时间进行更改,将周六、日改为非默认工作时间。操作步骤为:单击菜单栏中"工具"下的"更改工作时间",可以对工作日、非工作日进行调整。

2. 列定义

在 Office Project 中系统已经对列进行固定定义,但系统只显示默认的几列,Office Project 中称为域。在编制进度计划时常用到的列有:WBS、任务名称、开始时间、完成时间。当然,也可以根据个人需要来更改和删减列。如果要更改域名称,则双击要更改的列的标题,在"列定义"对话框中更改列的域名称、标题、标题对齐方式、数据对齐方式和宽度。如果要增加列,则选择要插入的列的列标题,右键单击选择区域,单击"插入列"命令。

3. 创建任务

创建一个新项目计划后,就需要为项目创建任务。任务是项目中最基础的元素,任何项目的实施都是通过完成一系列的任务来实现的。创建任务有两种方法:一是输入任务,二是从 Excel 工作表中导入任务。在 Office Project 2007 的多种视图中都可以输入任务,其操作方式大致相同。例如,如果要在"甘特图"视图中输入任务,只需要选中工作区的"任务名称"栏下的单元格,然后输入任务名称,按 Enter 键或单击其他单元格输入即可。但是手动输入任务的过程比较烦琐,若已有使用 Excel 制作的任务表格,可将其直接导入到 Office Project 2007 中。

4. 使用大纲来组织任务列表的结构

大纲是显示某些任务在梗概的分组中的位置关系的项目层次结构。在 Office Project 中,子任务缩进在摘要任务的下方。在"任务名称"域中,单击需要降级(移动到层次结构中的低一级)或升级(移动到层次结构中的高一级)的任务。

5. 对任务进行移动或复制

创建日程时,可能需要对任务或资源进行重排。尽管可以随时对任务或资源进行复制或移动,但最好是在创建任务相关性之前完成此项工作。在默认情况下,对任务或资源进行复制或移动时,Project 将重新建立任务相关性。

6. 添加任务的支持信息

可以通过在项目文件或其他位置中输入备注、附加文件或创建相关信息的超级链接,从而在 Office Project 中存储任务信息。若要查看任务备注,则将鼠标悬停在"标记"域中的"备注"图标上。如果无法查看完整的备注,可双击备注标记。

7. 设置任务相关性和限制

当已经确定需要完成哪些任务后,就可以通过链接相关任务将其排序。例如,有些任务可能必须在其他任务开始前完成,有些任务可能依赖另一项任务的开始才能执行。

思 考 题

一、名词解释

1. Visio

2. Photoshop

3. Flash

4. Project

二、简答题

1. Visio 软件的主要功能是什么?

2. Photoshop 软件的主要功能是什么?

3. Flash 软件的主要功能是什么?

4. Project 软件的主要功能是什么?

第9章 中级设计实验★

本章将介绍网页编制,代码自动生成、编程环境,以及分析与设计工具。通过本章的学习,学生需要掌网页编制工具的操作以及如何编制网页,利用 Visual FoxPro 生成菜单代码,利用 Visual Basic 环境辅助编程,学会 Rational Rose 软件的操作。此章节对动手有一定要求,为选讲内容。985 或 211 院校计算机或软件专业的本科学生可以选讲。

9.1　网页编制工具操作

网页制作要能充分吸引访问者的注意力,让访问者产生视觉上的愉悦感。因此在网页创作的时候就必须将网站的整体设计与网页设计的相关原理紧密结合起来。网站设计是将策划案中的内容、网站的主题模式,以及结合自己的认识通过艺术的手法表现出来;网页制作通常就是将网页设计师所设计出来的设计稿,按照 W3C 规范用 HTML 将其制作成网页格式。

9.1.1　网页编制概述

网页是网站的基本信息单位,是万维网(WWW)的基本文档,它是由文字、图片、动画、声音等多种媒体信息以及链接组成,使用 HTML 编写的,通过链接实现与其他网页或网站的链接。本节将要学习如何制作网页。

1. 网页设计的原则

1) 主题鲜明,主次分明

在一个页面上,必须要考虑主题,主题的位置一般在屏幕的中央或者中间偏上的部分。因此,一些重要的文章和图片需要排版到中心位置,在次要位置安排次要的内容,做到突出重点,主次有别。

2) 大小相配,相互呼应

较长或者较短的文章或者标题,不要编排到一起,需要一定的空间距离。图片也要相互错开,大小之间有一定的间隔,以使得页面错落有致,避免重心偏离。

3) 图文并茂,互为补充

文字和图片具有相互补充的视觉关系,页面上的文字太多会显得沉闷;而界面上的图片太多,则会减少页面的信息量。因此,最有效的是将文字、图片等结合使用,既能活跃界面,也能使主页有丰富的内容。

4) 色彩协调,过渡柔和

不同的颜色会给浏览者不同的心理感受。网页的色彩要鲜艳,容易引人注目,同时给人以深刻印象。色彩需要服务于网页内容,与网页气氛相适应。如果一个网页的标准色彩超过三种,则让人眼花缭乱,可以选择同一颜色的不同饱和度,也可选择同一色系作为网页的主色彩。

2. 网页设计的步骤

1) 设计草图

设计者发挥自身的想象力,用笔或者一些制图工具将想象到的界面描绘出来。此阶段不必考虑细节,也不必讲究工整顺畅,只需勾勒出大概轮廓即可。尽可能多画几张不同的布局,比对后选出满意的脚本。

2) 粗略布局

在设计草图的基础上,将确定的模块安排到界面上去。遵循页面设计的原则,将包含主要内容的模块放到最显眼处,之后考虑次要模块的摆放。

3) 细节补充

将粗略布局具体化,在细节上处理优化。对不能用语言表达的内容,可用图片解说。可采用非对称的形式,也要讲究平衡和韵律,以达到强调性、不安全性和高注目性的效果。

3. 网页设计的工具

在网页制作的初期阶段,设计者借助记事本使用 HTML 来编写网页,因而网页设计人员需要有一定的编程基础,并且需要记住 HTML 一些常用的标记。后来出现了一系列所见即所得的编辑方式的网页制作软件,如 Microsoft 公司的 FrontPage,Macromedia 公司的 Dreamweaver 等。还有一些用于网页制作的辅助美化工具,如图像处理与加工的专门图形加工软件 Photoshop,网页设计三剑客之一的 Fireworks,还有动画处理软件 Flash,这些工具的使用增加了网页的灵活性。

4. HTML

HTML 是一种建立网页文件的语言,它通过标记指令,将影像、声音、文字和图片等连接起来。可用记事本、写字板或其他编辑工具来编写。HTML 网页文件主要由文件头和文件体两个部分组成。均要使用"标记"来描述功能。HTML 主要包含以下几种标记。

1) HTML 文件标记

< HTML ></HTML >标记放在网页文档的最外层,在这对标记之间记录 HTML 文档内容。

2) HEAD 文件头标记

文件头用< HEAD ></ HEAD >标记,出现在文件的开始部分,用来说明文档的有关信息,如标题、作者、编写时间等。

3) BODY 主体标记

文件主体用< BODY ></BODY >标记,是 HTML 的核心内容。将其他标记置于其中,可完成文字、图片、音频、视频等的嵌入。

4) FONT 字体标记

网页中的文字内容可放置在< FONT ></FONT >标记之中,通过一些属性的设置,可以定义字体的大小、内容、颜色等。

5) IMG 图像和视频标记

利用< IMG ></IMG >图像标记功能,可将图像插入到相应位置,并设置图像的大小、高度、位置等。IMG 标记也可以变相插入视频。

6）EMBED 嵌入标记

在＜EMBED＞＜/EMBED＞标记中可以放置动画、音乐、电影等多媒体内容。

9.1.2 创建和管理 Web 站点

1. Dreamweaver 的工作界面

Dreamweaver 2020 是集网站管理和网页制作于一身的可视化网页编辑软件，利用它不用编写代码就能轻而易举地制作出跨越平台、跨越浏览器的充满活力的网页。为了能够更好地使用 Dreamweaver 2020，可先了解一下 Dreamweaver 2020 工作界面的基本元素。如图 9-1 所示，操作界面包括菜单栏、插入栏、文档窗口、程序调试窗口、浮动面板等。

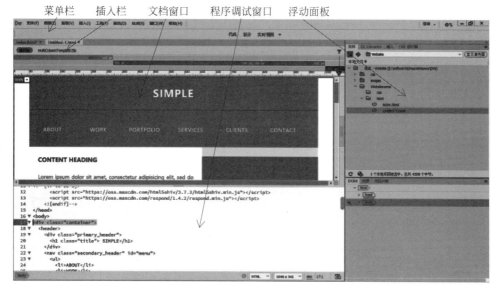

图 9-1　Dreamweaver 的工作界面

1）菜单栏

菜单栏包括文件、编辑、查看、插入记录、修改、文本、命令、站点、窗口和帮助 10 个菜单。可以通过菜单栏中的命令来完成某项特定的操作。

2）插入栏

插入栏位于菜单栏的下方，该栏内放置的是经常用到的对象和工具，在编辑网页时能够方便地应用这些对象和工具以提高编写的效率。

3）浮动面板组

浮动面板组位于工作界面的右侧，面板集中了 CSS、应用程序、标签检查器、文件等面板，是网页制作、站点管理常用的工具。这些面板都可以展开或折叠，也可以根据自己的习惯自由地组合面板。

4）程序调试窗口

程序调试窗口能够显示在文档窗口中所选对象的程序代码，并能够通过该窗口来辅助修改或调试文档窗口对象的相关程序。

5）文档窗口

文档窗口主要用于文档的显示、创建和编辑，可以在代码、拆分、设计三种视图中分别查

中级设计实验★

看文档。

2. 创建和管理本地站点

站点是由一组相关网页以及有关的文件、脚本、数据库等内容组成的有机集合体。根据站点存放的位置不同,可以把站点分为本地站点和远程站点。要制作一个完整的、能够提供给用户通过网络访问的网站,首先需要在本地磁盘上编写,这种放置在本地磁盘上的站点被称为本地站点。把制作好的本地站点通过网络传输到互联网 Web 服务器里的站点被称为远程站点。Dreamweaver 具有管理本地站点和远程站点的强大功能,利用 Dreamweaver 对站点的管理能力,能够尽可能地减少错误,如路径错误、连接错误等。本地站点其实质是一个建立在本地磁盘根目录下的文件夹,在建立比较大的网站时,可以在本地站点下建立若干个文件夹用来分类保存文件或按栏目保存文件。

1) 创建本地站点

在创建站点之前,首先要根据网站的规划确定好要建立的站点结构,然后依据站点规划创建站点,这样创建的站点不仅便于后续网页的创建,而且也便于网站的维护和更新管理。

创建本地站点的具体操作步骤如下:在 Dreamweaver 的工作界面,单击"新建站点"按钮,可以创建新的 Dreamweaver 站点。进入"站点设置"对话框后,填写新站点的名称,比如输入"Website";选择或输入本地站点文件夹信息。输入完成后,单击"保存"按钮,即完成输入。如图 9-2(a)所示。此界面下的菜单包括站点、服务器、CSS 预处理器和高级设置。其中,CSS 预处理器和高级设置菜单下可以做更多设置,例如,可以输入远程服务器的 Web URL,单击"保存"按钮,即完成输入。如图 9-2(b)所示。图 9-2(c)为完成站点设置后的界面。在此状态下,还可以创建子文件夹,其步骤见图 9-3(a)和图 9-3(b)。

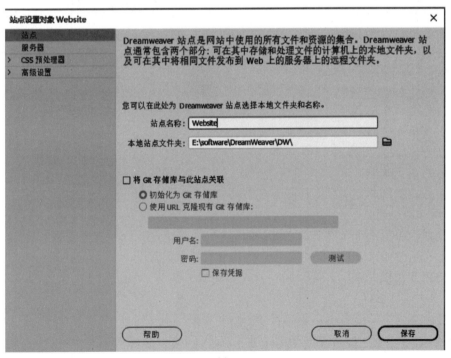

(a)

图 9-2　创建本地站点的具体操作步骤

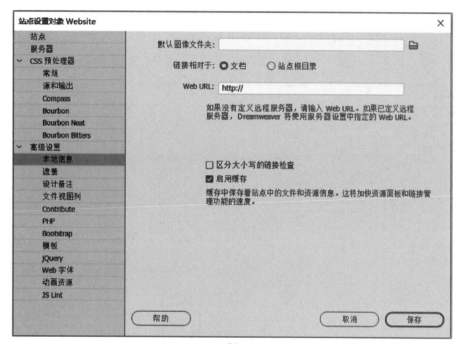

(b)

(c)

图 9-2 （续）

(a)　　　　　　　　　　　　　　　　(b)

图 9-3　创建子文件夹

2) 管理本地站点

Dreamweaver 提供了对站点进行多方面管理的能力,如打开、编辑、删除、复制等。图 9-4 中,━ 表示删除,✐ 表示编辑,▣ 表示复制,▣ 表示导出。

图 9-4 "管理站点"对话框

(1) 编辑站点。该功能可以编辑用户名、密码等信息以及现有 Dreamweaver 站点的服务器信息。在站点列表中选择现有站点,然后单击"编辑"按钮以编辑现有站点。一旦单击选定站点的"编辑"按钮,"站点设置"对话框将会打开。有关编辑现有站点选项的更多信息,请单击"站点设置"对话框中的"帮助"按钮。创建站点之后,如果要对站点进行修改,可以通过"管理站点"对话框编辑站点,具体操作步骤如下:①执行"管理站点"命令,弹出"管理站点"对话框,如图 9-4 所示。②在"管理站点"对话框中选择要编辑的站点,单击"编辑"按钮,在"站点名称"处输入"苹果的味道"。在"本地站点文件夹"文本框中设置路径等操作,如图 9-5 所示。③修改完成后,单击"保存"按钮,返回到"管理站点"对话框,即可完成对站点的编辑工作。另外,也可以选择单击"导入站点"按钮,其功能为仅导入以前从 Dreamweaver 导出的站点设置,不会导入站点文件以创建新的 Dreamweaver 站点。

(2) 设置站点的本地版本。其步骤如下:①在 Dreamweaver 中,选择"站点"的"新建站点"。②在"站点设置"对话框中,确保选择了"站点"类别。③在"站点名称"文本框中,输入站点的名称。此名称显示在"文件"面板和"管理站点"对话框中,不显示在浏览器中。④在"本地站点文件夹"文本框中,指定以前标识的文件夹,即计算机上要用于存储站点文件的本地版本的文件夹。单击该文本框右侧的文件夹图标可以浏览到相应的文件夹。

(3) 将 Git 存储库与此站点关联。其步骤如下:①如果要使用 Git 管理站点文件,请选中"将 Git 存储库与此站点关联"复选框。如果是首次使用 Git,而且希望将要创建的站点与 Git 关联,请选择"初始化为 Git 存储库"。如果已具有 Git 登录名,并且希望将要创建的站点与现有存储库关联,请选择"使用 URL 克隆现有 Git 存储库"。②单击"保存"按钮关闭

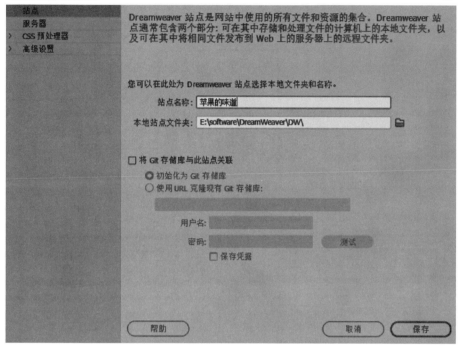

图 9-5　站点设置对象

"站点设置"对话框。随后便可以开始在 Dreamweaver 中处理本地站点文件。注意,此文件夹位置在本地计算机上保存网页的工作副本的地方。以后,如果要发布其页面并公开提供它们,必须定义一个远程文件夹(或发布服务器),这是运行 Web 服务器的远程计算机上的一个位置,将保存本地文件的已发布副本。

（4）删除站点。如果不需要使用 Dreamweaver 对站点进行操作,可以通过"管理站点"对话框删除站点,具体操作步骤如下:①执行"管理站点"命令,弹出"管理站点"对话框。②在"管理站点"对话框中,单击选择要删除的站点,如"苹果的味道"站点,如图 9-6 所示。③单击"删除"按钮,弹出提示对话框,询问是否要删除选中的站点。④单击"是"按钮,即可删除站点。再单击"完成"按钮,完成站点删除工作。注意:通过"管理站点"对话框删除站点操作,仅仅是把站点从 Dreamweaver 中删除,而并没有删除站点存储在磁盘上的文件夹。如果希望将站点文件从计算机中删除,则需要手动删除。若要从 Dreamweaver 中删除站点,可在站点列表中选择该站点,然后单击"删除"按钮。此操作是无法撤销的操作。

（5）复制站点。如果用户已经创建了一个站点,而且还要创建多个与此站点结构相同或相似的站点,那么就可以利用站点复制功能。若要复制站点,请在站点列表中选择该站点,然后单击"复制"按钮。复制的站点将会显示在站点列表中,站点名称后面会附加"copy"字样。若要更改复制站点的名称,请选中该站点,然后单击"编辑"按钮。复制站点的具体操作步骤如下:①执行"管理站点"命令,弹出"管理站点"对话框。②在"管理站点"对话框中,单击选择要复制的站点,如选择 Website 站点,单击"复制"按钮,即可复制该站点,如图 9-7 所示。再单击"完成"按钮,即可完成对站点的复制工作。

207

中级设计实验★

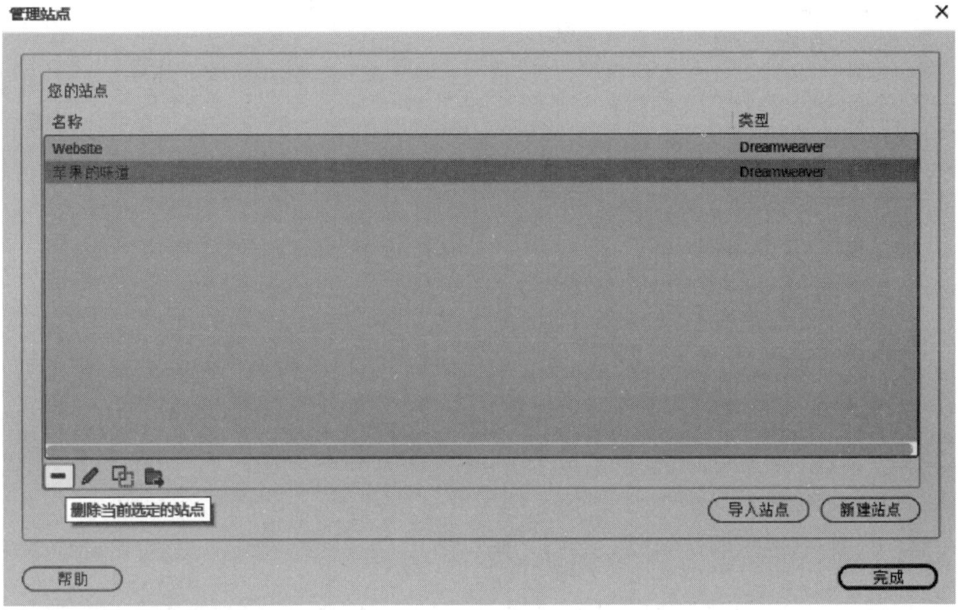

(a)

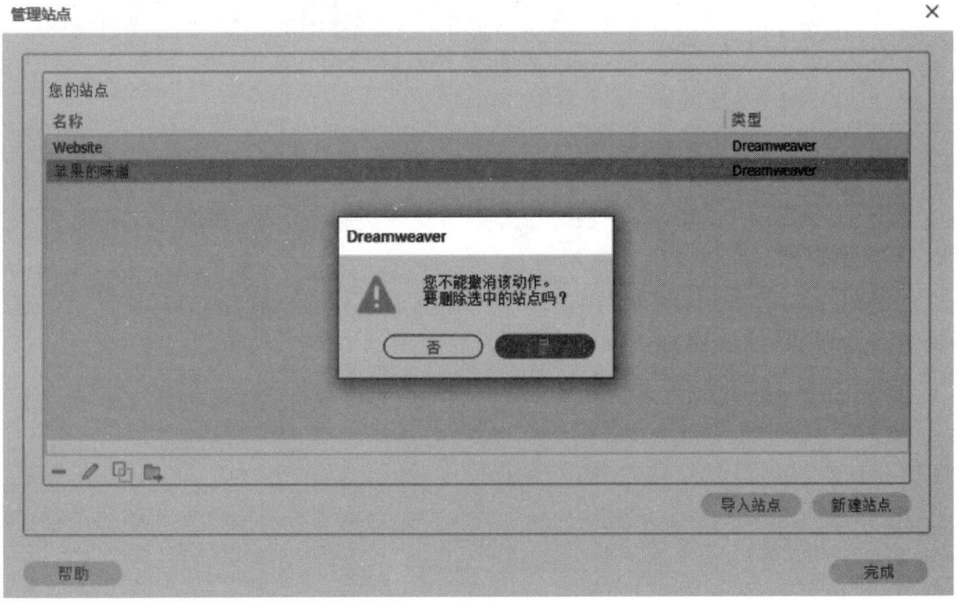

(b)

图 9-6　删除站点

（6）创建子文件。创建了站点后,可以在站点下建立若干个文件夹用来分类保存文件或按栏目保存文件。创建子文件夹的具体操作如下：在站点上单击右键,弹出一个快捷菜单,在快捷菜单选择"新建文件夹"命令,如图 9-8 所示。在执行"新建文件夹"命令后,在站点下出现一个文件夹,给文件夹起一个便于识别的名字,比如可输入"CSS",在空白处单击确认。

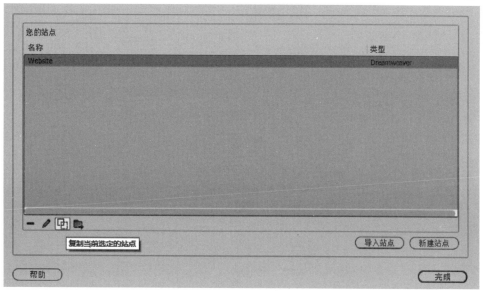

(a)

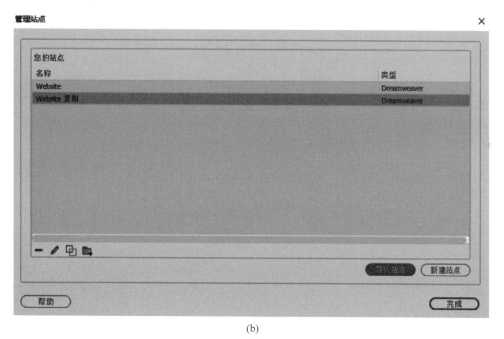

(b)

图 9-7　复制站点

（7）创建网页。在创建好站点后,就可以创建网页了。在 Dreamweaver 中执行"文件" |"新建"命令,弹出"新建文档"对话框,单击选择"空白页"选项卡,在"文档类型"选项中选择 "HTML5"项,单击"创建"按钮,即可创建网页,如图 9-9 所示。Dreamweaver 中创建网页的 方法比较多,常用的方法有:启动 Dreamweaver 后,窗口中会出现一个启动界面,单击"新 建"选项下的"HTML5"项,即可创建网页,如图 9-10 所示。打开浮动面板中的文件面板,在 站点上单击弹出一个快捷菜单,选择"新建网页"命令,即可创建网页,如图 9-11 所示。

(a)   (b)

图 9-8　新建文件夹

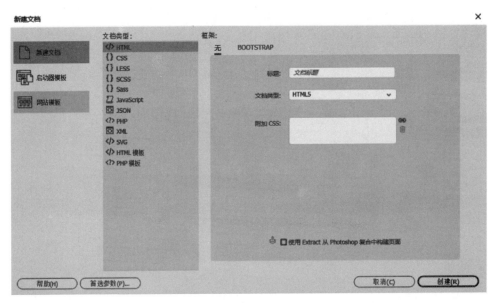

图 9-9　创建 HTML 网页

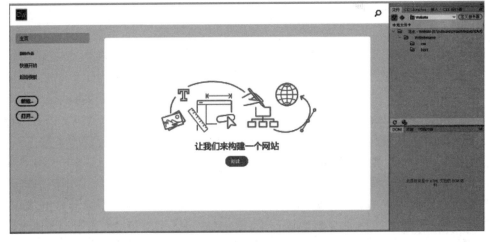

图 9-10　创建网页启动页

图 9-11　创建网页

9.1.3　创建并编辑简单的网页

在网上浏览时看到的一个个页面就是网页,又称 Web 页。网页就是 HTML 文档。

1. 设置网页的页面属性

在创建新网页时,默认的页面总是以白色为背景,没有背景图像和标题。制作一个页面时,一般需要先设置网页的页面标题、背景图像和颜色,文本和超链接的颜色,文档编码方式,文档中各元素的颜色等属性。选择"修改"|"页面属性"命令,系统将打开"页面属性"对话框。

（1）在"页面字体"下拉列表中选择网页上主要的文字字体。

（2）在"大小"下拉列表中选择网页上主要的文字大小。

（3）在"文本颜色"下拉列表中选择网页上文字的颜色。在设计网页时就会以设置好的"页面字体""大小"和"文本颜色"输入文本,要改变网页文本的格式可以在属性面板中完成。

（4）在"背景颜色"文本框中,设置页面的背景颜色。如果同时使用背景图像和背景颜色,下载图像时会出现颜色,然后图像覆盖颜色。如果背景图像包含任何透明像素,则背景颜色会透过背景图像显示出来。

（5）在"背景图像"文本框中,输入页面背景图片的路径和文件名,或者单击文本框右边的"浏览"按钮,在打开的"选择图像文件"对话框中选择背景图片的路径和文件名。选中文件后单击"完成"按钮。

（6）在"重复"下拉列表中选择设置背景图像的显示方式,通常选择"重复"选项。

（7）在"左边距"和"右边距"文本框中,设置整个页面距离浏览器左侧边缘和右侧边缘的距离,通常设置为 0。在"上边距"和"下边距"文本框中,设置整个页面距离浏览器上部边缘和下部边缘的距离,通常设置为 0。

2. 设置网页元素的颜色

在网页设计时,经常要对页面背景、文字、链接、激活的链接设置颜色。一种颜色可以由色调、亮度、饱和度来定义,也可以由其所含的红、绿、蓝(RGB)的比例所对应的值来定义。

例如,在 Dreamweaver 2020 中对文字设置颜色,选择"文件"|"页面属性"命令,选择需要编辑的文本,打开"颜色"对话框,在这个对话框中,可以通过色板和滑块来选择新的颜色,

中级设计实验★

并把选中的新颜色添加到"自定义颜色"中,也可以用 Dreamweaver 2020 中颜色的工具"吸管"来检测选取颜色,如图 9-12~图 9-14 所示。

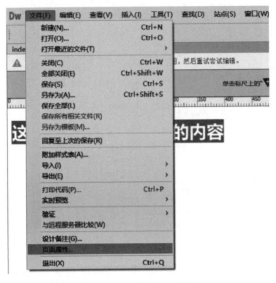

图 9-12 "页面属性"菜单

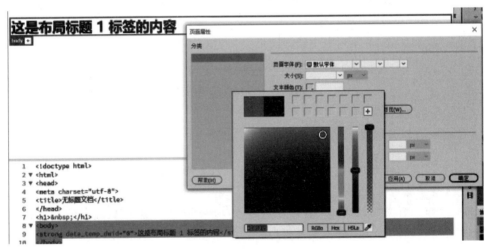

图 9-13 颜色对话框

图 9-14 文本设置的效果

下面以层叠样式表 CSS 设计器为例,看看如何进行操作。选择"窗口"|"CSS 设计器"命令,选择页面中需要编辑的文本,再选择"CSS 设计器"颜色对话框,利用颜色"吸管"来检测选取颜色,如图 9-15 和图 9-16 所示。

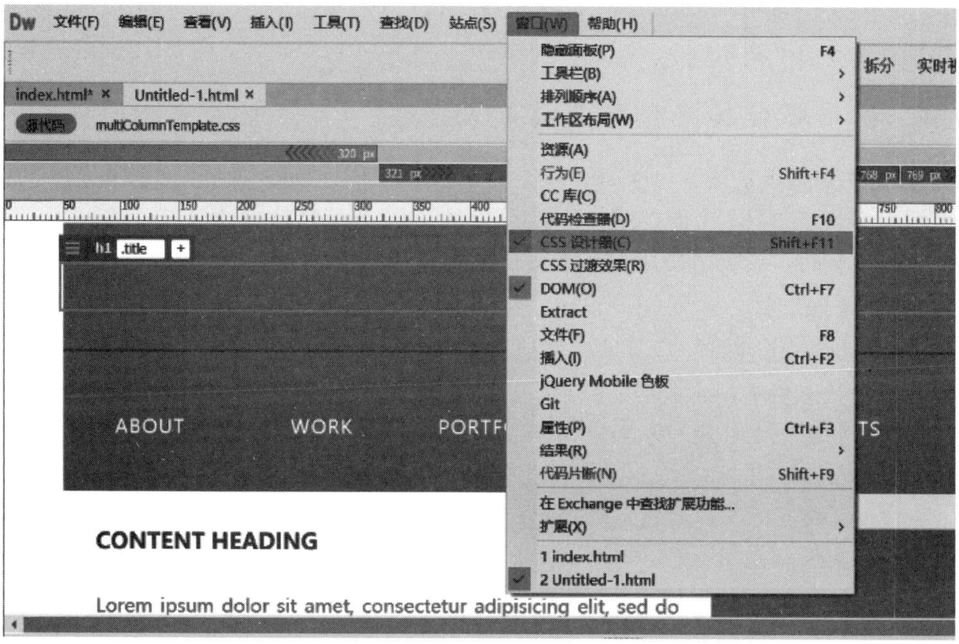

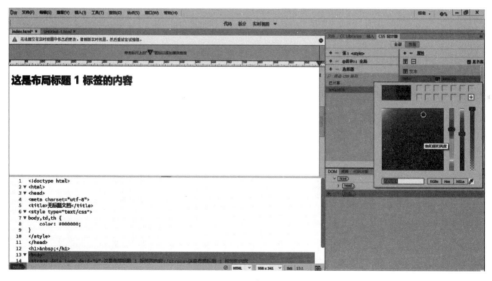

图 9-15　菜单选择

图 9-16　调色板设置

3. 网页文本的编辑

（1）网页中输入文本。

（2）设置汉字的字体列表。

（3）输入网页中的空格（Ctrl＋Shift＋空格）。要在网页文档中添加连续的空格,可以单击插入栏中的"常用"按钮,在弹出的菜单中选择"文本"命令,将插入栏切换到"文本"插入栏,单击"文本"插入栏中的 PRE 按钮,再连续按空格键即可。也可以选择"插入"|HTML|"特殊字符"|不换|"行空格"。

（4）文本换行(Shift+Enter)，文本分段(Enter)。

（5）文本的属性设置。

9.1.4　使用超链接将信息连接起来

1. 创建内部超级链接

所谓内部超级链接，就是在同一个站点内的不同页面之间建立一定的相互关系。在Dreamweaver 2020中，为图像和文本添加超级链接的方法是一样的。

1）链接网页文件

（1）设计目标。链接样式，当鼠标移动到带有下画线的文本上时就会变成手形，同时在浏览器下方的状态栏中显示链接的路径，单击时会跳转到链接页面。

（2）页面分析。文件均在本地站点下，即添加的均为内部超级链接。在Internet上常见的就是这种链接。

（3）素材准备。

（4）创建超级链接。

注意：当不清楚文件路径结构时，直接输入文件的地址或路径会导致链接不正确，从而找不到文件。为了保证路径正确性，最好使用Browse for file(浏览文件)按钮来浏览选择链接指向的文件。

说明：如果在一个新的且尚未保存的网页中创建链接，则操作过程中出现对话框。

2）链接到其他文件

Dreamweaver 2020中被链接的对象不仅可以是网页文件，还可以是其他文档(如doc、exe、mp3、mpeg、rar等)，可以提供软件下载等。特别是当链接的文件为zip或rar时，单击链接就会下载文件(如果单击mp3就会自动打开播放器播放)。

许多网站提供了文件下载的功能，实现文件下载的功能很简单，就是建立一个到文件的超级链接(下载的文件和其他网页文件都放在本地站点中)。

2. 创建外部超级链接

所谓外部超级链接，即链接了本地站点以外的网页文件。平时常见的"友情链接"就是外部超级链接，当单击"友情链接"中的某个链接时，浏览器将打开相应网站。

3. 创建空链接

所谓空链接，即一个没有指向对象的链接。空链接通常是为了激活网页中的广告或图像等对象，以便给它附加一个行为，当鼠标经过该链接时触发相应行为事件，比如交换图像或者显示某个层。创建空链接的步骤如下：①选择需要创建链接的文本或图像；②在属性面板中的Link文本框中输入空链接符号"♯"，即创建了一个空链接。

4. 创建脚本链接

利用脚本链接可以执行JavaScript代码或者调用JavaScript函数。当来访者单击了某个指定项目时，脚本链接也可以用于执行计算、表单确认和其他任务。

5. 创建锚点链接

所谓锚点链接，常用于包含大量文本信息的网页，通过在这样的网页上设置锚点，再通过锚点链接，就可以实现页内跳转，直接浏览到相应的网页内容，大大提高浏览速度。

9.2 代码自动生成与编程环境

9.2.1 Visual FoxPro 菜单代码生成

1. 菜单创建步骤

菜单是应用程序向用户提供的一个结构化的、便捷的命令访问途径。丰富的菜单不仅方便对程序命令的访问,还简化了用户的操作。菜单代码自动生成是指用户提供菜单名称和对应的操作,自动生成工具自动生成可执行的菜单代码,减少用户编码的烦恼。

1) 菜单系统的结构

每个应用程序的菜单内容不尽相同,但是其基本结构是相同的。菜单分为下拉菜单和快捷菜单两种。前者是一个树形结构,包括应用程序的主要功能框架。或者根据选中处理对象的不同,弹出与处理对象相关的功能。菜单系统主要由四个部分组成:菜单栏、菜单标题、菜单和菜单项。

2) 菜单系统的设计原则

在设计菜单系统时,需要考虑以下原则。

(1) 按照用户思考问题的角度规划和组织菜单的层次,设计相应的菜单和菜单项。

(2) 给每个菜单一个有意义的菜单标题。按照使用频率或字符顺序排列菜单项,方便用户使用和查找。

(3) 根据需求将菜单中的菜单项分组,并用分隔线来分隔。

(4) 采用分层次的形式创建菜单项。

(5) 为菜单、菜单项设置快捷键。

(6) 尽可能将一个菜单中的菜单选项数控制在一屏所能显示的范围。

2. 菜单自动生成步骤

下面以 Visual FoxPro 9.0 中的菜单设计器功能为例,开发自己的菜单系统。

(1) 打开 FoxPro 9.0,在"文件"菜单中选择"新建"命令,弹出"新建"对话框,如图 9-17 所示。

(2) 选择"菜单"选项,单击"新建文件"按钮后,打开菜单设计器,如图 9-18 所示。菜单设计器有"提示""结果"和"选项"。"提示"框中输入菜单系统的菜单标题或者菜单项的标题。"结果"框指定选中菜单或菜单项后所发生的动作。"选项"框提供一个"提示选项"对话框以支持后续操作。

图 9-17 "新建"对话框

(3) 在"提示"框中输入一级菜单的名称,根据自身需要在"结果"框中设定相应的动作,如图 9-19 所示。

图中"结果"框中有"命令""填充名称""子菜单"和"过程"四个选项供用户选择。"命令"是在其右边的文本框中为对应的菜单项指定要执行的命令。"填充名称"是在其右边的文本

图 9-18　文件设计器

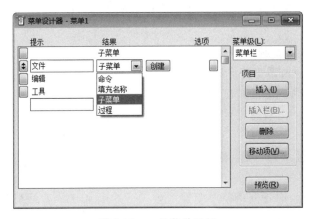

图 9-19　一级菜单设置

框中输入一个名字,为菜单标题指定在菜单系统中引用时的菜单名称。"子菜单"是指在单击"创建"按钮后弹出新的界面使用户编辑子菜单。"过程"是单击"创建"按钮后可进入过程代码编辑窗口,供输入过程代码。在应用系统中选择菜单项后执行该过程。子菜单设置如图 9-20 所示。

图 9-20　子菜单设置

（4）在单击"选项"框时，会弹出"提示选项"对话框，如图 9-21 所示。

"键标签"指定菜单或菜单项的快捷键。"键说明"将文本框中的内容显示到菜单项标题的旁边，一般会自动出现与快捷方式中相同的内容。"跳过"用于设置显示表达式，判断此菜单项在何时可用，何时不可用。"信息"文本框中输入当前选定菜单项的信息。"菜单项♯"用于用户指定可选的菜单标题，只对快捷菜单使用。"备注"中可以填入有关的菜单或菜单项的备注文字。在运行菜单程序时备注将被忽略。

（5）菜单设计完成后，可以单击"预览"按钮查看所设计菜单的样式。检查菜单的层次关系及提示是否正确。

（6）单击"保存"按钮，为设计好的菜单命名和选择保存的地址，如图 9-22 所示。

结果保存在菜单定义文件 text.mnx 和备注文件 text.MNT 中，如图 9-23 所示。

图 9-21 "提示选项"对话框

图 9-22 菜单保存

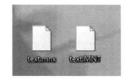

图 9-23 保存结果

（7）单击系统"菜单"中的"生成"选项，输入或者选择生成路径后，单击"生成"按钮，即可得到对应的菜单程序文件 text.mpr，如图 9-24 所示。

（8）单击菜单"程序"中的"运行"选项，选择运行菜单文件的位置后单击"运行"，即可看到自定义菜单的效果图，如图 9-25 所示。

使用浏览器工具打开菜单程序文件后，便可看到菜单系统编码，如图 9-26 所示。

图 9-24 菜单程序文件生成

图 9-25 菜单运行效果图

```
*      ***********************************************************
*      *
*      *                        菜单定义
*      *
*      ***********************************************************
*

SET SYSMENU TO
SET SYSMENU AUTOMATIC

DEFINE PAD _4c112g0rv OF _MSYSMENU PROMPT " " COLOR SCHEME 3 ;
       KEY ALT+ , ""
DEFINE PAD _4c112g0rw OF _MSYSMENU PROMPT "文件" COLOR SCHEME 3
DEFINE PAD _4c112g0rx OF _MSYSMENU PROMPT "编辑" COLOR SCHEME 3
DEFINE PAD _4c112g0ry OF _MSYSMENU PROMPT "工具" COLOR SCHEME 3
ON PAD _4c112g0rx OF _MSYSMENU ACTIVATE POPUP 编辑

DEFINE POPUP 编辑 MARGIN RELATIVE SHADOW COLOR SCHEME 4
DEFINE BAR 1 OF 编辑 PROMPT "撤销"
DEFINE BAR 2 OF 编辑 PROMPT "恢复"
DEFINE BAR 3 OF 编辑 PROMPT "\-"
DEFINE BAR 4 OF 编辑 PROMPT "剪切"
DEFINE BAR 5 OF 编辑 PROMPT "复制"
DEFINE BAR 6 OF 编辑 PROMPT "粘贴"
```

图 9-26 菜单系统编码

9.2.2 Visual Basic 编程环境

1. 启动 Visual Basic

将 Visual Basic 6.0 安装成功之后,可通过以下方式启动 Visual Basic:①从"开始"中选择"程序",接着选择 Microsoft Visual Basic 6.0;②双击 Visual Basic 图标,也可以创建一个 Visual Basic 快捷键,双击该快捷键启动。

启动 Visual Basic 后,可看见 Visual Basic 集成开发环境(IDE)界面,见图 9-27。随后弹出"新建工程"对话框。

图 9-27 Visual Basic 6.0 集成开发环境(初始化)

(1)"新建"选项卡:其中列出了各种允许建立的文件类型,可以从中选择一种类型,双击它,或单击它再单击"打开"按钮,即可创建一个工程文件,见图 9-28。

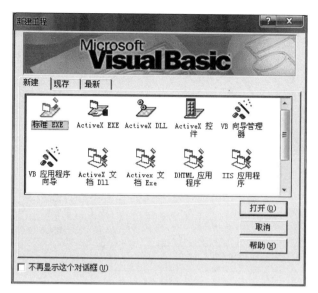

图 9-28　"新建"选项卡

（2）"现存"选项卡：若用户已创建了工程文件，可通过"现存"选项卡在目录树中查找要打开的工程文件名，然后双击文件名，或单击文件名再单击"打开"按钮，即可调出所需文件，见图 9-29。

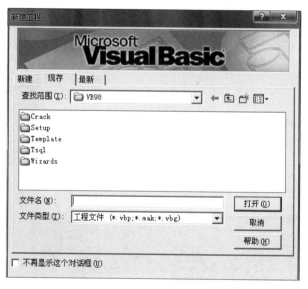

图 9-29　"现存"选项卡

（3）"最新"选项卡：其中列出了用户最近使用过的几个工程文件，可以不必再在目录树中查找，打开方式同（2），见图 9-30。

确定了要打开的工程文件后，就进入了 Visual Basic 的集成开发环境，见图 9-31。

2. Visual Basic 6.0 的集成开发环境

Visual Basic 的集成开发环境（Integrated Development Environment，IDE）给出了创建应用程序的一切条件，可以用它来编写代码、测试及细调程序，最终生成可执行文件。这些

中级设计实验★

220

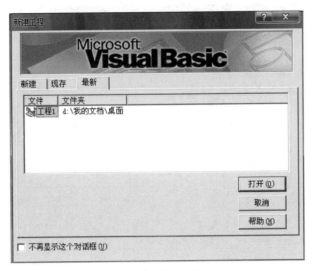

图 9-30 "最新"选项卡

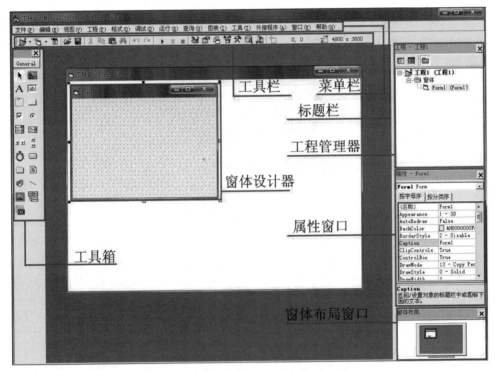

图 9-31 Visual Basic 6.0 集成开发环境

文件独立于开发环境,可以移植到没有 Visual Basic 的机器上运行。

(1) 标题栏。IDE 本身是一个全屏的大窗口,最上部为窗口的标题栏。它显示的内容表明,此界面是 Visual Basic 的开发界面,同时显示正在开发的工程文件名称,见图 9-32。

图 9-32 IDE 的标题栏

(2) 菜单栏。位于标题栏下方,提供开发环境下的所有命令,共 13 个菜单项,每个菜单项均有下拉菜单。这里给出主要功能列表,见图 9-33。

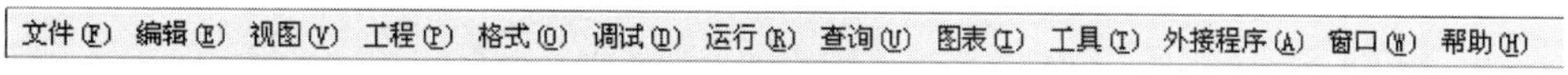
文件(F) 编辑(E) 视图(V) 工程(P) 格式(O) 调试(D) 运行(R) 查询(U) 图表(I) 工具(T) 外接程序(A) 窗口(W) 帮助(H)

图 9-33 IDE 的菜单栏

文件——文件的管理和打印,生成 exe 文件。

编辑——标准编辑函数。

视图——显示或隐藏窗口和工具栏。

工程——添加或删除窗体、模块、文件、用户文档等,设置工程属性。

格式——设置控件的位置。

调试——设置断点、单步执行等多种调试程序的方法以及终止调试。

运行——启动一个程序或全编译执行,中断或结束一个程序的运行。

查询——有关数据库中表的一些查询功能。

图表——有关表的一些关联功能。

工具——添加过程,启动菜单编辑器,设置 Visual Basic IDE 选项。

外接程序——加载或卸载外接程序。

窗口——排列或选择打开的窗口。

帮助——管理所有的"帮助"以及"关于"对话框。

(3) 工具栏。默认位于菜单栏下方,此时成为固定工具栏(见图 9-34)。若用鼠标向编辑区拖曳,将成为浮动工具栏(见图 9-35)。此时用户可以随意用鼠标将浮动工具栏拖曳到屏幕上任意位置。双击浮动工具栏上无按钮的位置或将浮动工具栏向菜单栏处拖曳,浮动工具栏将会重新变成固定工具栏。工具栏提供了对开发时常用命令的快速访问,默认显示标准工具栏,其他工具栏如"编辑""窗体调试器"和"调试"等,可通过"视图"菜单下的"工具栏"子菜单进行选择。

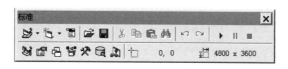

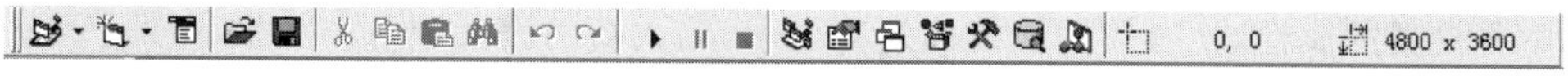
0, 0
4800 x 3600

图 9-34 IDE 的固定工具栏

标准
0, 0
4800 x 3600

图 9-35 IDE 的浮动工具栏

(4) 工具箱。提供一组工具,用于窗体设计时往窗体中放置控件,见图 9-36。使用时,只要在所需控件上双击鼠标,IDE 会自动放置一个该控件于窗体设计器的正中央,然后再调整控件的位置、大小;另一种方法是先单击选择工具箱内某控件,然后在窗体设计器中按住鼠标左键,划出一个区域,松开左键,此时画下的区域就是所需控件。

(5) 窗体设计器。位于 IDE 编辑区内,含有一个可进行设计的窗体。从工具箱中选取的控件就放入此窗体中,窗体内布满小点,这些点用于控件的对齐,同时可用于控件大小的调节,见图 9-37。

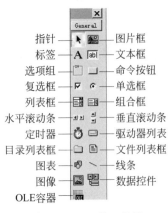

指针 —— 图片框
标签 —— 文本框
选项组 —— 命令按钮
复选框 —— 单选框
列表框 —— 组合框
水平滚动条 —— 垂直滚动条
定时器 —— 驱动器列表
目录列表框 —— 文件列表框
图表 —— 线条
图像 —— 数据控件
OLE容器 ——

图 9-36 IDE 的工具箱

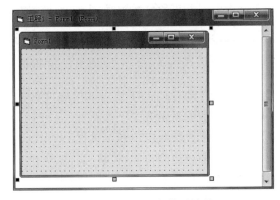

图 9-37 IDE 的窗体设计器

(6) 工程管理器。将当前程序中所含的全部工程、工程组、窗体、模块以及类模块等的详细名称以树状列表显示,是对整个工程的一个整体性的概览。工程是指用于创建一个应用程序的文件的集合。当开发一个用户程序时,工程总是由一个或多个工程文件构成的。有的大型程序需要几个工程才能完成,为了将多个工程联合在一起,可将其做成工程组。当需要从众多对象中选取所需的部分时,只需在"工程管理器"中找到它然后双击即可。在"工程管理器"中可以单击鼠标添加或删除对象。在管理器顶端的按钮允许进行视图切换,三个按钮从左到右依次为:"查看代码",单击后显示对象的代码编辑窗口;"查看对象",单击后显示对象本身;"切换文件夹",可以看到树状视图,显示工程所在文件夹内的对象,见图 9-38。

(7) 属性窗口。该窗口用于设置对象的属性。当使用鼠标选中窗体设计器中的某个对象时,在"属性"窗口中就会显示该对象的各种属性。通过选中属性窗口中相应的属性项,可以改变或检查该对象的某个属性设置。若要改变某对象的属性,只需单击此对象,选中属性窗口中要设置的属性,使当前属性值以高亮显示,输入新的设置即可。如果属性设置框有向下箭头按钮,单击按钮可选择所需的属性值,见图 9-39。

视图切换按钮

树状视图显示

图 9-38 IDE 的工程管理器

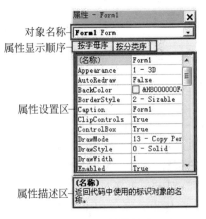

对象名称
属性显示顺序
属性设置区
属性描述区

图 9-39 IDE 的属性窗口

（8）窗体布局窗口。在布局窗口中，拖曳窗体可实现对该窗体的初始定位，即使用表示屏幕的小图像来布置应用程序中各窗体的位置，见图9-40。

图9-40　IDE的窗体布局窗口

除了以上IDE界面上可以看到的元素外，还包括如下元素。

（9）立即、本地和监视窗口。这些附加窗口是为了调试应用程序提供的。它们只在IDE中运行应用程序时有效。

（10）SDI或MDI界面。Visual Basic有两种不同的类型：单文档界面（SDI）和多文档界面（MDI）。对SDI选项，所有IDE窗口可以在屏幕上任何地方自由移动；只要Visual Basic是当前应用程序，它们将位于其他应用程序之上。对于MDI选项，所有IDE窗口包含在一个大小可调的父窗口中。可按以下步骤执行SDI和MDI模式间的切换：①从"工具"菜单中选择"选项"，显示"选项"对话框；②选定"高级"选项卡；③选择或不选择"SDI开发环境"复选框。下次启动Visual Basic时，IDE将以选定模式启动。

（11）环境选项。Visual Basic具有很大的灵活性，可以通过配置工作环境满足个人风格的最佳需要。可以在SDI和MDI中进行选择，并能调节各种集成开发环境（IDE）元素的尺寸和位置。所选择的布局保留在Visual Basic的会话期之间。

（12）停放窗口。IDE中的许多窗口能相互连接，或停放在屏幕边缘，包括：工具箱、窗体布局窗口、工程管理器、属性窗口、调色板、立即窗口、本地窗口和监视窗口。对MDI选项，窗口可停放在父窗口的任意侧；而对于SDI，窗口只能停放在菜单条下面。给定窗口的"可连接的"功能，就可以通过在"选项"对话框的"可连接的"选项卡上选定合适的复选框来打开或关闭，"选项"对话框可以从"工具"菜单的"选项"选取。要停放或移动窗口，请按照以下步骤执行：①选定要停放或移动的窗口；②按住鼠标左键拖动窗口到想到达的位置；③拖动时会显示窗口轮廓；④释放鼠标按键。

3. 关闭 Visual Basic 6.0

当要关闭Visual Basic时，只需单击IDE窗口右上角的"关闭"按钮，此时弹出Microsoft Visual Basic对话框，询问"保存下列文件的更改吗？"，单击"是"按钮（见图9-41）；在随后弹出的"文件另存为"对话框中选择文件保存路径，单击"保存"按钮（见图9-42）；再在"工程另存为"对话框中选择工程保存路径，单击"保存"按钮（图9-43）；至此Visual Basic关闭。

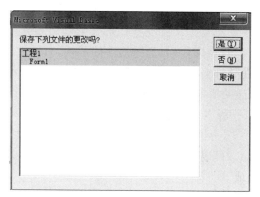

图9-41　Microsoft Visual Basic 对话框

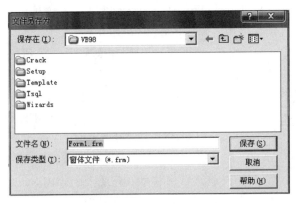

图 9-42 "文件另存为"对话框

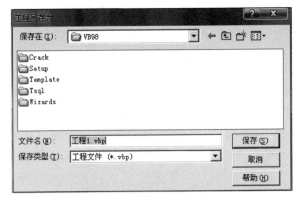

图 9-43 "工程另存为"对话框

9.3 分析与设计工具

1. Rational Rose 简介

Rational Rose 是 Rational 公司出品的一种支持 UML、Booch、Object Modeling Technique（OMT）表示方法的 OOA/OOD 的可视化建模工具。Rational Rose 是一个完全的、具有能满足所有建模环境（Web 开发、数据建模、Visual Studio 和 C++）灵活性需求的一套解决方案。Rose 允许开发人员、项目经理、系统工程师和分析人员在软件开发周期内再将需求和系统的体系架构转换成代码，消除浪费的消耗，对需求和系统的体系架构进行可视化、理解和精练。通过在软件开发周期内使用同一种建模工具可以确保更快更好地创建满足客户需求的可扩展的、灵活的并且可靠的应用系统。在 Rational 与 IBM 合并以前，Rational Rose 在发布的每一版本中通常包含以下 3 种工具。

（1）Rose Modeler。仅用于创建系统模型，但是不支持代码生成和逆向工程。

（2）Rose Professional。可以创建系统模型，包含 Rose Modeler 的功能，并且还可以使用一种语言来进行代码生成。

（3）Enterprise Rose。企业版工具，支持前面 Rose 工具的所有功能，并且支持多种语言，包括 C++、Java、Ada、CORBA、Visual Basic、COM、Oracle 8 等，还包括对 XML 的支持。

Rational Rose 是基于 UML 的可视化建模工具。

2. Rational Rose 的界面

当 Rational Rose 7.0 被启动之后,将弹出 Rational Rose 的工作界面,如图 9-44 所示。Rational Rose 的工作界面由标题栏、菜单栏、工具栏、工具箱、浏览器窗口、文档窗口、状态栏、模型图窗口等组成。

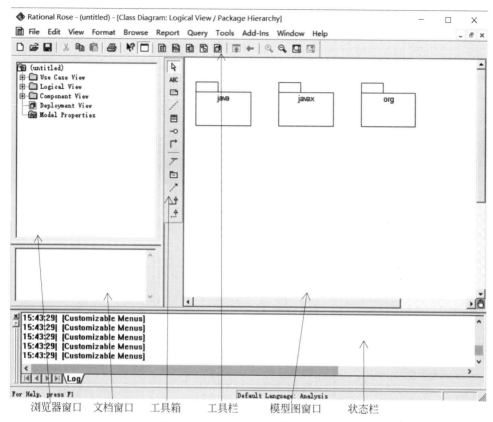

图 9-44 Rational Rose 的工作界面

标题栏位于窗口的最上方,用于显示文档的标题和当前文档的名称。当第一次打开窗口时显示的文档标题是"untitled"。

菜单栏位于标题栏的下方,由 11 个菜单项组成,单击菜单栏中的项目可以展开或关闭菜单项,不同的菜单项分别应用于不同的操作,每个菜单项都有一组自己的命令。打开菜单,选择其中的命令,Rational Rose 就会执行此命令的功能。

工具栏位于菜单栏的下方,其中每个图标对应菜单中的一项功能,是菜单栏直接和快捷的表现形式。

工具箱针对不同类型的图展示其所需要的图符。包含适用于当前模型图的工具,每个模型图都有自己的工具箱。

浏览器窗口用于各类图形的新建、重命名和删除等操作。

模型图窗口是图形编辑区,可对各类图形进行绘制和修改。

文档窗口是对模型图窗口中的图形进行书面化的描述,便于用户理解所对应图形表达的含义。包含与模型元素规范窗口中完全相同的信息,描述模型元素或者关系,描述角色、约束、目的以及模型元素基本行为等信息。

3. Rational Rose 的使用

Rational Rose 是基于 UML 的可视化建模工具。在 UML 中,共有 9 种类型的图,即用例图(Use Case Diagram)、顺序图(Sequence Diagram)、协作图(Collaboration Diagram)、类图(Class Diagram)、对象图(Object Diagram)、状态图(State-chart Diagram)、活动图(Activity Diagram)、构件图(Component Diagram)和部署图(Deployment Diagram)。本文以最重要的用例图构建来说明 Rational Rose 的使用。

1) 创建 Use Case 用例图

右键单击浏览器中的 Use Case View,选择弹出菜单中的 New│Use Case Diagram 命令,输入用例图名称即可,如图 9-45 所示。

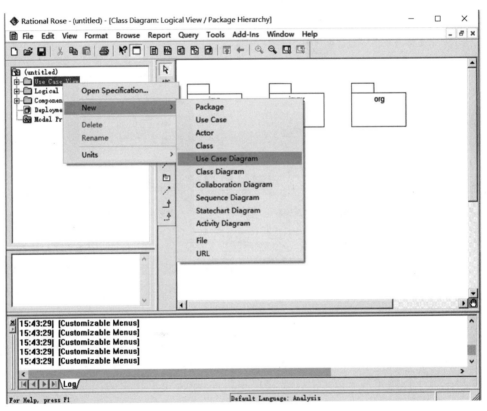

图 9-45　新建模型图

如有需要打开用例图、修改用例图名称或者删除用例图等,同样右键单击浏览器中的 Use Case View,选择相应的 Open、Rename 和 Delete 选择项即可,如图 9-46 所示。

2) 绘制用例图

在编辑区域拖入对应工具箱中相应的模型图元素,如角色(Actor)、用例(Use Case)、文本(Text Box)等,如图 9-47 所示。

用例图除了与参与者有关联关系外,用例之间也存在着一定的关系,如泛化(Generalization)关系、包含(Include)关系、扩展(Extend)关系等。为了区分这些关系,工具

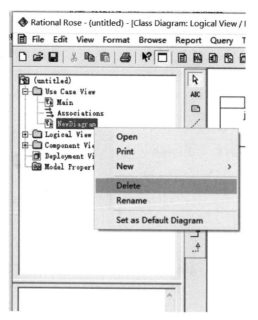

图 9-46　打开、删除、重命名用例图

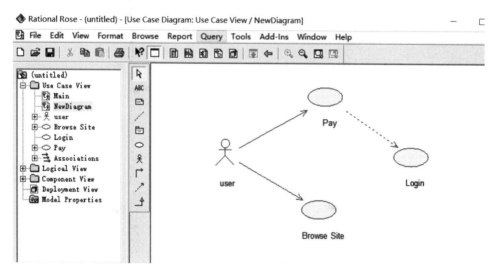

图 9-47　绘制用例图

箱中有三种不同的箭头 ，依次为关联关系、依赖和实例化、泛化关系。选择不同的箭头，就确定用例之间的关系。针对 箭头，双击或者右击选择 Open Specification 命令，便会打开说明界面，在 Stereotype 下拉框中选择所需要的用例关系即可，如图 9-48 所示。

3）撰写用例说明

一个合格的用例需要书面语言进行用例描述，以便能清楚地描述用例，并且能够显示用图像无法描述出的细节信息。双击用例或者双击或者右击选择 Open Specification 命令，便会打开用例说明界面，在文档处（Documentation）添加用例说明即可，或者直接单击用例，在文档窗口中添加用例说明即可，如图 9-49 和图 9-50 所示。

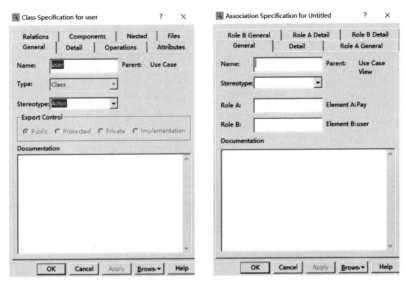

图 9-48　用例关系选择

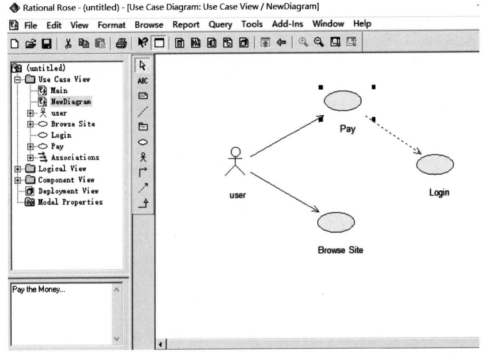

图 9-49　用例说明方法一

4. Rational Rose 的相关设置

Rational Rose 支持面向对象建模、支持用例分析、支持 UML、COM、OMT 和 Booch'93、语义检查、支持迭代开发、双向工程（正向工程，逆向工程）和支持多用户并行开发（模型集成）等众多功能，需要一些设置才能更有利于建模的使用。下面介绍 Rational Rose 的一些常见设置。

1）字体设置

单击菜单栏中的 Tools 菜单项，选择 Options 命令，便会弹出 Options 对话框，如图 9-51 所示。其中有各种各样的选项卡可供用户选择操作。对于字体设置，选择 General 选项卡之后，单击 Font 按钮，便会显示字体设置对话框，如图 9-52 所示。选择相应的字形、字体、大小后确定即可。

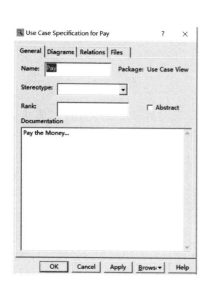

图 9-50　用例说明方法二

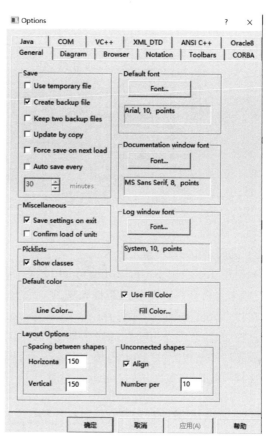

图 9-51　Options 对话框

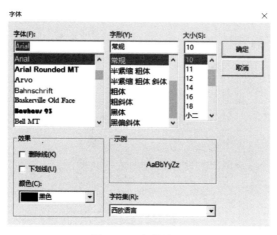

图 9-52　字体设置

第9章

中级设计实验★

2）自定义工具栏

每个模型图都有其对应的工具栏,而默认的工具栏中的模型元素往往无法满足用户需求,就需要自定义工具栏。右键单击工具栏边缘,选择 Customs 命令,弹出"自定义工具栏"对话框,如图 9-53 所示。"自定义工具栏"对话框分为"可用工具栏按钮"和"当前工具栏按钮"两个部分。可以在左侧选择工具添加到当前工具栏中,也可在右侧选择删除不需要的工具,最后单击"确定"按钮即可。

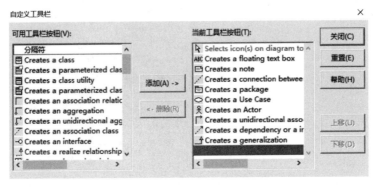

图 9-53 自定义工具栏

3）代码生成

在使用 Rational Rose Professional 或 Rational Rose Enterprise 版本进行代码生成之前,一般来说需要将一个包或组件映射到一个 Rational Rose 的路径目录中,指定生成路径。通过选择 Tools|Java/J2EE|Project Specification 选项可以设置项目的生成路径,如图 9-54 所示。在 Project Specification 对话框中,在 Classpaths 下添加生成的路径,可以选择目标是生成在一个 jar/zip 文件中还是生成在一个目录中。在设定完生成路径之后,可以在工具栏中选择 Tools|Java|Generate Code 选项生成代码。

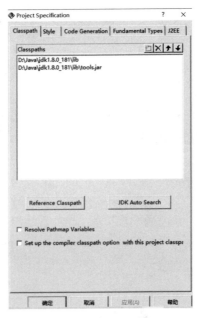

图 9-54 代码生成路径

第10章 高级开发实验★★★

本章为软件高级开发实验,要求学生掌握软件产品线的开发方法和具体实现。具体实验过程中,学生要学会课件产品线的结构设计、课件生成器实现和课件播放器实现。本章对动手有一定要求,为选讲内容。985 或 211 院校计算机或软件专业的本科学生可以选讲。计算机或软件或电子技术专业硕士为必选内容。

10.1 实 验 准 备

1. 课件产品线

课件产品线是软件产品线的一种。本实验要开发的课件产品线相当于一个小型的软件产品线,它为课件自动生成提供了一个软件平台,见图 10-1。

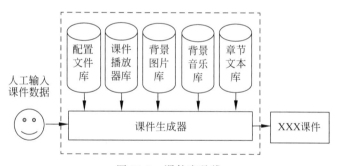

图 10-1 课件产品线

该流程的第一步是人工交互输入课件基本数据,包括课件的名称、章节数、背景音乐、背景图片、各章节的 Word 文件。第二步,课件产品线,也就是课件生成器,将人工交互输入课件基本数据配置到要生成的课件文件中,XXX 课件就生成成功,该课件在计算机桌面上 XXX 课件目录中。

2. 实验目的

(1) 加深对软件工程、软件产品线的理解,体验软件开发的方法、流程。

(2) 感受软件开发环境和工具的选择,了解 VS 2005 集成开发环境。

(3) 掌握 VB. NET 语言的应用,了解该语言可视化编程的特点。

(4) 激发同学们对软件开发的兴趣,进一步提高编程的能力。

3. 实验设备及环境

(1) PC 一台。

（2）操作系统：Windows 7 及以上版本。

（3）开发环境：Visual Studio. NET 2005。进行本实验需要首先安装 VS 2005。VS 2005 作为一个强大的开发工具,向用户提供了强大的集成开发环境。在实验开始之前,读者最好先了解它的基本用法。

10.2　课件产品线的结构与设计

1. 课件产品线的结构

课件产品线包括 6 个部分,第一个部分是课件生成器,第二个部分是配置文件库,第三个部分是课件播放器库,第四个部分是背景图片库,第五个部分是背景音乐库,第六个部分是章节文本库,见图 10-1。

课件生成器的功能是：可进行人工交互输入课件基本数据,将其配置到要生成的课件文件中,生成 XXX 课件,将该课件放置在计算机桌面上 XXX 课件目录中。

配置文件库包括 4 个文件：基本配置文件 config. txt,背景图片路径文件 pic. txt,背景音乐路径文件 musci. txt,章节文本路径文件 file. txt。

课件播放器库是可以显示各章节 Word 文件的执行文件集合。

背景图片库是可以作为课件背景的图片文件集合。图片文件的格式可以是 JPG 或 GIF。

背景音乐库是可以作为课件背景的音乐文件集合。文件的格式可以是 MP3 或 WAV。

章节文本库是 XXX 课件各章节的文本文件集合。文件的格式是 DOC。

2. 课件生成器设计

课件生成器设计是课件产品线的核心。课件生成器通过组装基本配置文件、背景图片文件、背景音乐文件和课件播放器,以实现 XXX 课件的自动生成。

1）课件生成器的功能

课件生成器的功能如下(见图 10-2)。

（1）在桌面创建"\XXX 课件\"目录。将配置文件库中的 3 个文件 config. txt,pic. txt 和 musci. txt,复制至"\XXX 课件\基本配置文件目录\"。

（2）输入课件的名称和章数,并将其存入 config. txt 中。

（3）利用"浏览"按钮,依次从背景图片库中挑选课件播放器需要的背景图像文件,并将其存入"\XXX 课件\背景图片文件目录\"。然后分别将其文件名改为 1. JPG,2. JPG,…。接着,对 pic. txt 文件的内容进行修改：

```
\ XXX 课件\背景图片目录\1. JPG
\ XXX 课件\背景图片目录\2. JPG
    …
```

（4）利用"浏览"按钮,依次从背景音乐库中挑选课件播放器需要的背景音乐文件,并将其存入"\XXX 课件\背景音乐文件目录\"。然后分别将其文件名改为 1. mp3,2. mp3,…。接着,对 musci. txt 文件的内容进行修改：

```
\ XXX 课件\背景音乐目录\1. mp3
\ XXX 课件\背景音乐目录\2. mp3
    …
```

（5）利用"浏览"控件，依次从 XXX 课件章节库中挑选课件播放器需要的每章的 Word 文件，并将其存入"\XXX 课件\章节文本目录\"。然后分别将其文件名改为 1.doc，2.doc，…。接着，对 file.txt 文件的内容进行修改：

\ XXX 课件\章节文本目录\1.doc
\ XXX 课件\章节文本目录\2.doc
…

（6）单击"完成"按钮，将课件播放器从课件播放器库复制至"\XXX 课件\"，并将课件播放器改名为"XXX 课件.exe"。

2）课件生成器界面设计

图 10-2 为课件生成器界面设计。

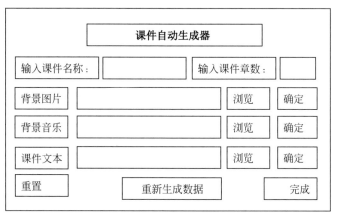

图 10-2　课件生成器界面设计

3. 配置文件库

1）配置文件

（1）基本配置文件，格式 txt，文件第一行为课件名称，第二行为章数。

（2）背景图片路径文件，格式 txt，文件的每一行为背景图片的路径。第一行为播放器的背景图片。

（3）背景音乐路径文件，格式 txt，文件的每一行为背景音乐的路径。第一行为播放器的背景音乐。

（4）章节文本路径文件，格式 txt，文件第一行为第一章，第二行为第二章，第三行为第三章，以此类推。

2）配置文件结构

基本配置文件 config.txt 的结构：

XXX——课件名称
N——课件章数

背景图片路径文件 pic.txt 的结构：

\课件名\背景图片目录\1.JPG
\课件名\背景图片目录\2.JPG

…

背景音乐路径文件 music.txt 的结构：

\课件名\背景音乐目录\1.mp3
\课件名\背景音乐目录\2.mp3
…

章节文本路径文件 file.txt 的结构：

\ XXX 课件\章节文本目录\1.doc
\ XXX 课件\章节文本目录\2.doc
…

4. 课件播放器界面设计

课件生成器设计是课件产品线的核心。课件生成器通过组装基本配置文件、背景图片文件、背景音乐文件和课件播放器，以实现 XXX 课件的自动生成。

1）课件播放器的功能

课件播放器的功能如下（见图 10-3）。

（1）默认时，显示 1.JPG 背景图片。"设置背景图片"按钮可以更换背景图片。

（2）默认时，播放 1.MP3 背景音乐。"设置背景音乐"按钮可以更换背景音乐。

（3）中间为显示各章节 Word 文件区。

（4）"第一章""第二章"和"第三章"为切换调入各章节 Word 文件的按钮。

（5）→和←为上下翻页按钮。Exit 为"退出"按钮。

2）课件播放器界面设计

图 10-3 为课件播放器界面设计。

图 10-3 课件播放器界面设计

5. XXX 课件

XXX 课件生成后，被放置在计算机桌面上 XXX 课件目录中。课件子目录包括播放器执行文件和二级目录，其中，二级目录包括基本配置文件、背景图片文件目录、背景音乐文件目录、章节文件目录（第一章的文件名定义为 1.doc，第二章的文件名定义为 2.doc，以此类推)。该目录的名称为课件的名称,播放器的名称也为课件的名称。其目录和子目录见下面的结构。

\XXX 课件\XXX 课件.exe(放置在该目录下的 XXX 课件播放器执行文件)
　　　　\基本配置目录(包括 config.txt,pic.txt,musci.txt 三个文件)
　　　　\背景图片目录(包括 1.JPG,2.JPG,…它们是背景图片文件)
　　　　\背景音乐目录(包括 1.mp3,2.mp3,…它们是背景音乐文件)
　　　　\章节文本目录(包括 1.doc,2.doc,…它们是课件的章节内容)

10.3　课件生成器实现步骤

1. 新建应用程序窗体

打开 VS 2005,新建一个 VB Windows 应用程序窗体,命名为"课件生成器",如图 10-4 和图 10-5 所示。

图 10-4　新建项目

单击"确定"按钮后,便新建了一个 Windows 应用程序项目。

2. 新建项目窗体

在刚刚新建的项目窗体 Form1 上添加 6 个标签(Lable)、5 个文本框(TextBox)、9 个按钮(Button),如图 10-6 所示。

3. 设置属性

在属性窗口处为 Form1 及各按钮、标签、文本框改名,修改 Text 值(见图 10-7)。

注:外观设置都在属性栏设置,读者可选择自己喜欢的背景、颜色、图片、图标等。

4. 功能要求

至此,已经基本完成了课件生成器的外观设置,下面要考虑它的功能实现了。

当单击"浏览"按钮时,会自动弹出一个对话框,以便选择课件的素材,如图片、音乐、

高级开发实验 ★★★

图 10-5　创建应用程序

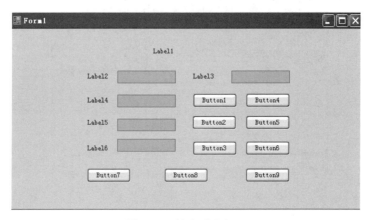

图 10-6　创建项目窗口

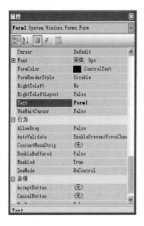

图 10-7　设置属性值

Word 文档等。当选择好素材后，将选择的素材的路径返回到对应的文本框中去，当单击"确定"按钮时，程序自动将选择的素材路径复制到事先准备好的 txt 文本中去。

当选择错误时，单击"重置"按钮能将对话框中的 TextBox 中的值全部清空。

当单击"确定"按钮后才发现选择错误时，考虑到这时程序已经自动将该素材的路径保存到了 txt 中，要清空 txt 中的数据，"重新生成数据"就是用来实现这一功能的。

当单击"完成"按钮，表示素材已经全部选择完毕，那么这时要生成目标文件了。在这里，目标文件是一个包含各种素材的文件夹。目标文件的具体内容请参考前面的"实验内容要求及成品展示"部分

5. 实现"浏览"按钮功能

首先，为窗体添加一个 OpenFileDialog 控件，如图 10-8 所示。

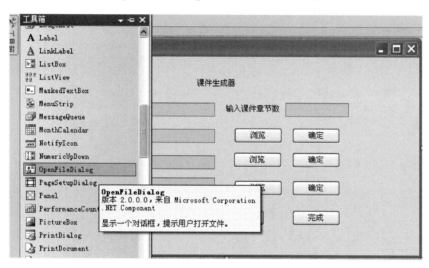

图 10-8　添加控件

然后在窗体中双击第一个"浏览"按钮，添加如下代码。

```
OpenFileDialog1.InitialDirectory = "c:\"
OpenFileDialog1.Filter = "images files (*.jpg)|*.jpg|All files (*.*)|*.*"
OpenFileDialog1.FilterIndex = 1
OpenFileDialog1.RestoreDirectory = True
If OpenFileDialog1.ShowDialog() = Windows.Forms.DialogResult.OK Then
    TextBox3.Text = OpenFileDialog1.FileName
End If
```

代码如图 10-9 所示。

那么就实现了"浏览"按钮的功能，读者可以尝试运行（单击工具栏上的"运行"按钮）。所有"浏览"按钮的功能都是一样的，只是路径保存到的 TextBox 不一样。为所有"浏览"按钮添加上述代码，改变 OpenFileDialog1.Filter 中的代码（如背景音乐为"mp3"，课件章节为"doc"）和保存的路径（即 TextBox3.Text = OpenFileDialog1.FileName 中的 TextBox 文本框名，这里分别是 TextBox4 和 TextBox5）。

6. 实现"确定"按钮功能

先在 public class Form1 类前添加 Imports system.io，导入 system.io。

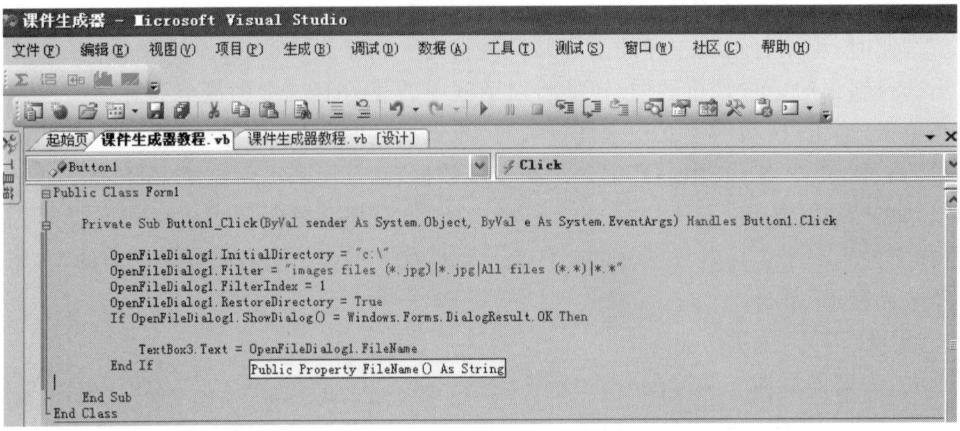

图 10-9　代码一

接着双击"确定"按钮,添加下面的代码。

```
Dim f As StreamWriter = New StreamWriter("pic.txt", True)
Dim str = Me.TextBox3.Text      TextBox3 是背景图片的对话框
f.WriteLine(str, System.Text.Encoding.UTF8)
f.Close()
```

代码如图 10-10 所示。

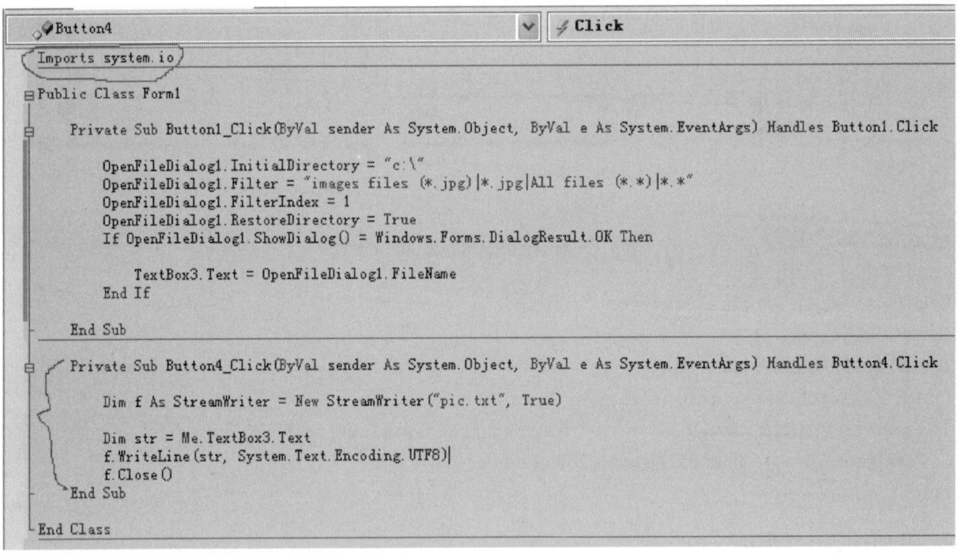

图 10-10　代码二

最后,别忘了在本程序的 debug 文件夹中创建一个 txt 文档,命名为"pic.txt",如图 10-11 所示。

至此,又实现了"确定"按钮的功能,读者也可以尝试运行(单击工具栏上的"运行"按钮),先单击"浏览"按钮选择素材,再单击"确定"按钮将其路径保存到 txt 中。所有"确定"按钮的功能都是一样的,只是路径保存到的 TextBox 不一样。

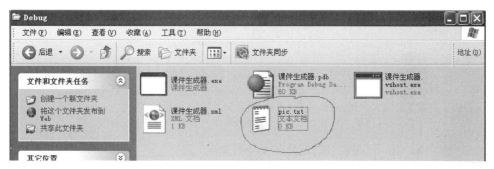

图 10-11　创建 txt 文档

为所有的"确定"按钮添加上述代码（注意改变素材保存的路径，即 Dim f As StreamWriter ＝ New StreamWriter("pic. txt"，True)中双引号之间的文件名，同时在 debug 文件夹下创建相对应的 txt 文档）。

7. 实现"重置"按钮功能

重置功能比较简单，只需将所有文本框中的内容清空即可。双击该按钮，添加如下代码。

```
Me.TextBox1.Text = ""
Me.TextBox2.Text = ""
Me.TextBox3.Text = ""
Me.TextBox4.Text = ""
Me.TextBox5.Text = ""
```

8. 实现"重新生成数据"按钮功能

这个功能比"重置"稍微复杂一点儿，因为要打开 txt 文档。这里采用一种比较简便的方法——直接写空。双击该按钮，添加如下代码。

```
Dim sw1 As StreamWriter = New StreamWriter("pic.txt")
  sw1.Write("")
  sw1.Flush()
  sw1.Close()
Dim sw2 As StreamWriter = New StreamWriter("music.txt")
  sw2.Write("")
  sw2.Flush()
  sw2.Close()
Dim sw3 As StreamWriter = New StreamWriter("content.txt")
  sw3.Write("")
  sw3.Flush()
  sw3.Close()
Dim sw4 As StreamWriter = New StreamWriter("config.txt")
  sw4.Write("")
  sw4.Flush()
  sw4.Close()
```

9. 实现"完成"按钮功能

这个按钮是生成器中最为复杂的，因为它要实现的功能最多。它必须创建一个目标文

第10章

高级开发实验 ★★★

件夹(以用户输入的课件名称命名),用以存放生成的各种资料。XXX 课件目录的结构如下。

```
\XXX 课件\(该目录下放 XXX 课件的执行文件)
         \基本配置文件(包括 config.txt,pic.txt,musci.txt 三个文件)
         \背景图片文件(包括 1.JPG,2.JPG,…它们是背景图片文件)
         \背景音乐文件(包括 1.mp3,2.mp3,…它们是背景音乐文件)
         \章节文件(包括 1.doc,2.doc,…它们是课件的章节内容)
```

全部代码如下(双击"完成"按钮,添加如下代码)。

```
Dim f As StreamWriter = New StreamWriter("config.txt", True)
Dim str1 = Me.TextBox1.Text
Dim str2 = Me.TextBox2.Text
f.WriteLine(str1, System.Text.Encoding.UTF8)
f.WriteLine(str2, System.Text.Encoding.UTF8)
f.Close()
  If Me.TextBox1.Text = "" Then
    MsgBox("请输入课件名称!")
  ElseIf Me.TextBox2.Text = "" Then
    MsgBox("请输入课件章节数!")
  Else
    'myname = Me.TextBox1.Text
    Directory.CreateDirectory(str1)
    Directory.CreateDirectory(str1 & "\基本配置文件")
    Directory.CreateDirectory(str1 & "\背景图片文件")
    Directory.CreateDirectory(str1 & "\背景音乐文件")
    Directory.CreateDirectory(str1 & "\章节文件")
    '下面复制指定文件
    '复制图片路径文件及图片
    Dim num1 As Integer
    num1 = 1
    Dim sr1 As StreamReader = New StreamReader("pic.txt", System.Text.Encoding.UTF8)
    Dim fileline1 As String = ""
    Do
      fileline1 = sr1.ReadLine
      If fileline1 <> "" Then
        FileSystem.FileCopy(fileline1, str1 & "\背景图片文件\" & num1 & ".jpg")
        'File.Copy(fileline1, "e:\", True)
      End If
      num1 = num1 + 1
    Loop While fileline1 <> "" '判断语句不能用 sr1.ReadLine <> "",绝对不能!
    '复制音乐路径文件及音乐
    Dim num2 As Integer
    num2 = 1
    Dim fileline2 As String
    Dim sr2 As StreamReader = New StreamReader("music.txt", System.Text.Encoding.UTF8)
    Do
      fileline2 = sr2.ReadLine
'readline 是从开始起一行一行读下来,不是每次都读同一行
      If fileline2 <> "" Then
```

```
            FileSystem.FileCopy(fileline2, str1 & "\背景音乐文件\" & num2 & ".mp3")
        End If
        num2 = num2 + 1
    Loop While fileline2 <> ""
'判断语句不能用 sr1.ReadLine <> "",绝对不能!
    '复制章节路径图片及章节文件
    Dim num3 As Integer
    num3 = 1
    Dim fileline3 As String
    Dim sr3 As StreamReader = New StreamReader("content.txt", System.Text.Encoding.UTF8)
    Do
        fileline3 = sr3.ReadLine
'readline 是从开始起一行一行读下来,不是每次都读同一行
        'MsgBox(fileline3)
        If fileline3 <> "" Then
            FileSystem.FileCopy(fileline3, str1 & "\章节文件\" & num3 & ".doc")
        End If
        num3 = num3 + 1
    Loop While fileline3 <> ""
'判断语句不能用 sr1.ReadLine <> "",绝对不能!
    '复制基本配置文件
    FileSystem.FileCopy("config.txt", str1 & "\基本配置文件\config.txt")
    FileSystem.FileCopy("pic.txt", str1 & "\基本配置文件\pic.txt")
    FileSystem.FileCopy("music.txt", str1 & "\基本配置文件\music.txt")
    FileSystem.FileCopy("content.txt", str1 & "\基本配置文件\content.txt")
```

10. 成品视图

成品视图如图 10-12 所示。

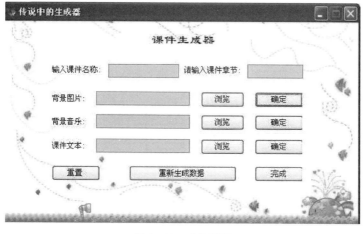

图 10-12　成品视图

至此,课件生成器的功能就基本实现了,但是作为软件,它还远没有全部完成。例如,窗体最大化的设置、直接用鼠标改变窗体大小的设置、外观背景的设置等。这些,读者可根据自己的需要在 Form1 的 load()事件和 resize()事件中编写。另外,还没有把播放器放进目标文件夹中去。

高级开发实验 ★★★

10.4 课件播放器实现步骤

有了制作生成器的经验,相信读者应该对 VS 2005 有了更深入的了解。下面分析一下更为复杂一些的课件播放器。播放器里面有如下元素:①章节按钮,与生成器的按钮功能不同的是,它是动态生成的,即根据 config.txt 中第二行(即生成器中输入的课件章节数)是多少,就生成多少个按钮;②F1 系统帮助按钮:单击这一按钮使其弹出一个新的对话框,上面写上本软件的用法;③Word 浏览区:这其实是一个 AxwebBrowser 控件,可以浏览网页和 Word 文档;④背景图片按钮:这一按钮的功能和生成器中实现方法基本一致,用以选择播放器的背景,图片为生成器中选择的图片,保存在生成器生成的目标文件夹中;⑤背景音乐按钮:其实现方法与"背景图片"按钮原理相同,只是它在播放音乐时调用了 Windows 的 Media Player 控件;⑥END 按钮:使整个程序结束运行。

下面为各元素的实现代码。

1. 创建应用程序窗体

首先,在 VS 2005 中新建一个 VB Windows 应用程序窗体,命名为"课件播放器"。将窗体设计成如图 10-13 所示。

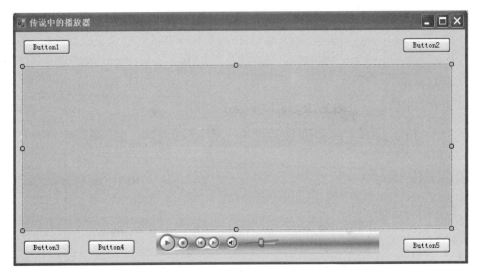

图 10-13 创建应用程序窗体

改变各控件中的 Text 值,变成如图 10-14 所示。

注意:其中,中间的 Word 显示区为 AxwebBrowser 控件,底部的播放器为 Windows Media Player 控件。这两个控件直接在工具栏中找不到,需要从 COM 组件中添加到工具箱中去。具体方法如下。

在菜单栏中找到"工具"选项,选择"选择工具箱项",在弹出的对话框中的 COM 组件中找到这两个控件,选择它们并确定,即可把这两个控件添加到工具箱中,如图 10-15 所示。

此外,读者还要添加 Openfiledialog 控件,具体方法见课件生成器步骤。

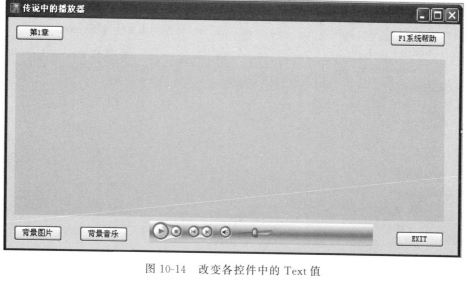

图 10-14　改变各控件中的 Text 值

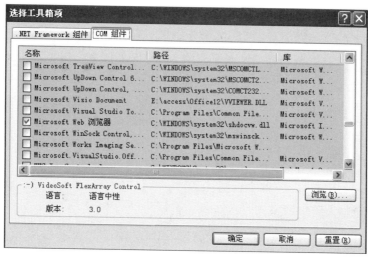

图 10-15　COM 组件

2. 播放器功能实现

下面讨论播放器中各元素的功能实现方法。考虑到通过生成器的学习,读者已经对 VB. NET 比较了解了,下面就不分步介绍,而是直接介绍整体的实现方法。双击课件播放器的窗体设计面板,播放器的整体代码如下。

```
Imports System.io
Public Class frm
  Dim mypath As String
'实现动态章节按钮功能
  Private Sub Form1_Load(ByVal sender As System.Object, ByVal e As System.EventArgs) Handles
MyBase.Load
    Me.AxWindowsMediaPlayer1.Visible = False
```

```
'使音乐播放不可见,读者也可直接在属性栏中设置
    mypath = Directory.GetCurrentDirectory()
    Dim sr As StreamReader = New StreamReader(mypath & "\基本配置文件\config.txt", System.
Text.Encoding.UTF8)
    Dim fileline As String                                '读取config.txt中的章节数
    fileline = ""
    fileline = sr.ReadLine
    fileline = sr.ReadLine
    Dim i, buttonstart As Integer
    i = 1
    buttonstart = 12 + 75
    While i < fileline
        Dim newbutton As Button = New Button              '开始动态生成按钮
        newbutton.Name = i + 1
        newbutton.Text = "第" & (i + 1) & "章"
        Me.Controls.Add(newbutton)
        buttonstart = buttonstart + 5
        newbutton.Location = New System.Drawing.Point(buttonstart, 12)    '摆放生成的按钮
        buttonstart = buttonstart + 75
        AddHandler newbutton.Click, AddressOf Button_Click    '调用按钮单击事件
        i = i + 1
    End While
End Sub
Private Sub Button_Click(ByVal sender As System.Object, ByVal e As System.EventArgs)
'响应按钮单击事件!
    Dim btn As Button = sender
    Dim i As String
    i = btn.Name
    mypath = Directory.GetCurrentDirectory()
    AxWebBrowser1.Navigate(mypath & "\章节文件\" & i & ".doc")
End Sub
Private Sub button1_Click(ByVal sender As System.Object, ByVal e As System.EventArgs)
Handles button1.Click
'单击button1,即"第1章"按钮时打开"1.doc",在生成器生成的目标文件夹中
    mypath = Directory.GetCurrentDirectory()
    AxWebBrowser1.Navigate(mypath & "\章节文件\1.doc")
End Sub
Private Sub pic_Click(ByVal sender As System.Object, ByVal e As System.EventArgs) Handles
pic.Click
'单击"背景图片"按钮,选择背景图片。这里将按钮名称改成了pic,读者要是没改,那么就把上面一
'行代码中的"pic_Click"改成自己的按钮名称
    Dim myStream As System.IO.Stream
    OpenFileDialog1.InitialDirectory = mypath
    OpenFileDialog1.Filter = "images files (*.jpg)|*.jpg|All files (*.*)|*.*"
    OpenFileDialog1.FilterIndex = 2
    OpenFileDialog1.RestoreDirectory = True
    If OpenFileDialog1.ShowDialog() = Windows.Forms.DialogResult.OK Then
```

```
        Me.BackgroundImage = Image.FromFile(OpenFileDialog1.FileName)
        myStream = OpenFileDialog1.OpenFile()
      End If
   End Sub
   Private Sub music_Click(ByVal sender As System.Object, ByVal e As System.EventArgs) Handles
music.Click
'单击"背景音乐"按钮,选择背景音乐。这里将按钮名称改成了music,读者要是没改,那么就把上面
'一行代码中的"music_Click"改成自己的按钮名称
      Dim myStream As System.IO.Stream
      OpenFileDialog1.InitialDirectory = mypath
      OpenFileDialog1.Filter = "mp3 files (*.mp3)|*.mp3|All files (*.*)|*.*"
      OpenFileDialog1.FilterIndex = 2
      OpenFileDialog1.RestoreDirectory = True
      If OpenFileDialog1.ShowDialog() = Windows.Forms.DialogResult.OK Then
         AxWindowsMediaPlayer1.URL = OpenFileDialog1.FileName
         AxWindowsMediaPlayer1.Ctlcontrols.play()
         AxWindowsMediaPlayer1.settings.setMode("loop", True)
         myStream = OpenFileDialog1.OpenFile()
      End If
   End Sub
   Private Sub myhelp_Click(ByVal sender As System.Object, ByVal e As System.EventArgs) Handles
myhelp.Click
'实现F1钮系统帮助按钮功能
'读者在这之前应创建新窗体.先添加Windows窗体(具体方法见后面)
      Dim myfrm2 As frm2 = New frm2
      myfrm2.Show()
   End Sub
'实现退出功能
   Private Sub tuichu_Click(ByVal sender As System.Object, ByVal e As System.EventArgs) Handles
tuichu.Click
      Me.close()
   End Sub
End Class
```

F1 键系统设计中帮助添加 Windows 窗体的步骤,如图 10-16 和图 10-17 所示。

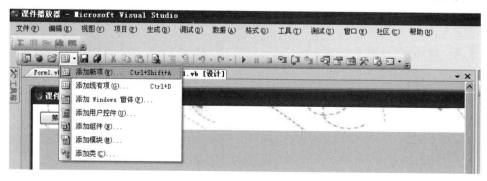

图 10-16　添加 Windows 窗体

高级开发实验 ★★★

图 10-17　新添加 Form2 窗体

单击"添加"按钮即可。为新添加的 Form2 窗体添加 Label 标签,提示用户本软件的用法。将其设计成如图 10-18 所示的形式。

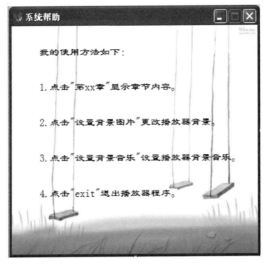

图 10-18　系统帮助

双击上述窗体,将其类名改为 frm2,添加如下代码。

```
Public Class frm2
    Private Sub frm2_Load(ByVal sender As System.Object, ByVal e As System.EventArgs) Handles
    MyBase.Load
        End Sub
End Class
```

那么,简单的帮助系统便完成了。至此,课件播放器基本功能也实现了,之后,读者可将其生成安装文件。

3. 生成安装文件

生成安装文件方法如下。

选择"文件"|"添加"|"新建项目"命令，如图 10-19 所示。

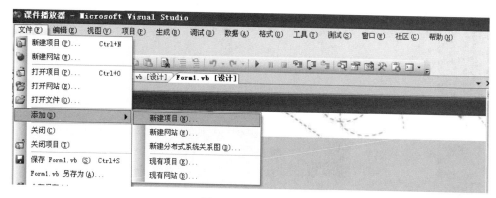

图 10-19   创建项目

在弹出的对话框中左边选择"安装和部署"，然后右边选择"安装项目"，如图 10-20
所示。

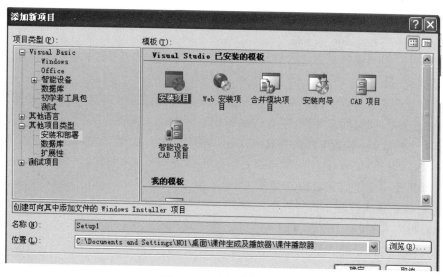

图 10-20   选择安装项目

然后写上安装文件的名称，选择路径即可。将播放器生成后，打开课件生成器，在"完
成"按钮代码中添加如下代码。

```
FileSystem.FileCopy("课件播放器.exe", str1 & "\" & str1 & ".exe")
```

即可将播放器复制到生成器生成的目标文件夹下。但是要注意，安装播放器时必须与生成
器在同一目录下。

4. 成品视图

成品视图如图 10-21 所示。

高级开发实验 ★★★

图 10-21　成品视图

10.5　软 件 完 善

在上面已经把生成器和安装器的功能实现了,但是,还有许多细节的地方需要完善。

1. 最大化、最小化

由于在生成器中只需要选择素材,没必要将其放大,此时,可以选择在属性中取消其"最大化"按钮的功能,同时固定大小,不允许鼠标拖动时大小有变化。

但是对于播放器,本书作者认为其大小是不能固定的,此时可以根据需要用 Me. xxx. left、Me. xxx. right、Me. xxx. top、Me. xxx. height 等语句精确设置其元素位置,在 resize() 事件中设置其大小变化后元素的位置。

2. 键盘控制输入控制

有时候为了方便,希望按键盘的某些键也能实现与按钮同样的功能,如 Enter 键对应对话框中的"确定"按钮。那么读者可以根据需要在对应的事件中编写代码。

3. 上一页、下一页功能

这里可考虑到 AxwebBrowser 已经自带滚动条,就不再重复。

此外,还有很多细节可以根据需要自行完善。

期末考试模拟试卷（一）

一、单项选择题（共 10 小题，每小题 1 分，共 10 分）

1. 软件开发环境的主要组成成分是（　　　）。

    A. 软件工具　　　　B. 软件　　　　　C. 程序　　　　　D. 人机界面

2. （　　　）反映了用户对系统和产品的高层次的目标要求，它们是用户组织机构流程的再现和模拟，是从用户组织机构工作流程的角度进行的需求描述。

    A. 用户需求　　　　B. 业务需求　　　　C. 功能需求　　　　D. 界面需求

3. （　　　）是一种用助记符表示的面向机器的计算机语言。

    A. 机器语言　　　　B. 汇编语言　　　　C. 高级语言　　　　D. 4GL

4. 多媒体开发的（　　　）特性，使项目的最终用户能够控制内容和信息流。

    A. 编辑特性　　　　B. 组织特性　　　　C. 交互式特性　　　　D. 提交特性

5. （　　　）测试工具直接对代码进行分析，不需要运行代码，也不需要对代码编译链接，生成可执行文件。

    A. 白盒　　　　　　B. 黑盒　　　　　　C. 静态　　　　　　D. 动态

6. 还可以利用用户自定义公式来运行成本函数是项目管理软件的（　　　）特征。

    A. 日程表　　　　　　　　　　　　B. 电子邮件

    C. 预算及成本控制　　　　　　　　D. 资源管理

7. 以下典型软件配置管理工具中，（　　　）是软件行业公认的功能最强大、价格最昂贵的配置管理软件，主要应用于复杂产品的并行开发、发布和维护。

    A. SourceSafe　　　　　　　　　　B. CVS

    C. ClearCase　　　　　　　　　　D. CCC/Harvest

8. 1995 年秋，OOSE 方法的创始人（　　　）加入建立统一建模语言这一工作中。

    A. Rumbargh　　　　B. Booch　　　　C. Rose　　　　D. Jacobson

9. 1968 年，在 NATO 会议上首次提出了"（　　　）"这一概念，使软件开发开始了从"艺术""技巧"和"个体行为"向"工程"和"群体协同工作"转化的历程。

    A. 软件工程　　　　　　　　　　　B. 软件产品线

    C. 网构软件　　　　　　　　　　　D. 软件开发环境

10. （　　　）工具酶能够辅助系统分析人员对用户的需求进行提取、整理、分析并最终得到完整而正确的软件需求分析式样,从而满足用户对所构建的系统的各种功能、性能需求的辅助手段。

    A. 需求分析   B. 设计   C. 测试   D. 项目管理

二、多项选择题(共 5 小题,每小题 2 分,共 10 分)

1. CASE 工具的评价和选择过程由(　　)组成。

    A. 初始准备过程   B. 构造过程   C. 评价过程   D. 选择过程

2. 项目管理软件选择标准有(　　)。

    A. 容量   B. 操作简易性

    C. 报表功能   D. 与其他系统的兼容能力

3. 下列叙述正确的是(　　)。

    A. 软件工程过程是把输入转化为输出的一组彼此相关的资源和活动

    B. 一般来说,需求分析和概念设计工具通常是不独立于硬件和软件的

    C. 4GL 具有简单易学、用户界面良好、非过程化程度高、面向问题的特点

    D. 用户界面设计对一个系统的成功至关重要

4. 软件配置管理可以提炼为三个方面的内容:(　　)。

    A. 管理控制   B. 版本控制   C. 变更控制   D. 过程支持

5. 下列叙述正确的是(　　)。

    A. 基于时基的多媒体创作工具,操作简便,形象直观,在一时间段内,可任意调整多媒体素材的属性,如位置、转向等

    B. ClearCase 是 CA 公司开发的一个基于团队开发的提供以过程驱动为基础的包含版本管理、过程控制等功能的配置管理工具

    C. 类图(Class Diagram)描述系统的静态结构

    D. 软件产品线的开发有 4 个技术特点:过程驱动、特定领域、技术支持和架构为中心

三、名词解释题(共 5 小题,每题 2 分,共 10 分)

1. CASE

2. 软件开发过程

3. 软件项目管理

4. UML

5. 软件工具酶

四、判断题(本大题共 5 小题,每题 2 分,共 10 分)

1. 根据 SEI 的定义,软件产品线主要由两部分组成:核心资源、产品集合。　　　　(　　)

2. 数据库设计方法目前可分为四类:直观设计法、间接设计法、计算机辅助设计法和自动化设计法。　　　　　　　　　　　　　　　　　　　　　　　　　　(　　)

3. 软件开发环境是指在计算机的基本软件的基础上,为了支持软件的编码而提供的一组工具软件系统。　　　　　　　　　　　　　　　　　　　　　　　　　(　　)

4. 软件配置管理(Software Configuration Management,SCM)又称软件形态管理或软件建构管理,简称软件形管。　　　　　　　　　　　　　　　　　　　(　　)

5. RUP(Rational Unified Process,统一软件过程),是一个面向对象且基于网络的程序

开发方法论。   （   ）

五、简答题（共 5 小题，每题 6 分，共 30 分）

1. 简述软件开发环境的特性。

2. 如何理解软件设计的重要性？

3. 如何确定一种语言是 4GL？

4. 请对软件测试工具进行简单的分类。

5. 软件配置管理有什么作用？

六、分析题（共 3 小题，每题 10 分，共 30 分）

1. 简要分析软件开发环境的不同分类。

2. 详细分析多媒体开发工具的特征与功能。

3. 详细分析软件配置管理工具 SCM 的功能。

期末考试模拟试卷（二）

一、单项选择题（共 10 小题，每小题 1 分，共 10 分）

1. 下列不属于数据库的设计过程的是（   ）。
    A. 需求分析　　　　B. 概念设计　　　　C. 物理设计　　　　D. 程序设计

2. 用户界面设计在工作流程上不包括（   ）。
    A. 结构设计　　　　B. 交互设计　　　　C. 视觉设计　　　　D. 需求设计

3. （   ）是一个典型的基于场景设计（即基于卡片的）的著作工具。
    A. Action　　　　　B. ToolBook　　　　C. IconAuthor　　　D. Ark

4. （   ）是一种性能优化工具。
    A. WinRunner　　　B. EcoScope　　　　C. PC-LINT　　　　D. VectorCAST

5. 项目管理软件都有一份资源清单，列明各种资源的名称、资源可以利用时间的极限、资源标准及过时率、资源的收益方法和文本说明。每种资源都可以配以一个代码和一份成员个人的计划日程表，这是项目管理软件的（   ）特征。
    A. 日程表　　　　　　　　　　　　　B. 电子邮件
    C. 预算及成本控制　　　　　　　　　D. 资源管理

6. 软件配置管理模式中的（   ）模式，是一种面向文件单一版本的软件配置模式。
    A. 恢复提交模式　　　　　　　　　　B. 面向改变模式
    C. 合成模式　　　　　　　　　　　　D. 长事务模式

7. （   ）是用来进行系统设计的，将设计结果描述出来形成设计说明书，并检查设计说明书中是否有错误，然后找出并排除这些错误。
    A. 需求分析工具　　　　　　　　　　B. 设计工具
    C. 编码工具　　　　　　　　　　　　D. 测试工具

8. （   ）是美国 IBM 公司开发的软件系统建模工具，它是一种可视化的、功能强大的面向对象系统分析与设计的工具。
    A. CASE　　　　　B. UML　　　　　　C. Rose　　　　　　D. Visual Basic

9. 在软件生产线中，（   ）负责进行基于构件的软件开发，包括构件查询、构件理解、适应性修改、构件组装以及系统演化等。

A. 构件生产者　　　　　　　　　B. 构件库管理者

C. 构件复用者　　　　　　　　　D. 构件查询者

10.（　　）是软件工具酶作用的对象。

A. 软件　　　　　　　　　　　　B. 软件底物

C. 软件工具　　　　　　　　　　D. 软件开发工具

二、多项选择题（共 5 小题，每小题 2 分，共 10 分）

1. CASE 集成环境包括（　　）。

A. 界面集成　　　B. 数据集成　　　C. 控制集成　　　D. 过程集成

2. 需求工程包括（　　）3 个阶段。

A. 需求获取　　　B. 需求生成　　　C. 需求验证　　　D. 需求分析

3. 下列叙述正确的是（　　）。

A. C 语言灵活性好，效率高，可以接触到软件开发比较底层的东西

B. 软件工程就是运用一些基本的设计概念和各种有效的方法和技术，把软件需求分析转换为软件表示，使系统能在机器上实现

C. 白盒测试工具包括功能测试工具和性能测试工具

D. Microsoft Project 是微软出品的一种项目管理软件。在市场上现有的项目管理软件中，Microsoft Project 软件功能完善、操作简便

4. 用户界面设计在工作流程上分为（　　）。

A. 符号设计　　　B. 结构设计　　　C. 交互设计　　　D. 视觉设计

5. 软件配置管理中所使用的模式主要有（　　）。

A. 恢复提交模式　　　　　　　　B. 面向改变模式

C. 合成模式　　　　　　　　　　D. 长事务模式

三、名词解释题（共 5 小题，每题 2 分，共 10 分）

1. 软件工具

2. 信息隐蔽

3. 4GL

4. RUP

5. 网构软件

四、判断题（共 5 小题，每题 2 分，共 10 分）

1. 测试工具根据测试的对象和目的不同，分为白盒测试工具和黑盒测试工具。（　　）

2. SCI 即配置项，Pressman 对于 SCI 给出了一个比较简单的定义："软件过程的输出信息可以分为三个主要类别：①计算机程序；②描述计算机程序的文档；③数据。这些项包含所有在软件过程中产生的信息，总称为软件配置项。"（　　）

3. UML 即统一建模语言，是一种用于软件系统制品规约的、非可视化的构造及建档语言，也可用于业务建模以及其他非软件系统。（　　）

4. 人机界面的设计应遵循三条原则：面向用户的原则；保证各部分之间信息的准确传递；保证系统的开放性和灵活性。（　　）

5. 计算机辅助设计法指在数据库设计的某些过程中模拟某一规范化设计的方法,并以人的知识或经验为主导,通过人机交互方式实现设计中的某些部分。　　　　　(　　)

五、简答题(共 5 小题,每题 6 分,共 30 分)

1. 软件开发工具有哪些基本功能?

2. 根据支持的设计阶段,数据库设计可分为哪几类?

3. 用户界面设计应遵循哪些原则?

4. 项目管理软件有哪些特性?

5. 简单介绍软件产品线的结构。

六、分析题(共 3 小题,每题 10 分,共 30 分)

1. 分析数据库设计过程中,对数据库设计工具有哪些需求?

2. 分析 4GL 的发展和应用前景。

3. 详细对比 UML 图,并对其功能进行简单的分析。

期末考试模拟试卷(三)

一、对错判断题(共 6 小题,每题 1 分,本题 6 分)(用√或×判断对错)

1. 信息库就是信息组成的数据库。　　　　　　　　　　　　　　　(　　)

2. 第四代语言是第三代高级语言后的计算机语言。　　　　　　　　(　　)

3. 网络结点是计算机网络连接的交汇点。　　　　　　　　　　　　(　　)

4. 招标是企业招聘员工的标准。　　　　　　　　　　　　　　　　(　　)

5. ULM 是统一建模语言。　　　　　　　　　　　　　　　　　　　(　　)

6. Photoshop 是一种平面图像处理软件。　　　　　　　　　　　　(　　)

二、名词解释(共 5 小题,每题 4 分,本题 20 分)

1. 软件开发工具

2. 需求分析工具

3. 软件配置管理工具

4. 质量保证

5. 云计算

三、简答题(共 5 小题,每题 6 分,本题 30 分)

1. 软件开发工具有哪些功能要求?

2. 简述软件开发环境的特性。

3. 需求分析工具有几种分类方法?

4. 平面设计包括哪些内容?

5. 采购过程包括哪些基本活动?

四、填空题(每个空 2 分,每小题 6 分,共 12 分,结果填入空格处)

1. 软件配置管理的内容主要包括_____,_____,_____。

2. 几种典型的操作系统包括_____、UNIX、_____、Mac OS、_____、iOS、华为鸿蒙系统、银河麒麟(Kylin)和 YunOS 操作系统。

五、论述题(共 4 小题,每题 8 分,共 32 分)

1. 比较软件开发工具、软件开发环境和 CASE 的差异。

2. 如何选择软件测试工具?

3. 为什么要进行软件开发项目的监理?

4. 简述 CASE 环境和工具的采购过程。

期末考试模拟试卷(四)

一、对错判断题(共 6 小题,每题 1 分,本题 6 分)(用√或×判断对错)

1. 人机界面就是人与软件的接口。   (   )

2. 设计工具是用于软件设计的软件。   (   )

3. 数据中心是数据存储的地方。   (   )

4. 投标是指投标人应招标人的邀请,根据招标公告或投标邀请书所规定的条件,在规定的期限内,向招标人递盘的行为。   (   )

5. RUP 方法在使用时,可以裁剪。   (   )

6. Visio 是 Office 软件系列中负责绘制流程图和示意图的软件,是一款便于 IT 和商务人员就复杂信息、系统和流程进行可视化处理、分析和交流的软件。   (   )

二、名词解释(共 5 小题,每题 4 分,本题 20 分)

1. 软件开发环境

2. 脚本语言

3. 软件开发监理工具

4. 成本控制

5. 5G

三、简答题(共 5 小题,每题 6 分,本题 30 分)

1. 软件开发工具有哪些基本性能?

2. 人机界面的设计原则是什么?

3. 需求分析阶段包括哪些步骤?

4. 多媒体设计有哪几类工具?

5. 软件配置管理中使用了哪些模式?

四、填空题(每个空 2 分,每小题 6 分,共 12 分,结果填入空格处)

1. 几种典型的数据库系统包括:_____数据库,SQL Server 数据库,DB2 数据库,Sybase 数据库,Informix 数据库,MySQL 数据库,_____数据库;_____数据库。

2. CASE 环境和工具部署切换方法有三种:_____切换,_____切换,_____切换。

五、论述题(共 4 小题,每题 8 分,共 32 分)

1. 阐述软件开发工具、软件开发环境和 CASE 的演化关系。

2. 详细分析软件配置管理工具 SCM 的功能。

3. 为什么要搭建软件开发基础环境?

4. CASE 环境和工具如何评价与选择过程?

期末考试模拟试卷（五）

一、对错判断题（共 6 题，每题 1 分，本题 6 分）（用√或×判断对错）

1. 甘特图是条状图，其通过条状图来显示项目、进度和其他时间相关的系统进展的内在关系随着时间进展的情况。　　　　　　　　　　　　　　　　　（　　）

2. 测试工具就是软件测试的工具。　　　　　　　　　　　　　　　　（　　）

3. 项目管理工具就是是为了使工作项目能够按照预定的成本、进度、质量顺利完成，而对人员、产品、过程和项目进行分析和管理的一类软件。　　　　　（　　）

4. 竞争性谈判是指采购人或代理机构通过与多家供应商（不少 3 家）进行谈判，最后从中确定中标供应商的一种采购方式。　　　　　　　　　　　　　（　　）

5. 软件配置管理是一种软件开发过程中标识、组织和控制修改的技术。（　　）

6. Flash 是一种三维动画设计软件。　　　　　　　　　　　　　　　（　　）

二、名词解释（共 5 小题，每题 4 分，本题 20 分）

1. CASE

2. 程序自动生成

3. 多媒体设计工具

4. 超级计算机

5. 6G

三、简答题（共 5 小题，每题 6 分，本题 30 分）

1. 软件开发环境包括哪四个层次？

2. CASE 的功能是什么？

3. 根据支持的设计阶段，数据库设计可分为哪几类？

4. 软件界面设计包括哪几个方面的设计？

5. 简单介绍大数据生态系统框架。

四、填空题（每个空 2 分，每小题 6 分，共 12 分，结果填入空格处）

1. CASE 环境与工具的维护可分为以下 4 类：完善性维护，_____ 维护，_____ 维护，_____ 维护。

2. RUP 的核心工作流包括以下几步：初始化阶段，_____ 阶段，_____ 阶段，_____ 阶段。

五、论述题（共 4 小题，每题 8 分，共 32 分）

1. 论述软件产业与软件技术的关系。

2. 项目管理的"四控两管一协同"包括什么？

3. 信息库的搭建需要进行哪几个方面的准备？

4. CASE 环境与工具如何部署实施？

模拟试卷参考答案

期末考试模拟试卷(一)参考答案

一、单项选择题

1	2	3	4	5	6	7	8	9	10
A	B	B	C	C	C	C	D	A	A

二、多项选择题

1	2	3	4	5
ABCD	ABCD	ACD	BCD	ACD

三、名词解释题

1. CASE——即计算机辅助软件工程,是一组工具和方法集合,可以辅助软件开发生命周期各阶段进行软件开发。

2. 软件开发过程——是为了获得软件产品或是为了完成软件工程项目需要完成的一系列有关软件工程的活动。

3. 软件项目管理——是为了完成一个既定的软件开发目标,在规定的时间内,通过特殊形式的临时性组织运行机制,通过有效的计划、组织、领导与控制,在明确的可利用的资源范围内完成软件开发。

4. UML——即统一建模语言,是一种用于软件系统制品规约的、可视化的构造及建档语言,也可用于业务建模以及其他非软件系统。

5. 软件工具酶——(Software Tool Enzyme,STE)是在软件开发过程中辅助开发人员开发软件的工具。

四、判断题

1	2	3	4	5
√	×	×	√	√

五、简答题

1. 简述软件开发环境的特性。

答：软件开发环境的特性包括：可用性、自动化程度、公共性、集成化程度、适应性、价值。

2．如何理解软件设计的重要性？

答：软件设计的重要性和地位概括为以下几点：①软件开发阶段（设计、编码、测试）占据软件项目开发总成本绝大部分，是在软件开发中形成质量的关键环节；②软件设计是开发阶段最重要的步骤，是将需求准确地转换为完整的软件产品或系统的唯一途径；③软件设计做出的决策，最终影响软件的实现；④设计是软件工程和软件维护的基础。

3．如何确定一种语言是4GL？

答：确定一个语言是否是4GL，主要应从以下标准来进行考察：①生产率标准；②非过程化标准；③用户界面标准；④功能标准。

4．对软件测试工具进行简单的分类。

答：软件测试工具可以从两个不同的方面去分类：①根据测试方法不同，分为白盒测试工具和黑盒测试工具；②根据测试的对象和目的，分为单元测试工具、功能测试工具、负载测试工具、性能测试工具和测试管理工具。

5．软件配置管理有什么作用？

答：良好的配置管理能使软件开发过程有更好的可预测性，使软件系统具有可重复性，使用户和主管部门对软件质量和开发小组有更强的信心。软件配置管理的最终目标是管理软件产品。好的配置管理过程有助于规范各个角色的行为，同时又为角色之间的任务传递提供无缝的接合，使整个开发团队像一个交响乐队一样和谐而又错杂地进行。

六、分析题

1．简要分析软件开发环境的不同分类。

答：软件开发环境可以按以下几种方法分类。①按解决的问题分为：程序设计环境、系统合成环境、项目管理环境；②按软件开发环境的演变趋向分为：以语言为中心的环境、工具箱环境、基于方法的环境；③按集成化程度分为：第一代（建立在操作系统上）、第二代（具有真正的数据库，而不是文件库）、第三代（建立在知识库系统上，出现集成化工具集）。

2．详细分析多媒体开发工具的特征与功能。

答：①多媒体开发工具的特征：编辑特性，组织特性，编程特性，交互式特性，性能精确特性，播放特性，提交特性。②多媒体开发工具的功能：优异的面向对象的编辑环境；具有较强的多媒体数据I/O能力；动画处理能力；超链接能力；应用程序的链接能力；模块化和面向对象；友好的界面，易学易用。

3．详细分析软件配置管理工具SCM的功能。

答：软件配置管理（SCM）只是变更管理的一个方面，但从SCM工具的发展来看，越来越多的SCM工具开始集成变更管理（CM）的功能，甚至问题跟踪的功能。①权限控制；②版本控制；③增强的版本控制；④变更管理；⑤独立的工作空间；⑥报告；⑦过程自动化；⑧管理项目的整个生命周期；⑨与主流开发环境的集成。

期末考试模拟试卷(二)参考答案

一、单项选择题

1	2	3	4	5	6	7	8	9	10
D	D	A	B	D	A	B	C	C	B

二、多项选择题

1	2	3	4	5
ABCD	ABC	AD	BCD	ABCD

三、名词解释题

1. 软件工具——是指为支持计算机软件的开发、维护、模拟、移植或管理而研制的程序系统。通常由工具、工具接口和工具用户接口三部分构成。

2. 信息隐蔽——指在一个模块内包含的信息(过程或数据),对于不需要这些信息的其他模块来说是不能访问的。

3. 4GL——即第四代语言(Fourth-Generation Language),是一种编程语言或是为了某一目的的编程环境。在演化计算中,第四代语言是在第三代语言基础上发展的,且概括和表达能力更强。

4. RUP——Rational 统一过程(Rational Unified Process),是一个面向对象且基于网络的程序开发方法论。根据 Rational 的说法,RUP 好像一个在线的指导者,它可以为所有方面和层次的程序开发提供指导方针、模板以及事例支持。

5. 网构软件——Internet 环境下的新的软件形态,网构软件适应 Internet 的基本特征,呈现出柔性、多目标和连续反应式的系统形态,将导致现有软件理论、方法、技术和平台的革命性进展。

四、判断题

1	2	3	4	5
×	√	×	√	√

五、简答题

1. 软件开发工具有哪些基本功能?

答:软件开发工具的基本功能可以归纳为以下五个方面:①提供描述软件状况及其开发过程的概念模式,协助开发人员认识软件工作的环境与要求,管理软件开发的过程;②提供存储和管理有关信息的机制与手段;③帮助使用者编制、生成和修改各种文档,包括文字材料和各种表格、图像等;④生成代码,即帮助使用者编写程序代码,使用户能在较短时间内半自动地生成所需要的代码段落,进行测试和修改;⑤对历史信息进行跨生命周期的管理。

2. 根据支持的设计阶段,数据库设计可分为哪几类?

答:根据工具所支持的设计阶段,数据库设计工具可以分为四类:①需求分析工具,主要用来帮助数据库设计人员进行需求调研和需求管理方面的工作;②概念设计工具,协助设计人员从用户的角度来看待系统的处理要求和数据要求,并产生一个能够反映用户观点的概念模型(一般采用 E-R 图形式);③逻辑设计工具,把概念模型中的 E-R 图转换成为具体的 DBMS 产品所支持的数据模型;④物理设计工具,主要用来帮助数据库开发人员根据 DBMS 特点和处理的需要,进行物理存储安排,建立索引,实施具体的代码开发、测试工作(例如,PL/SQL Developer、Object Browser for Oracle 等)。

3. 用户界面设计应遵循哪些原则?

答:易用性原则,规范性原则,帮助设施原则,合理性原则,美观与协调性原则,菜单位置原则,独特性原则,快捷方式的组合原则,排错性考虑原则。

4. 项目管理软件有哪些特性?

答:项目管理软件有以下特性:预算及成本控制,日程表,电子邮件,图形,转入/转出资料,处理多个项目及子项目,制作报表,资源管理,计划,项目监督及跟踪,进度安排,保密,排序及筛选,假设分析。

5. 简单介绍软件产品线的结构。

答:软件产品线的结构如图所示。

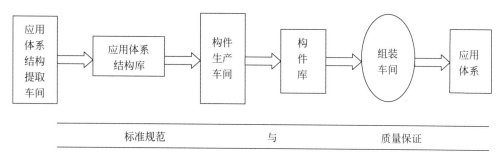

六、分析题

1. 分析数据库设计过程中,对数据库设计工具有哪些需求?

答:数据库设计过程中,对数据库设计工具的功能需求有:①认识和描述客观世界的能力;②管理和存储数据库设计过程中产生的各类信息;③根据用户的物理设计,自动生成创建数据库的脚本和测试数据;④根据用户的需要,将数据库设计过程中产生的各类信息自动组织成文档,从而最大程度地减少数据库设计人员花在编写文档方面的时间和成本,并保证文档之间信息的一致性;⑤为数据库设计的过程提供团队协同工作的帮助。

2. 分析 4GL 的发展和应用前景。

答:①4GL 的发展:4GL 这个词最早是在 20 世纪 80 年代初期出现在软件厂商的广告和产品介绍中的。1985 年,美国召开了全国性的 4GL 研讨会,使 4GL 进入了计算机科学的研究范畴。进入 20 世纪 90 年代,大量基于数据库管理系统的 4GL 商品化软件已在计算机应用开发领域中获得广泛应用,成为面向数据库应用开发的主流工具。②4GL 应用前景:4GL 与面向对象技术将进一步结合;4GL 将全面支持以 Internet 为代表的网络分布式应用开发;4GL 将出现事实上的工业标准;4GL 将以受限的自然语言加图形作为用户界面;

4GL 将进一步与人工智能相结合;4GL 继续需要数据库管理系统的支持;4GL 要求软件开发方法发生变革。

3. 详细对比 UML 图,并对其功能进行简单的分析。

答:UML 图及其作用如下。

类　　别	图形名称	作　　用
静态建模	用例图(Use Case Diagram)	描述系统实现的功能
	类图(Class Diagram)	描述系统的静态结构
	对象图(Object Diagram)	描述系统在某时刻的静态结构
	构件图(Component Diagram)	描述实现系统组成构件上的关系
	配置图(Deployment Diagram)	描述系统运行环境的配置情况
动态建模	顺序图(Sequence Diagram)	描述系统某些元素在时间上的交互
	协作图(Collaboration Diagram)	描述系统某些元素之间的协作关系
	状态图(Statechart Diagram)	描述某个用例的工作流
	活动图(Activity Diagram)	描述某个类的动态行为

期末考试模拟试卷(三)参考答案

一、对错判断题

1	2	3	4	5	6
×	×	×	×	√	√

二、名词解释

1. 软件开发工具——在软件生命周期过程中,用于辅助软件开发人员进行软件开发的工具。

2. 需求分析工具——用于软件生命周期需求分析阶段,辅助系统分析人员对用户的需求进行提取、整理、分析并最终得到完整而正确的软件需求分析规格说明书,以满足描述被开发软件各种功能和性能需求的方法和软件。

3. 软件配置管理工具——支持用户对源代码清单的更新管理,以及对重新编译与连接的代码的自动组织,支持用户在不同文档相关内容之间进行相互检索,并确定同一文档某一内容在本文档中的涉及范围,同时还应支持软件配置管理小组对软件配置更改进行科学管理的工具。

4. 质量保证——建立一套有计划、有系统的方法,来向管理层保证拟定出的标准、步骤、实践和方法能够正确地被所有项目所采用。

5. 云计算——指服务的交付和使用模式,指通过网络以按需、易扩展的方式获取所需服务。

三、简答题

1. 软件开发工具有哪些功能要求?

答:软件开发工具的基本功能可以归纳为以下五个方面:①提供描述软件状况及其开

发过程的概念模式,协助开发人员认识软件工作的环境与要求、管理软件开发的过程;②提供存储和管理有关信息的机制与手段;③帮助使用者编制、生成和修改各种文档,包括文字材料和各种表格、图像等;④生成代码,即帮助使用者编写程序代码,使用户能在较短时间内半自动地生成所需要的代码段落,进行测试和修改;⑤对历史信息进行跨生命周期的管理。

2. 简述软件开发环境的特性。

答：可用性,自动化,公共性,集成化,适应性,价值性。

3. 需求分析工具有几种分类方法?

答：对软件开发工具可以从不同的角度来进行分类:①基于工作阶段划分;②基于集成程度划分的工具;③基于硬件、软件的关系划分。

4. 平面设计包括哪些内容?

答：第一类图像处理,第二类图形绘制,第三类图文混合排版。

5. 采购过程包括哪些基本活动?

答：由 4 个子过程和 13 个活动组成:①初始准备过程:设定目标、建立选择准则、制定项目计划;②构造过程:需求分析、收集 CASE 工具信息、确定候选的 CASE 工具;③评价过程:评价的准备、评价 CASE 工具、报告评价结果;④选择过程:选择准备、应用选择算法、推荐一个选择决定、确认选择决定。

四、填空题

1. 软件配置管理的内容主要包括三个：<u>版本控制</u>,<u>变更控制</u>,<u>过程支持</u>。

2. 几种典型的操作系统包括：<u>Windows</u>、<u>UNIX</u>、<u>Linux</u>、<u>Mac OS</u>、<u>Android</u>、<u>iOS</u>、华为鸿蒙系统、银河麒麟(Kylin)和 YunOS 操作系统。

五、论述题

1. 比较软件开发工具、软件开发环境和 CASE 的差异。

答：软件开发工具是在软件生命周期过程中,用于辅助软件开发人员进行软件开发的工具。软件开发环境是指在基本硬件和宿主软件的基础上,为支持系统软件和应用软件的工程化开发和维护而使用的一组软件。CASE 是计算机辅助软件工程。CASE 的目标是为工程化的软件生产提供计算机方面的支持,以提高软件生产率和软件产品质量。三者的侧重点不同。

2. 如何选择软件测试工具?

答：在考虑选用工具的时候,建议从以下几个方面来权衡和选择:功能,价格,测试自动化,选择适合于软件生命周期各阶段的工具。

3. 为什么要进行软件开发项目的监理?

答：目前,全国的信息系统建设中存在一些问题,主要表现在规划制订不够科学,项目管理不够严格,监理机制不够健全,系统运行效益不够明显,致使一部分信息化项目失败或未能实现预期目标,浪费了大量资源。因此,要进行软件开发项目的监理。

4. 简述 CASE 环境和工具的采购过程。

答：初始准备过程;构造过程;评价过程;选择过程。

期末考试模拟试卷（四）参考答案

一、对错判断题

1	2	3	4	5	6
√	×	×	√	√	√

二、名词解释

1. 软件开发环境——是指在基本硬件和宿主软件的基础上，为支持系统软件和应用软件的工程化开发和维护而使用的一组软件。

2. 脚本语言——是为了缩短传统的编写-编译-链接-运行过程而创建的计算机编程语言。

3. 软件开发监理工具——就是软件开发监理的工具。

4. 成本控制——是指项目组织为保证在变化的条件下实现其预算成本，按照事先拟订的计划和标准，通过采用各种方法，对项目实施过程中发生的各种实际成本与计划成本进行对比、检查、监督、引导和纠正，尽量使项目的实际成本控制在计划和预算范围内的管理过程。

5. 5G——是第 5 代移动通信网络，其峰值理论传输速度可达每秒数 Gb，比 4G 网络的传输速度快数百倍。5G 网络的主要目标是让终端用户始终处于联网状态。

三、简答题

1. 软件开发工具有哪些基本性能？

答：表达能力或描述能力；保持信息一致性的能力；使用的方便程度；工具的可靠性程度；对硬件和软件环境的要求。

2. 人机界面的设计原则是什么？

答：界面设计包括软件启动封面设计，软件框架设计，按钮设计，面板设计，菜单设计，标签设计，图标设计，滚动条及状态栏设计。

3. 需求分析阶段包括哪些步骤？

答：需求获取，需求分析。

4. 多媒体设计有哪几类工具？

答：基于时基的多媒体创作工具；基于图标或流线的多媒体创作工具；基于卡片或页面的多媒体创作工具；以传统程序语言为基础的多媒体创作工具。

5. 软件配置管理中使用了哪些模式？

答：软件配置管理中所使用的模式主要有四种：①恢复提交模式；②面向改变模式；③合成模式；④长事务模式。

四、填空题

1. 几种典型的数据库系统包括：Oracle 数据库，SQL Server 数据库，DB2 数据库，Sybase 数据库，Informix 数据库，MySQL 数据库，Access 数据库，Visual FoxPro 数据库。

2. CASE 环境和工具部署切换方法有三种：直接切换，并行切换，分段切换。

五、论述题

1. 阐述软件开发工具、软件开发环境和 CASE 的演化关系。

答：1975 年，程序员工具的概念被提出。1976 年，软件工具箱的概念被提出，它相当于支撑系统，包含若干软件工具，或各类支撑系统。1978 年，工作台的概念出现，指支撑软件开发的特别和专用的计算机"设备"，而且开发的软件可以在异种目标机上运行。1979 年，出现了软件开发环境的概念。1982 年，软件开发环境系统被开发出来。早年的软件开发环境是以一些高档软件工具的(面向开发对象的)有机结合、运行的"设备"为基础，并且可以处理人的作用因素，指产品生产率、标准化、质量等关系的软件开发、维护的总体。早年的软件工具是以"方法论"和"标准、规范"为基础的系统。从软件开发工具到 CASE 环境，极大地促进了程序到软件产品的发展，促进了软件生产工程化和产业化的发展。21 世纪，互联网的普及，以及大数据时代的到来，改变了软件生产的模式。出现了开放式的集成 CASE 环境，其最大特点是互联网变成了海量信息库，无边界开放的互联网将不同的软件开发环境有机集成在了一起。

2. 详细分析软件配置管理工具 SCM 的功能。

答：权限控制，版本控制，增强的版本控制，变更管理，独立的工作空间，报告，过程自动化，管理项目的整个生命周期，与主流开发环境的集成。

3. 为什么要搭建软件开发基础环境？

答：除了计算机硬件和网络设备已经安装的基础软件外，软件开发基础环境的搭建也很重要。这类工作主要为应用软件开发人员或组织开发应用软件而必须进行的准备工作。这项工作包括两个方面，一是针对应用软件开发，由开发人员自己搭建的环境；二是针对应用软件开发，由开发人员自己搭建的信息库。

4. CASE 环境和工具如何评价与选择过程？

答：由 4 个子过程和 13 个活动组成：①初始准备过程：设定目标、建立选择准则、制定项目计划。②构造过程：需求分析、收集 CASE 工具信息、确定候选的 CASE 工具。③评价过程：评价的准备、评价 CASE 工具、报告评价结果。④选择过程：选择准备、应用选择算法、推荐一个选择决定、确认选择决定。

期末考试模拟试卷(五)参考答案

一、对错判断题

1	2	3	4	5	6
√	×	√	√	√	×

二、名词解释

1. CASE——意为计算机辅助软件工程。CASE 的目标是为工程化的软件生产提供计算机方面的支持，以提高软件生产率和软件产品质量。

2. 程序自动生成——就是由软件根据开发人员的要求自动生成软件程序代码。

3. 多媒体设计工具——是基于多媒体操作系统基础上的多媒体软件开发平台，可以帮助开发人员组织编排各种多媒体数据及创作多媒体应用软件。

4. 超级计算机——它是能够执行一般 PC 无法处理的大资料量与高速运算的计算机。

5. 6G——是频率范围为 95GHz～3THz 的无线网通信,其速度可达到 TB/s 级。

三、简答题

1. 软件开发环境包括哪四个层次?

答:软件开发环境层次如下。

序号	层次	包括的内容
1	宿主层	指软件开发环境的寄生场所,包括基本宿主硬件和基本宿主软件。例如,软件开发环境寄生的硬件,可以是大型计算机、工作站、微机甚至手机等。软件开发环境寄生的软件,可以是 Windows 操作系统、UNIX 操作系统、麦塔金操作系统、安卓操作系统等
2	核心层	包括工具组、环境数据库和会话系统(软件界面)。例如,软件分析或设计工具、编程工具、测试工具、Oracle 数据库系统、软件开发环境的集成框架软件界面等
3	基本层	包括最少限度的一组工具,如编译工具、编辑程序、调试程序、连接程序和装配程序等。这些工具都是由核心层支持的
4	应用层	以特定的基本层为基础,但可包括一些补充工具,借以更好地支援各种应用软件的研制

2. CASE 的功能是什么?

答:保持软件开发和维护过程信息一致和完整的能力;对软件工程方法学的支持能力;有信息库构建、检索和更新的能力;有项目管控能力。

3. 根据支持的设计阶段,数据库设计可分为哪几类?

答:概念设计阶段,逻辑结构设计阶段,物理设计阶段。

4. 软件界面设计包括哪几个方面的设计?

答:界面设计包括软件启动封面设计,软件框架设计,按钮设计,面板设计,菜单设计,标签设计,图标设计,滚动条及状态栏设计。

5. 简单介绍大数据生态系统框架。

答:Hadoop 生态系统如下。

ZooKeeper(分布式协调服务)	HBase(实时分布数据库)	安装部署配置管理器 Ambari					
		Hive(数据仓库工具)	Pig(工作流引擎语言)	Mahout(机器学习算法库)	Hive2(数据仓库工具)	Pig2(工作流引擎语言)	Flume(日志数据采集系统)
		MapReduce(分布式离线计算框架)			新分布式执行框架 Tez	流数据计算框架 Storm	
		YARN(群集资源管理器)					Sqoop(数据库连接器)
		HDFS(分布式文件系统)					

四、填空题

1. CASE 环境与工具的维护可分为以下 4 类:完善性维护,适应性维护,纠错性维护,预防性维护。

2. RUP 的核心工作流包括以下几步：初始化阶段，细化阶段，构建阶段，交付阶段。

五、论述题

1. 论述软件产业与软件技术的关系。

答：当前，我国政策层面非常支持软件产业的发展，这就要求我国的软件产业要面向经济建设的需要，选择关键技术组织攻关，以解决国民经济建设和产业建设中的重大、综合、关键、迫切的技术问题。软件产业和软件技术的发展是我国信息化进步的关键。软件产业和软件技术之间应该是相辅相成和互相促进的关系。软件产业的发展必须以软件技术为基础，另一方面，软件产业又是软件技术发展的依托。随着软件产业和软件技术的飞速发展，二者的紧密结合变得非常重要。

2. 项目管理的"四控两管一协同"包括什么？

答：成本控制，进度控制，质量控制，风险控制，合同管理，信息管理，协调。

3. 信息库的搭建需要进行哪几个方面的准备？

答：除了购买的软件开发工具和环境产品已配置标准信息库外，软件开发人员构建个性化的信息库属于必须完成的一项工作，这便于软件开发人员的工作。其属于购买产品的二次开发，否则这类产品在具体使用时很不顺手。具体工作包括以下几个方面：文档模板，可复用构件，可复用的源代码资源。

4. CASE 环境与工具如何部署实施？

答：第一，系统切换的准备工作，包括管理部门制定切换计划书，切换人员培训，数据准备，制定系统切换的应急预案；第二，工具的切换和运行方案选择。切换方法有三种：直接切换，并行切换，分段切换。

参 考 文 献

[1] 杨芙清,吕建,梅宏.网构软件技术体系:一种以体系结构为中心的途径[J].中国科学,E辑:信息科学,2008,38(6):818-828.

[2] 朱国防,李建东.软件产品线技术简介[J].信息技术与信息化,2006(02):25-26+106.

[3] 杨芙清.构件技术引领软件开发新潮流[J].中国计算机用户,2005(06):13.

[3] 杨芙清,梅宏,李克勤.软件复用与软件构件技术[J].电子学报,1999,27(2):68~75.

[4] 杨芙清.软件复用及相关技术[J].计算机科学,1999,26(5):1-4.

[5] 杨芙清,梅宏,李克勤,等.支持构件复用的青鸟Ⅲ型系统概述[J].计算机科学,1999,26(5):50-55.

[6] 杨芙清,梅宏,吕建,等.浅论软件技术发展[J].电子学报,2003,26(9):1104-1115.

[7] 吕建,马晓星,陶先平,等.网构软件的研究与进展[J].中国科学,E辑:信息科学,2006,36(10):1037-1080.

[8] 吕建,陶先平,马晓星,等.基于 Agent 的网构软件模型研究[J].中国科学,E辑:信息科学,2005,35(12):1233-1253.

[9] 黄罡,王千祥,曹东刚,等.一种面向领域的构件运行支撑平台[J].电子学报,2002,30(12Z):39-43.

[10] 黄涛,陈宁江,魏峻,等.OnceAS/Q:一个面向 QoS 的 Web 应用服务器[J].软件学报,2004,15(12):1787-1799.

[11] 梅宏,曹东刚.ABC-S～2C:一种面向贯穿特性的构件化软件关注点分离技术[J].计算机学报,2005(12):2036-2044.

[12] 张伟,梅宏.一种面向特征的领域模型及其建模过程[J].软件学报,2003(08):1345-1356.

[13] 谭国真,李程旭,刘浩,等.交通网格的研究与应用[J].计算机研究与发展,2004,41(12):206.

[14] 陈火旺,吴少岩,罗铁庚.遗传程序设计(之一)[J].计算机科学,1995(06):12-15.

[15] 李彤,王黎霞.第四代语言:回顾与展望[J].计算机应用研究,1998(03):2-5.

[16] 李昭原,王辉.一体化 MIS 快速开发自动生成器 CDBAG-4GL 的设计与实现[J].软件学报,1992(04):56-61.

[17] 王纯宝.第四代语言 INFORMIX-4GL 及其应用[J].交通与计算机,1992(06):68-70+76.

[18] 陈学进.浅议计算机第四代语言的教学[J].安徽工业大学学报(社会科学版),2003(01):89-90.

[19] 陈丽芳,陈亮.关于面向对象与第四代语言之间关系的分析[J].河北能源职业技术学院学报,2002(03):54-56.

[20] 孙其民.用计算机第四代语言开发 MIS 软件的几个问题[J].曲阜师范大学学报(自然科学版),1999(02):99-100.

[21] 郑启华,王忠平,李向阳,等.一个第四代语言 A4GL 的设计与实现[J].小型微型计算机系统,1997(10):50-55.

[22] NIJSSEN G M,张滨.第四代和第五代语言的主要特性[J].计算机科学,1987(02):69-72.

[23] 王正.信息系统开发工具——第四代语言 AS5.0 版本(System Relese 5.0)的介绍及应用实例[J].交通与计算机,1993(02):46-56.

[24] 闫世杰,卢朝霞.基于第四代语言的 MIS 系统开发[A].中国自动化学会经济与管理专业委员会、中国航空学会自动控制专业委员会、《控制与决策》编辑委员会、辽宁省自动化学会.第三届全国控制与决策系统学术会议论文集[C].中国自动化学会经济与管理专业委员会、中国航空学会自动控制专业委员会、《控制与决策》编辑委员会、辽宁省自动化学会:《控制与决策》编辑部,1991:4.

[25] 周有文.面向 ORACLE 4GL 的 CMIS 详细设计[J].湖南大学学报,1991(01):1-6.

[26] 张荣光.第四代语言(4GLs)的十个问题[J].计算机科学,1989(01):72-74+50.

[27] 仲萃豪,孙富元,李兴芬.关于第四代语言的看法[J].计算机科学,1988(04):37-39.

[28] 刘玉梅.第四代语言与软件技术的集成[J].小型微型计算机系统,1988(05):1-13+19.

[29] 韩胜志.第四代语言软件产品的特点及其发展趋势[J].小型微型计算机系统,1987(06):1-4.

[30] 吕建.软件技术与软件产业[J].科技与经济,2002(S1):28-32.

[31] 杨芙清.知识经济与软件产业[J].中国科技产业,1999(06):12-14.

[32] 杨芙清.软件技术与软件产业[J].电子科技导报,1997(01):10-14.

[33] 杨芙清.发展我国的软件产业[J].电子展望与决策,1994(01):18-19.

[34] 杨芙清.软件工程技术发展思索[J].软件学报,2005(01):1-7.

[35] 杨芙清,梅宏,吕建,等.浅论软件技术发展[J].电子学报,2002(S1):1901-1906.

[36] 汤炎朋.计算机软件技术的发展与应用探讨[J].计算机产品与流通,2019(12):30.

[37] 郜菲.计算机软件技术发展应用现状初探[J].信息与电脑(理论版),2019(06):3-4.

[38] 董子萱.试论大数据时代计算机软件技术的发展及应用[J].数字通信世界,2019(03):174.

[39] 肖英.计算机软件技术的发展探讨[J].天工,2019(02):120.

[40] 王鼎昊.软件技术发展现状研究[J].数码世界,2018(08):97.

[41] 陈伟杰.软件技术发展分析[J].电子制作,2015(07):63.

[42] 贾宗璞,赵广磊.浅析计算机软件技术的发展[J].计算机光盘软件与应用,2013,16(18):137+139.

[43] 朱仲英,虞慧群,王景寅,等.软件技术发展趋势研究[J].微型电脑应用,2010,26(09):1-4+65.

[44] 杨新涛.软件产业化过程中的具体问题[J].电子测试,2002(05):62.

[45] 陈火旺,祁润平.软件工程学:过去、现在与未来[J].计算机工程与科学,1987(02):1-7.

[46] 王彩年,张言,苏凯,等.软件工程学的研究——工具软件、组合软件的开发及应用[J].计算机工程与应用,1987(02):1-7.

[47] 李伟华,赵歆波.CASE——计算机辅助软件工程工具[J].航空计算技术,1992(04):8-13.

[48] 沈文伟.计算机语言的发展[J].软件导刊,2006(07):4-5.

[49] 李彤,王黎霞.第四代语言:回顾与展望[J].计算机应用研究,1998(03):2-5.

[50] 郑启华,邓隆兴.一个面向对象的第四代语言 OOA4GL 的设计[J].计算机工程与应用,1998(01):9-11.

[51] 罗大卫.图形第四代语言系统中存储库的功能要求和设计[J].计算机工程与应用,1997(08):24-28.

[52] 琚春华,凌云,陈玉明.第四代语言下的专家系统工具 4GEST 的研究[J].计算机工程,1996(05):35-40.

[53] 李彤,王黎霞.支持第四代语言的并行进化式软件开发模型 CESD[J].计算机科学,1996(05):79-81.

[54] 王纯宝.第四代语言 INFORMIX-4GL 及其应用[J].交通与计算机,1992(06):68-70+76.

[55] 李英华.计算机语言的发展[J].海军工程学院学报,1986(03):114-120.

[56] 程虎.计算机语言的发展[J].计算机研究与发展,1982(03):11-18.

[57] 张红娜.浅议计算机语言的发展趋势[J].知识经济,2015(06):104.

[58] 章仁杰,罗南超.Windows 下搭建 Linux 开发环境的教学方法[J].福建电脑,2019,35(03):163-165.

[59] 孟宪宇,高婕,曾垂振.浅谈 Android 开发环境搭建[J].科技资讯,2018,16(08):1+5.

[60] 赵晓伟.Android 开发环境在 Linux 平台上的搭建[J].计算机与数字工程,2016,44(08):1615-1618+1624.

[61] 何煌.Windows 7 下 Android 移动应用开发环境搭建的研究[A].管理科学和工业工程协会.探索科学 2016 年 6 月学术研讨[C].管理科学和工业工程协会:管理科学和工业工程协会,2016:1.

[62] 李茂林,卫培培.关于 PHP 的开发环境搭建与网站设计实现的有效分析[J].科技展望,2016,

26(11):9.

[63] 石彦华,王爱菊.基于 Android 平台软件开发环境搭建的研究与应用[J].福建电脑,2016,32(03):112-113.

[64] 李杰,徐均.Linux 系统下搭建 C 开发环境[J].电子技术与软件工程,2014(20):79-80.

[65] 李良,姚凯.嵌入式 Linux 系统的开发环境搭建与移植[J].电脑编程技巧与维护,2014(12):16-18.

[66] 常祖政.My Eclipse+Dreamweaver 搭建 Java Web 开发环境[J].电脑开发与应用,2013,26(09):68-70.

[67] 张云.Windows 下 Android 应用程序开发环境搭建详解[J].计算机时代,2013(01):32-34.

[68] 王素苹.浅析 Java Web 开发环境的搭建[J].内蒙古科技与经济,2012(11):75-77.

[69] 魏钢.搭建 Java Web 开发环境[J].福建电脑,2009,25(06):163.

[70] 李新荣,张莉.面向过程分析的需求自动生成工具 POSRAG[J].计算机工程与应用,2002,4(17):143-145+148.

[71] 王媛,潘侠,孙杰.软件需求分析支持工具 ORDT 的设计与实现[J].哈尔滨工业大学学报,1999,4(03):29-33.

[72] 钱乐秋.青鸟Ⅱ型系统需求文档分析工具的设计和实现[J].计算机工程与应用,1997,4(09):52-55.

[73] 王同胜,王(波).计算机辅助软件需求分析工具的研究与实现[J].计算机工程与应用,1993,4(05):19-23.

[74] 许龙山,吴东升,程崇炎.需求描述及分析工具 CPSL/CPSA[J].软件学报,1990,4(02):39-47.

[75] 郑纬民,陈文光.开发环境——搭建应用的基础[N].计算机世界,2003(B15).

[76] 赵宝林,侯勃峰.用 PB 和 Informix 搭建跨平台集成开发环境[N].计算机世界,2003(D20).

[77] 沈伟伟.需求分析辅助工具的研究与实现[D].华中科技大学,2009.

[78] 张虹.软件工程与软件开发工具[M].北京:清华大学出版社,2004.

[79] 郭荷清.现代软件工程[M].广州:华南理工大学出版社,2004.

[80] 许育诚.软件测试与质量管理[M].北京:电子工业出版社,2004

[81] 张湘辉等.软件开发的过程与管理[M].北京:清华大学出版社,2005.

[82] 朱少民.软件测试方法和技术[M].北京:清华大学出版社,2005.

[83] 陈禹,方美琪.软件开发工具[M].北京:经济科学出版社,1996.

[84] SHARI L P.软件工程理论与实践[M].吴丹,史争印,唐忆,译.北京:清华大学出版社,2003.

[85] 覃征,何坚,高洪江,等.软件工程与管理[M].北京:清华大学出版社,2005.

[86] 罗光春,等.Visual Basic 6.0 从入门到精通[M].成都:电子科技大学出版社,2001.

[87] 岳清.开发工具专家 Visual Basic 6.0 培训教程[M].北京:电子工业出版社,2000.

[88] 尹乾,王颖欣.中文 Visual Basic 6.0 实用教程[M].北京:北京希望电脑公司,1999.

[89] 六木工作室.Visual Basic 6.0 中文版实用编程技巧[M].北京:人民邮电出版社,1999.

[90] 覃征,等.软件体系结构[M].西安:西安交通大学出版社,2002.

[91] 王立福,张世琨,朱冰.软件工程——技术、方法和环境[M].北京:北京大学出版社,1997.

[92] 杨芙清.软件工程进展——技术、方法和实践[M].北京:清华大学出版社,1996.

[93] 张凯.软件过程演化与进化论[M].北京:清华大学出版社,2009.

[94] 张友生.系统分析师常用工具[M].北京:清华大学出版社,2004.

[95] http://www.genetic-programming.com/johnkoza.html.

[96] http://baike.baidu.com.

[97] http://www.baidu.com.

[98] http://www.webopedia.com/TERM/F/fourth_generation_language.html.

图 书 资 源 支 持

感谢您一直以来对清华版图书的支持和爱护。为了配合本书的使用,本书提供配套的资源,有需求的读者请扫描下方的"书圈"微信公众号二维码,在图书专区下载,也可以拨打电话或发送电子邮件咨询。

如果您在使用本书的过程中遇到了什么问题,或者有相关图书出版计划,也请您发邮件告诉我们,以便我们更好地为您服务。

我们的联系方式:

地　　址:北京市海淀区双清路学研大厦 A 座 714

邮　　编:100084

电　　话:010-83470236　　010-83470237

客服邮箱:2301891038@qq.com

QQ:2301891038(请写明您的单位和姓名)

资源下载:关注公众号"书圈"下载配套资源。

资源下载、样书申请

书 圈

图书案例

清华计算机学堂

观看课程直播